"十三五" 国家重点出版物出版规划项目
上海市普通高等院校优秀教材奖
上海市普通高校精品课程特色教材
高等教育网络空间安全规划教材

U0174427

数据库原理及应用
——SQL Server 2022

第 3 版 · 微课版 · 新形态

主　编　贾铁军　刘建准
副主编　岳付强　王　坚　李　奇
参　编　宋少婷　陈国秦　邹　飞

机 械 工 业 出 版 社

本书结合 SQL Server 2022 技术及应用，介绍了数据库的基本原理、技术和方法。全书共 11 章，包括数据库系统基础，关系数据库基础，SQL Server 2022 基础，数据库、表和数据操作，索引及视图应用，存储过程及触发器，T-SQL 应用编程，数据库系统安全，关系数据库的规范化，数据库系统设计，数据库新技术。本书提供微课视频、教学大纲、课件及教案、同步实验和复习资料等配套资源。通过扫描书中的二维码，可以观看微课视频讲解。

本书可作为高校计算机类、信息类、工程类、电子商务类和管理类各专业本科生相关课程的教材，高职院校可选学目录中带"∗"的章节。本书也可作为数据库技术培训及相关从业人员的参考用书。

本书配有授课电子课件等资源，需要的教师可登录机械工业出版社教育服务网（www.cmpedu.com）免费注册，审核通过后下载，或联系编辑索取（微信：13146070618；电话：010-88379739）。

图书在版编目（CIP）数据

数据库原理及应用：SQL Server 2022/贾铁军，刘建准主编 . —3 版 .—北京：机械工业出版社，2023.12
"十三五"国家重点出版物出版规划项目　高等教育网络空间安全规划教材
ISBN 978-7-111-74269-2

Ⅰ.①数…　Ⅱ.①贾…　②刘…　Ⅲ.①关系数据库系统–高等学校–教材　Ⅳ.①TP311.132.3

中国国家版本馆 CIP 数据核字（2023）第 222143 号

机械工业出版社（北京市百万庄大街 22 号　邮政编码 100037）
策划编辑：郝建伟　　　　　　　责任编辑：郝建伟　张翠翠
责任校对：张爱妮　梁　静　　　责任印制：李　昂
河北宝昌佳彩印刷有限公司印刷
2024 年 2 月第 3 版·第 1 次印刷
184mm×260mm·20.25 印张·501 千字
标准书号：ISBN 978-7-111-74269-2
定价：85.00 元

电话服务　　　　　　　　　　网络服务
客服电话：010-88361066　　　机　工　官　网：www.cmpbook.com
　　　　　010-88379833　　　机　工　官　博：weibo.com/cmp1952
　　　　　010-68326294　　　金　书　网：www.golden-book.com
封底无防伪标均为盗版　　　机工教育服务网：www.cmpedu.com

高等教育网络空间安全规划教材
编委会成员名单

名誉主任　沈昌祥　中国工程院院士

主　　任　李建华　上海交通大学

副 主 任（以姓氏拼音为序）

　　　　　　崔　勇　清华大学

　　　　　　王　军　中国信息安全测评中心

　　　　　　吴礼发　南京邮电大学

　　　　　　郑崇辉　国家保密教育培训基地

　　　　　　朱建明　中央财经大学

委　　员（以姓氏拼音为序）

　　　　　　陈　波　南京师范大学

　　　　　　贾铁军　上海电机学院

　　　　　　李　剑　北京邮电大学

　　　　　　梁亚声　31003 部队

　　　　　　刘海波　哈尔滨工程大学

　　　　　　牛少彰　北京邮电大学

　　　　　　潘柱廷　永信至诚科技股份有限公司

　　　　　　彭　澎　教育部教育管理信息中心

　　　　　　沈苏彬　南京邮电大学

　　　　　　王相林　杭州电子科技大学

　　　　　　王孝忠　公安部国家专业技术人员继续教育基地

　　　　　　王秀利　中央财经大学

　　　　　　伍　军　上海交通大学

　　　　　　杨　珉　复旦大学

　　　　　　俞承杭　浙江传媒学院

　　　　　　张　蕾　北京建筑大学

秘 书 长　胡毓坚　机械工业出版社

前　　言

进入 21 世纪，信息技术的快速发展为现代信息化社会带来了深刻的变革。信息、物质与能源已经成为人类社会生存与发展的重要保障和必备资源，信息无处不在，数据无处不用。计算机代替人的脑力劳动成为现实，计算机可将业务处理转换为数据处理。数据库技术是计算机技术中发展最快、应用最广的一项技术，已经成为信息化建设、数据资源共享及各类应用系统的核心技术和重要基础。

数据库技术主要用于数据处理，是计算机科学的重要分支，与网络技术、人工智能一起称为计算机技术界的三大热门技术，是现代化信息处理的有力工具。数据库技术及应用已经遍布全球各领域和行业的各个层面。网上业务数据资源共享和处理，以及购物、网络银行、管理信息系统、企业资源计划、供应链管理系统、客户关系管理系统、决策支持系统、数据挖掘信息系统等，都离不开数据库技术强有力的支持，数据库技术具有广阔的发展和应用前景。

SQL Server 2022 是微软公司开发的数据库技术产品，具有很多新亮点，主要包括：引入大数据群集并支持内置大数据，将行业领先的性能和 SQL Server 安全性引入语言、平台、结构化和非结构化数据；为数据处理带来新的安全性和合规性功能、业界领先的性能、任务关键性和可用性、高级分析；引入 AI 无须对数据进行迁移或复制，能进行可视化数据浏览和交互式分析，对操作数据运行实时分析，通过智能查询处理改善查询扩展，通过自动计划更正解决性能问题，减少数据库维护操作并延长业务正常运行时间，提高安全性并保护使用中的数据，跟踪复杂资源的合规性，通过选择和灵活性进行优化，存储和分析图形数据等。

本书编者长期从事数据库技术、方法和应用等方面的教学与研发工作，积累了丰富的经验、成果和资源。本书是"十三五"国家重点出版物出版规划项目暨上海市普通高校精品课程"数据库原理及应用"的特色教材，是在第 2 版的基础上，对新知识体系结构、新内容、新技术、新方法、新应用和立体化等方面进行优化、整合、修改及完善后的新教材，特别注重并突出实用性、实践性以及新技术、新应用、新案例、新成果，同时吸收借鉴了国内外一些经验和标准规范。

本书的主要特点体现在四个方面。

1. 突出新技术和新应用。本书主要体现"教、学、练、做、用一体化"，突出"实用、特色、新颖、操作性"，旨在介绍数据库的最新成果、基本原理、新技术、新方法和实际应用。

2. 内容先进，结构新颖。本书吸收了国内外大量的新知识、新技术和新方法，注重科学性、先进性、操作性，图文并茂、学以致用。每章都配有教学目标、典型案例、本章小结等内容。

3. 注重实用、特色和规范。坚持"实用、特色、规范"的原则，突出素质能力培养，增加大量案例和同步实验，在内容安排上将理论知识与实际应用有机结合。

4. 配套丰富，便于教学。为了方便教师教学，机械工业出版社教育服务网（www.cmpedu.com）提供了视频、教案和多媒体课件等上海市高校精品课程资源包，包括：动画演练视频、教学大纲及教案、常用教学文档、示例数据库、程序代码、实验指导、测试和复习资料。本书配有辅助教材《数据库原理及应用学习与实践指导》（上海市普通高校精品课程配套教材），包括学习要点、详尽实验及课程设计指导、习题与实践练习、自测试卷和答案等丰富资源。

本书由"十三五"国家重点出版物出版规划项目暨上海市高校优秀教材奖获得者、上海市普通高校精品课程负责人贾铁军教授（上海教育评估专家）任主编，统稿并编写第1、4、8、10章，刘建准教授（天津工业大学）任主编并编写第9章，岳付强副教授（西昌学院）任副主编并编写第3、6章，王坚副教授（辽宁对外经贸学院）任副主编并编写第2、5章，李奇老师（河北传媒学院）任副主编并编写第7、11章，宋少婷、陈国秦、邹飞参加了编写方案的讨论、审校和课件制作等工作，负责对全书的文字、图表进行校对。

非常感谢在本书编写过程中给予大力支持和帮助的院校及各界同仁。在编写过程中参阅了大量的重要文献资料，在此对相关作者深表诚挚谢意！

由于内容繁杂、技术更新迅速、时间仓促及水平有限，书中难免存在不妥之处，敬请广大读者批评指正，欢迎提出宝贵意见和建议。主编邮箱 jiatj@163.com。

编　者

目 录

第1章　数据库系统基础

　　信息、物质与能源成为人类赖以生存和发展的三大支柱。进入现代信息化社会，数据库技术已成为计算机代替人的脑力劳动，将业务处理转换为数据处理、数据资源共享和信息化的重要基础与核心，并同网络技术、人工智能一起被称为计算机界的三大热门技术，已成为计算机科学与技术中发展最快、应用最广的一项重要技术。掌握数据库知识、技术和应用，对就业和未来发展极为重要。📖

📁 **教学目标**
- 掌握数据库的概念、特点、内容和应用
- 了解数据库技术的主要发展及其趋势
- 理解数据库系统的基本组成及结构类型
- 掌握 DBMS 的工作模式和主要的功能
- 学会概念模型与逻辑模型及其实际应用

📖 **知识拓展**
学习数据库技术的意义重大

1.1　数据库系统概述📹

　　【案例1-1】数据库技术及应用极为重要且广泛深入。美国未来学家托尔勒曾指出："谁掌握了信息，谁控制了网络，谁就将拥有整个世界"。现实世界，信息无处不在、数据无处不用，数据库技术是各种业务数据处理与应用系统的核心及关键。数据库建设规模、数据量和使用频度已成为衡量一个国家信息化程度的重要标志，世界各国极为重视并将数据资源和高新技术纳入优先发展战略。

1.1.1　数据库系统的相关概念

1. 数据的概念及分类

　　数据（Data）是客观事物具体特征描述的符号记录，是信息的表达方式和载体，是利用信息技术进行采集、处理、存储和传输的基本对象。通常，数据分为两大类，即数值数据和非数值数据，包括文字、数字、符号、表格、图形、图像、声音、视频等多种形式。数据也可从应用上细分为数值型、字符型、时间型、货币型或其他类型。📖📁

　　数据包含两个方面：描述（表示）具体事物特征的内容、存储在某种媒体上的数据形式和含义。其中，数据的含义称为数据的语义（信息），数据与其语义合为一体，不可分离。在实际业务处理

🎬 **微课视频**
课程视频 1.1

📖 **知识拓展**
信息的概念及主要内涵

📁 **特别理解**
数据概念的内涵及解析

过程中，各种信息只有经过数据载体的描述和表示，才能进行采集、传输、存储、管理与处理，并产生新的更有价值的数据（信息），如网站通过数据提供信息。

信息与数据有以下区别和联系。信息是客观事物在人脑中的反映，是概念性的，需要通过数据才能表示、存储、传输和处理。可按人为需要选取信息的数据表示形式及方式方法，如文字、图像、语音等。数据的表示形式可以选择，而信息不会随着数据的表示形式而改变，如气象信息（以数据展现）。数据是信息的载体和具体表达方式，是信息的一种符号化表示，是物理性（客观存在）的。数据是信息的来源，并提供信息（含义），数据经过处理后可得到更有价值的新数据（信息）。

2. 数据处理与数据管理

数据处理（Data Processing）广义上是对各种数据进行采集、存储、检索、加工、变换和传输的过程，狭义上主要是指对数据进行加工的过程，如对多种商品数据进行查询、分类、修改、运算、统计、汇总等。其目的是根据实际需要，从原有的众多、繁杂、难以理解的数据中抽取出有价值的新数据（信息），作为决策的依据，其实质是信息处理。可以利用数据库技术处理和存取各种业务数据，快捷方便地充分利用各种数据（信息）资源，代替人的脑力劳动，极大地提高工作效率，并减少费用。各行业业务数据处理技术发展及应用的广度和深度，极大地促进了人类信息化的进程。

不同的数据处理方式要求不同的软硬件技术支持。每种处理方式都有其特点，可以根据实际应用问题的具体需求选择合适的处理方式。数据处理方式主要有四种：①以数据处理设备的结构分为联机处理方式和脱机处理方式；②以数据处理时间的分配方式分为批处理方式、分时处理方式和实时处理方式；③以数据处理空间的分布方式分为集中式处理方式和分布处理方式；④以中央处理器的工作方式分为单道作业处理方式、多道作业处理方式和交互式处理方式。

数据管理（Data Management）是指以管理方式对数据进行基本加工的过程。如在数据处理过程中，数据采集、存储、检索、分类、传输等基本环节统称为数据管理。广义上，数据管理也属于数据处理。

> **知识拓展**
> 数据处理与数据管理的区别

【案例1-2】Web图书销售信息系统的商品数据管理。在Web图书销售信息系统的"价格"中，分类检索图书数据或查询价格最高的图书、按价格排序、修改或打印订货单等都属于数据管理，而对图书名称、价格、出版社等进行汇总或制作图书数据统计表等则属于数据处理。

3. 数据库及数据库系统

数据库（DataBase，DB）是按照指定数据结构进行组织、存取和处理数据的集合，是存储在计算机或服务器等设备上的结构化（有组织）、可共享的相关数据集合。可将其概念理解为"按一定（模式）结构存取、控制与处理数据的空间（库）"。

数据库可按特定数据模型（结构）进行组织、表示、控制与处理数据。数据库具有数据结构化、共享性、独立性、持久性、较小冗余度、易扩展和海量性等**基本特性**，操作处理的基本对象是数据。

2

　　数据库系统（DataBase System，DBS）是指具有数据处理功能特点的系统，是可以实现有组织及动态地存储、管理和维护大量相关数据，提供数据处理和数据资源共享服务功能的数据库应用系统。常用的网购、网银等业务数据处理系统都是数据库系统。

　　数据库技术是对数据库及数据进行研究、处理和应用的一门软件科学，也是计算机科学与技术中发展最快、应用最广泛和热门的技术之一。其研究和处理的关键是数据。

　　4. 数据库管理系统

　　数据库管理系统（DataBase Management System，DBMS）是指建立、运用、管理和维护数据库，并对数据进行统一管理和控制的系统软件，主要用于定义（建立）、操作、管理、控制数据库和数据，并保证其安全性、完整性、多用户并发控制及出现意外时进行恢复等。DBMS 是整个数据库系统的核心，可对数据库中的各种业务数据进行统一管理、控制和共享。DBMS 的重要地位和作用如图 1-1 所示。

图 1-1　DBMS 的重要地位和作用

　　常见的大型 DBMS 有 SQL Server、Oracle、MySQL、Sybase、DB2、Informix 等，小型的有 VFP（Visual FoxPro）和 Office Access 等。

1.1.2　数据库系统的特点、内容及应用

　　1. 数据库系统的主要特点 📖

> 📖 **知识拓展**
> 数据库系统的主要特点

　　1）对数据统一管理与控制，采取统一的标准。各种应用（程序）对于数据库中数据的各种操作都由 DBMS 进行统一管理和控制。DBMS 提供的主要功能包括并发访问控制、数据完整性、数据安全性保护、数据库恢复。采取统一的数据标准，即数据库中数据项的名称、数据类型、数据格式、有效数据的判定准则和要求等数据项特征值的取值规则。

　　2）数据整体结构化。在数据库系统中，采用统一的数据模型（结构），将整个企事业机构的业务数据组织为一个整体；数据不再只面向特定应用，而是面向整个机构；数据内部及整体结构化，可以更好地反映各实体（事物）间的联系。实现多种关联数据的集中处理和高度集成，有助于实现数据共享，保证数据和应用程序的各自独立性。

　　3）数据高共享、低冗余、易扩充。数据库系统可以通过网络对数据集中管理控制，并由多用户和多种应用程序所共享与调用。相同的数据不会多次重复出现，从而降低了数据冗余度，并可避免数据冲突。当业务数据发生变化更新时，只需要修改服务器中的数据表便可自动完成所有的更新。

4）**数据独立性高且程序维护便利。数据独立性**是指数据库中的存储数据与应用处理程序之间相互独立，可极大提高应用程序和数据的修改及维护效率，可由 DBMS 二级映像功能实现。数据独立性包括以下两种。①物理独立性是指用户的应用程序与存储在磁盘上的数据库中的数据是相互独立的。数据在磁盘上的存储由 DBMS 管理，应用程序要处理的只是数据的逻辑结构。②逻辑独立性是指用户的应用程序与数据库的逻辑结构是相互独立的，当数据的逻辑结构（数据元素间的逻辑关系）改变时，用户程序不受任何影响。📖

> 📖 **知识拓展**
> 数据的物理及逻辑结构

5）**数据的完整性及安全性高。数据完整性**（Data Integrity）是指数据的正确性、有效性和相容性。正确性是指数据合法规范，有效性是指数据规定的有效范围，相容性是指描述同一事物的各数据保持一致性。数据库的完整性关系到数据库系统中的数据是否正确、可信和一致。

> 📖 **知识拓展**
> 数据完整性的 4 种类型

数据完整性有 4 种：实体完整性、参照完整性、域完整性和用户自定义完整性。通过数据库管理系统（DBMS）的管理和控制可确保安全性。📖

6）**保证数据一致性。数据一致性**（Data Consistency）是指关联数据之间逻辑关系的正确性和同一性。确保数据库中不同数据表的相同数据项具有相同值。各数据库由多种数据文件组成，其文件之间通过公共数据项相联系，当对某个数据文件中的数据项进行更新时，相关联文件中的对应数据项将自动更新，始终保持数据增删改等操作的一致性和正确性。

2. 数据库技术相关内容及应用

数据库技术研究和处理的基本对象是数据，涉及的主要内容包括四个方面。

1）通过 DBMS 对数据库系统及业务数据相关事务进行统一管理、控制和维护。

2）按照指定的数据结构（模型）建立和组织相应数据库及处理对象（数据表、视图、索引等）。

3）进行各种业务数据处理，如数据添加（输入/插入）、修改与更新、删除、查询、统计、报表和打印等。

4）对业务数据处理的需求及构建数据库应用系统的需求分析，设计并实现数据处理和综合应用的数据库应用软件。

下面介绍数据库技术的主要应用。根据用户需求自动处理、共享、管理和控制大量业务数据。21 世纪是现代信息化社会，信息（数据）无处不在、无处不用，数据库技术的应用更广泛、更快捷、更深入，遍布各个应用领域、行业、业务部门和各个层面。网络数据库系统已成为信息化建设和应用中的核心及重要支柱产业，纳入世界各国优先发展战略。鉴于篇幅所限，此处只概述几例典型应用。📖

> 📖 **知识拓展**
> 数据库技术的促进作用

> **【案例 1-3】** 数据库技术典型实际应用案例。
> ① 电子商务。网上购物，或机票、火车票的查询、订购、销售、统计、数据输入和汇总等。

② 网上办公。通过政府或机构网站进行网上政策发布、办公、查询、数据输入、传输和反馈等。

③ 网银证券。网上银行客户信息、账户、汇款、理财、贷款和支付等，以及证券及期货交易、股票、债券、金融票据、基金及外汇交易、保险产品等的数据处理。

④ 电信通信。各种网络通信与服务、电子邮件与文件传输、数据交换、各种电信业务服务，存储通信网络信息、通话记录及短信、用户付费业务记录、通信账单和交费情况等。

⑤ 经贸、旅游、交通。国内外经贸交易、旅游、交通、气象等数据，都需要利用分布式数据库，通过相关数据输入、存储、查询、传输、更新、统计、汇总等提供技术支持和帮助。

⑥ 教育。高校教学等相关信息、课程及实验信息、图书资料信息、人力资源、设备及实验室、学生及成绩信息、大学生活动和毕业及就业信息等。高校信息化数据库应用实例如图 1-2 所示。

图 1-2 高校信息化数据库应用实例

1.1.3 数据库系统的发展及趋势

1. 人工数据管理阶段

1946 年，世界上第一台电子计算机 ENIAC 诞生，主要用于科学计算。ENIAC 以电子管为元器件，具有运算器、控制器、存储器和简单输入/输出设备，没有磁盘等直接存储设备，也没有操作系统和数据文件处理软件，体积大且运行慢，只能计算并输入/输出很少的数据。数据存储当时面临的一个重要问题是将数据和程序以打孔方式存储在纸带上，很难检索或修改。数据管理主要依靠手工方式，用纸卡及表格等进行记载、存储、查询和修改。📖

> 📖 **知识拓展**
> 数据管理的产生背景

人工数据管理阶段的主要特点如下。

1）数据无法存取。由于计算机软硬件技术所限，数据随程序一起输入计算机，处理结束后输出结果，无法长期保存，计算后数据空间与程序一起被释放。

2）数据面向应用。数据对应指定的具体应用程序，多个程序使用相同的数据时，需在其程序中重复存储相同的数据，程序之间所用的数据不共享，造成数据冗余且可能不一致。

3）数据不独立。当应用程序改变时，数据的逻辑结构和物理结构也会随之变化。

4）无数据文件处理软件。数据的组织方式由程序员设计和安排，数据须由应用程序进行管理。

2. 文件管理数据阶段

20世纪50年代中期到60年代中期，计算机以晶体管取代了电子管，存储器得到改进，数据可用文件形式存储，将成批数据单独组成文件并存储到外存，出现了可管理文件的操作系统、汇编语言和一些高级语言。计算机不仅限于科学计算，还大量用于各种业务管理等。

（1）文件系统管理数据的特点

1）数据持久保存。各种数据主要以文件形式保存在计算机中，如同电子表格数据。

2）数据无法共享。在文件系统中，文件面向应用，当不同的文件具有相同的数据时，需要建立各自的文件，无法共享，致使数据冗余，浪费存储空间。

3）数据不能独立。软件同数据关联时只部分独立，改变应用程序要改变数据结构，反之数据结构改变，需要修改应用程序和文件结构。

4）数据管理功能简单。用文件系统管理数据的功能简单。应用和数据文件之间的关系如图1-3所示。

图1-3 应用和数据文件间的关系

（2）文件系统的缺点📖

由于各种业务数据的规模和数据量急剧增加，文件系统的缺点逐渐突显，主要包括数据不共享、冗余大，数据不一致，数据文件缺乏关联。

> 📖**知识拓展**
> 数据库文件系统的缺陷

3. 初期数据库阶段

20世纪60年代中期，随着信息技术的快速发展和广泛应用，对存储和处理庞大数据量的数据库给予了极大的技术支持。操作系统得到很大改进，推出了各种DBMS软件，数据库技术不断发展和完善，成为计算机领域中最具影响力和发展潜力、应用范围最广、成果最显著的技术之一，形成了"数据库时代"。📖

初期数据库阶段的主要特点如下。

1）数据共享，冗余少。数据面向整个系统，数据被多用户、多应用共享。数据库与网络技术结合并扩展应用，数据冗余少，节省空间。

> 📖**知识拓展**
> 关系数据库的产生过程

2）对数据统一管理控制。可验证用户身份及操作合法性、数据一致性和相容性，保证数据符合完整性约束条件、数据安全性和完整性，并发控制多用户操作，意外时自动恢复。

3）独立性强。应用程序与数据库中的数据相互独立，当数据的物理结构和逻辑结构更新变化时，不影响应用程序使用数据；反之，修改应用程序，不影响数据。

4）结构化集成。数据库系统通过统一数据结构方式，使数据结构化；全局的数据结构由多个应用程序共同调用共享，各程序可以调用局部结构的数据，全局与局部的结构模式构成数据集成。

4. 高级数据库阶段

20 世纪 80 年代后，数据库技术在商业上取得巨大成功，激发了很多新的应用领域和业务，特别是手机网络 App 等的广泛应用，极大地促进了数据库技术的快速发展，形成了高级数据库技术。

（1）分布式数据库技术

随着企事业机构跨地区业务的发展，以及 IT 技术发展和异地用户对数据共享的需求，产生了**分布式数据库系统**（Distributed Database Systems），主要特点有五个。

1）以本地为主处理大部分业务数据。在本地区分布处理当地的各种数据，提高了整个系统的处理效率和可靠性，并通过数据复制技术实现网络数据共享。

2）减少中心数据库和数据传输压力。数据库中的数据物理上分于各地，逻辑上为相互联系的整体，可实现数据物理分布性和逻辑整体性，减少中心数据存储和传输负载。

3）提高系统的可靠性。系统的可靠性得到增强，若局部系统发生意外故障，其他部分仍可继续工作。

4）各地终端数据通过网络互联。对于本地终端不能单独处理的各种业务数据，可以通过外部网络得到其他数据库系统和终端的大力支持。

5）数据库分布扩展便捷。数据库集中于分布式数据库系统，便于实现分布及扩充。

分布式数据库系统的两大任务是集中管理和分布处理，其具体结构如图 1-4 所示。

图 1-4　分布式数据库系统的具体结构

（2）面向应用领域的专用数据库

数据库技术经过几十年的研究和快速发展，形成了完善的理论体系和实用技术。为了更好地适应多种业务数据处理的需求，根据各应用领域特点，将数据库技术用于某些特定领域，研发出专用的科学数据库、工程数据库、地理数据库、统计数据库、空间数据库、大数据等，以及数据仓库和数据挖掘等技术。数据库技术发展简图如图 1-5 所示。

图 1-5　数据库技术发展简图

☺ 讨论思考：

1）什么是数据、数据处理和数据库？

2）数据库系统与数据库管理系统的区别有哪些？

3）数据库技术的主要特点有哪些？其常见应用有哪些？

4）数据库系统的发展分为哪几个阶段？有何特点？

1.2　数据模型及应用

微课视频
课程视频 1.2

对于现实世界中的具体事物，计算机无法直接存储和处理，需要采用数据模型对事物特征进行描述和转换，然后按照一定的方式组织和处理。数据模型是数据处理的关键和重要基础，是对现实世界数据特征的抽象（表示）。数据库系统用数据模型才能实现数据处理。

1.2.1　数据模型的概念和类型

1. 数据模型的基本概念

数据模型（Data Model）是数据结构和特征的抽象描述（表示），用于对现实世界中的事物特征信息的抽象、表示和处理。DBMS 对数据的所有操作都是建立在某种数据模型基础上的。📖

计算机代替人的脑力劳动主要通过数据处理的方法。数据模型用于描述数据的结构特征、存储和操作，将具体事物及其之间的联系转换为计算机处理的数据，将现实世界中事物特征的信息（实体及联系）转换成数据。其转换过程，如图 1-6 所示。

📖 知识拓展
数据模型与现实及机器世界的关系

1）现实世界。以客观现实世界的事物（实体）及其联系的特征描述（信息）。

2）信息世界。利用特定数据模型实现对具体事物的抽象描述（表示），即以用户的观点对信息和数据进行建模（概念模型，即实体联系图）。

3）机器世界。主要描述数据在机器系统内部的表示、存储方式和存储方法，是面向计算机系统的对数据最底层的抽象（表示）。

图 1-6　数据抽象转换过程

2. 数据模型的组成要素

数据模型是对数据严格定义的一组结构、操作规则和约束的集合，描述了系统的静态特性、动态特性和完整性约束条件。数据模型由数据结构、数据操作和数据约束三要素组成，如图 1-7 所示。

1）数据结构。数据结构是实体（事物）及其之间联系的表示方法。各种数据模型都以某种数据结构存取及处理数据，主要描述系统的静态特性，是所研究的对象类型的集合。其对象是数据库的组成部分，描述内容包括两类：一是同数据类型、内

图 1-7　数据模型的组成要素

容、性质有关的对象，如关系模型中的域、属性（列）、关系等；二是与数据之间的联系有关的对象。数据结构用于描述数据模型特性及构成。在数据库系统中，通常按照其数据结构的类型命名数据模型，如将关系结构的数据模型命名为关系模型。

2）数据操作。数据操作是对数据库中的各种对象（型）的实例（值）允许执行的操作的集合，包括操作及其有关规则要求。对数据库的操作（逻辑处理）实际上是对具体数据模型规定的操作，包括操作符、含义和规则等，用于描述系统的动态特性，如数据查询操作的命令语句、功能含义和语法格式。

3）数据约束。数据约束也称为完整性约束，是一组数据约束条件规则（条件和要求）的集合，是给定的数据模型中的数据及其联系所具有的制约和依存规则，用于限定符合数据模型的数据库状态及其变化，以保证数据处理的正确有效。

3. 数据模型的类型

数据模型按应用层次分成三类：概念数据模型、逻辑数据模型、物理数据模型。

1）**概念数据模型**（Conceptual Data Model）。简称概念模型，也称信息模型，是对现实世界中问题域内事务（特性）的描述，是以数据库用户观点实现世界的模型（图形表示方式）。该模型主要用于描述事物的概念化结构，使数据库的设计人员在设计初期避开计算机系统及 DBMS 具体技术问题，以图形化方式表示事物（实体）数据特征（属性）及其之间的联系等。最常用的是实体联系模型（E-R 图）。

2）**逻辑数据模型**（Logical Data Model）。简称逻辑模型，能以系统的观点对数据建模，是直接面向数据库的逻辑结构，是对客观现实世界的第二层抽象，是具体的 DBMS 所支持的数据模型，如关系模型（二维表结构）等。逻辑模型既要面向用户，又要面向系统，主要用于 DBMS 实现，是对概念模型的进一步分解和细化。逻辑模型描述系统"做什么"及

执行顺序。

3）**物理数据模型**（Physical Data Model）。简称物理模型，是对真实数据库的描述。数据库中的对象包括表、视图、字段、数据类型、长度、主键、外键、索引、默认值。概念模型中的对象转换成物理模型的对象，如存储位置、结构、方式、方法或索引等，同具体DBMS、操作系统和硬件有关。逻辑模型的实现都对应物理模型。

1.2.2 概念模型相关概念及表示

1. 概念模型的基本概念

概念模型是现实世界（事物特征）到信息世界的第一层抽象，是数据库设计人员与用户之间的交流工具，只需要考虑领域实体属性和关系，要求语义表达能力强、简单清晰且易于理解。

（1）实体的有关概念

1）**实体**（Entity）是现实世界中各种不同的事物或活动，如一个学生、课程、商品、图书等。

2）**实体集**（Entity Set）是同一类实体的集合，如一个班级的全体同学、一批货物中的商品等。

3）**实体型**（Entity Type）是对同类实体的共同特征和性质的抽象表示，如学生（学号，姓名，性别，出生年月，所在院系，入学时间）。对于同一实体，根据不同的认识和侧重，可以抽取不同的特征或实体型。

4）**实体值**（Entity Value）是符合实体型定义的、某个具体实体的描述（取值）。

实体、实体集、实体型、实体值等概念有时很难区分，常统称为实体，可根据内容知其含义。

【案例1-4】大学教师的实体型，可用教师（工号，系部编号，教师姓名，性别，年龄，职称，所在院系）表示，例如，教师周凯的具体数据（X312，X3215，周凯，男，43，教授，信息学院网络工程）就是一个实体值。实体指的是现实世界中的具体对象（事物或活动）。在表1-1中，第一行规定了客户的实体型，从第2行开始的各行是该实体型的取值。

表1-1 大学教师数据表

工 号	系部编号	教师姓名	性别	年龄	职 称	所在院系
X312	X3215	周凯	男	43	教授	信息学院网络工程
S236	S2013	杨涛	女	38	副教授	商学院对外贸易
D168	D4637	张晓东	男	41	教授	电气学院电气工程
J227	J5106	李立	男	39	副教授	机械学院机械工程
Q145	Q1678	王军	女	36	讲师	汽车学院实验室

（2）联系的有关概念

1）**联系**（Relationship）是指现实世界中事物（实体）内部以及事物之间的联系，如学生与课程之间的选课关系、学生与图书之间的借阅关系和学生之间的同学关系。

2）**联系集**（Relationship Set）是同类联系的集合，如一个班级同学的所有选课、学生与图书之间的所有借阅、某学生所有的同学、一次展销会上的全部订单等。

3）**联系型**（Relationship Type）是对同类联系共有特征的抽象定义（抽象表示）。

4）**联系值**（Relationship Value）是对同类联系型定义的、某个联系的具体描述（值）。

联系、联系集、联系型、联系值等概念常统称为联系，只有研究具体联系时才分别讨论。

【案例 1-5】对于学生的"借阅"联系，联系型可以包括卡号、ISBN、是否续借、借书日期、还书日期等属性，其中卡号和 ISBN 分别对应"图书卡"实体和"图书"实体。表 1-2 中的第一行为借阅联系的型，其后各行为借阅联系型的值（借阅记录）。

表 1-2　学生图书借阅表

卡　　号	ISBN	是否续借	借书日期	还书日期
A312001	030474516	是	2022-08-08	2023-08-08
A312001	320812027	是	2022-08-08	2023-08-08
B236002	030471284	否	2022-02-13	2023-02-13
E168003	302283292	否	2022-08-12	2023-08-12
BX15236	080317015	是	2022-03-24	2023-03-24
BE16118	111496564	是	2022-08-25	2023-08-25

（3）属性、键和域

1）**属性**（Attribute）是描述实体或联系的特征（性）。一个实体或联系通常具有多个特征，需要多个属性（列）进行描述。实体选择的属性由实际应用需要决定，并不唯一。例如，人事部门、财务部门都使用职工实体，但所涉及的属性不同，人事部门侧重的是工号、姓名、性别、出生日期、职务、职称、工龄等属性，而财务部门侧重的是工号、姓名、基本工资、岗位津贴、内部津贴、交通补助等属性。

2）**键**（Key）也称码、关键字、关键码，是区别实体的唯一标识，如学号、工号、商品编号等。一个实体可能具有多个键。例如，职工工号和身份证号均可作为键。

> 📖 **知识拓展**
> 数据库键的作用及特性

主属性（Main Attribute）是实体（关系）中用于键的属性，否则称为非主属性。如职工实体中，工号为主属性，其余为非主属性。

3）**域**（Domain）是实体中属性的取值范围，如性别属性域为（男，女）。

（4）实体型之间联系的分类

实体型之间的联系按照其中实体的个数可分为三种：单个实体型内的联系、两个实体型之间的联系和两个以上实体型之间的联系。在此三种情况中，按照两个实体型中的实体个数的对应关系，均可分类为一对一联系、一对多联系、多对多联系三种类型。

1）**一对一联系**。若实体集 *A* 中的每一个实体，在实体集 *B* 中至多有一个（或没有）实体与之联系，反之亦然，则这两个实体集之间的联系为一对一联系，简记为 **1:1**。如学生与其身份证。

2）一对多联系。若实体集 A 的任一实体，在实体集 B 中有 n 个实体（$n \geq 0$）与之联系，反之，对实体集 B 中的任一实体，在实体集 A 中至多有一个实体与之联系，则这两个实体集之间存在一对多联系，简记为 $1:n$。如一个学生选修多门课程。

3）多对多联系。若实体集 A 的任一实体，在实体集 B 中有 n 个实体（$n \geq 0$）与之联系，反之，对实体集 B 中的任一实体，在实体集 A 中也有 m 个实体（$m \geq 0$）与之联系，则这两个实体集之间存在多对多联系，简记为 $m:n$。

【案例1-6】高校学生与所选课程之间为多对多联系，每个学生允许选修多门课程，每门课程允许多个学生选修。表1-3为学生数据表，表1-4为课程数据表，图1-8为多对多选课联系。

表1-3 学生数据表

学号	姓名	性别	专业
4051	马东	男	财务管理
4052	周红	女	网络工程
4061	王凯	男	计算机
4062	刘丽	女	机械制造
4063	李涛	男	计算机
4071	张强	男	自动控制

表1-4 课程数据表

课程号	课程名	学分
C001	数据库	6
C002	大学英语	5
C003	图像处理技术	4
C004	程序设计	3
C005	计算机网络	4

图1-8 学生与课程选课联系图

由图1-8可知每个学生选修的课程及每门课程由哪些学生所选修。

2. 概念模型及其表示方法

1976年，美籍华人 Peter Pin-Shan Chen 提出实体联系模型（Entity Relationship Model），也称 E-R 模型或 E-R 图（实体-联系方法），是描述现实世界中事物及其联系的概念模型。该模型提供了表示实体类型、属性和联系的方法，是数据库设计者与普通用户进行数据建模和交流沟通的有效工具，在应用软件研发等方面极为重要。其特点为简单易用、直观易懂。

> 📖 知识拓展
> E-R 模型的主要作用

（1）E-R 模型的构成要素

E-R 模型是一种用 E-R 图表示实体及其联系的方法。E-R 图包含四种基本元素：矩形、菱形、椭圆形和连线。矩形□表示实体，矩形框内写上实体名；菱形◇表示联系，菱形框内写上联系名；椭圆形○表示属性，椭圆形框内写上属性名；连线——表示实体、联系与属性之间的所属关系或实体与联系之间的相连关系。

（2）实体联系的 E-R 图表示

两个实体之间的三种联系包括一对一、一对多和多对多，对应的 E-R 图如图 1-9 所示。为了表示的简洁性，并没有对每个实体画出其属性及属性实体间的连线。

图 1-9　三种联系的 E-R 图

如果联系的两个实体均来自同一个实体型，则对应的 E-R 图如图 1-10 所示。

图 1-10　三种联系的单实体的 E-R 图

实际上，经常出现多个实体相互联系的情况。如客户在网购中，涉及客户、购物网站和商品三者之间的关系，客户通过购物网站购买商品，其中的每两个实体间都是多对多的联系。一个客户可以购买多种商品，每种商品可以被不同的客户购买。每个客户都可以到不同的购物网站购物，每个购物网站都可以为不同的客户服务。每个购物网站都可以出售多种商品，每种商品都可由不同的购物网站销售。网购联系对应的 E-R 图如图 1-11 所示。

图 1-11　网购联系的 E-R 图

（3）E-R 模型应用案例

在实际的数据库系统设计过程中，首先要进行需求分析，确定存储哪些数据、建立哪些应用和操作；然后根据需求分析所确定的数据进行更高层的抽象，这时需要引入 E-R 图描述实体之间的联系。下面以电子商务（网络购物）应用为例介绍 E-R 图的用法。

【案例 1-7】电子商务（网络购物）应用建立 E-R 图的过程。对某购物网站的运营情况调研，可以及时进行业务数据的整理分析。客户的一次购物活动为：先到某个购物网站（加盟的商家）订购某种商品，得到商家开出的（电子）订货单；客户凭订货单上的"金额"到金融机构（网银等）交款，获得"交款"确认；客户可凭此提醒商家发货，商家见到"交款"确认后发给快递公司提货单；快递公司凭提货单取货（库房）并送货。网络购物过程的 E-R 图如图 1-12 所示。

图 1-12　网络购物过程的 E-R 图

网站上的商家可以通过加盟的多家购物网站进行运营，各购物网站需要涉及金融机构、客户、购物网站、商家、库房、快递、货物（商品）、收款单、订货单、加盟、提货单、送货等实体和联系，其中前面7个为实体，后面5个为联系。

说明：上述"订货单"联系的购物网站和客户是多对多联系，每个购物网站都可以为多个客户服务，每个客户都可以到不同的购物网站订购不同的货物。"收款单"联系的客户和金融机构也是多对多联系，每个金融机构都可以为多个客户服务，每个客户都可以到不同金融机构交款。同样，"提货单"联系的购物网站和库房也是多对多联系，库房可为各网站服务，购物网站可凭提货单取货。📖

📖 知识拓展
E-R 图的主要实际应用

1.2.3　逻辑模型的结构和特点

数据库系统中主要的逻辑模型有层次模型、网状模型、关系模型和面向对象模型四种类型。层次模型是20世纪60年代最早出现的数据模型，关系模型的应用最广泛，也最重要。

1. 层次模型的结构特点

（1）层次模型的结构

层次模型（Hierarchical Model）用树形结构表示现实世界中的实体及其之间的联系，有且只有一个无双亲的根节点，其余节点为其子节点。除根节点外，每个节点都有且仅有一个父节点（也称双亲节点），可以没有，也可以有一个或多个子节点。没有子节点的节点被称为叶。每个节点都表示一个记录类型，即概念模型中的一个实体型，每对节点的父子联系为一对多联系，只有一个子节点时为一对一联系。图1-13所示为企业组织层次结构的层次模型。企业集团为根节点，有多个分公司，分公司1有两个子节点（部门），部门1又有两个子节点（车间），车间是叶。

（2）层次模型的优缺点

层次模型的优点：当现实世界中的实体之间的联系自然呈现为层次关系（一对多的联系）时，表示一对多时结构简单清晰；层次结构查询效率高，主要是 DBMS 指针效率高。层次模型的主要缺点包括：表示多对多的联系时比较复杂；查询子节点时必须通过双亲节点，从而影响效率。由于现实世界中事物之间的联系更

图 1-13　企业组织层次结构的层次模型

多地表现为非层次关系，用层次模型表示非树形结构很不方便，因此产生了网状模型。

2. 网状模型的结构特点

（1）网状模型的结构

网状模型（Network Model）是对层次模型的扩展，允许一个以上的节点无双亲，同时也允许一个节点可以有多于一个的双亲。图 1-14 所示是几个企业和生产零件的网状模型。

图 1-14　网状模型示例

在网状模型中，父子节点的联系同样隐含为一对多的联系，每个节点代表一种记录型，对应概念模型中的一种实体型。

（2）网状模型的优缺点

网状模型的优点包括：可直接表示现实世界，如一个节点有多个双亲的情况；性能良好，有较高的存取效率。主要缺点包括：结构复杂，用户掌握难；数据定义和操作需嵌入高级语言，掌握难度大。📖

3. 关系模型的结构特点

关系模型由美国 IBM 公司的研究员 E. F. Codd 率先提出，数据库关系方法和关系数据库理论的研究为数据库技术的快速发展奠定了重要基础。关系模型在业务数据处理方面的应用非常广泛。

> 📖 **知识拓展**
> 网状模型的主要局限性

（1）关系模型的概念

关系模型（Relational Model）的每个关系对应一个二维表，其中的每个实体及其之间的联系都可直接转换为对应的二维表形式。每个二维表称为一个**关系**，其中关系的型就是二维表的表头，除此之外的表中的每行（表体）称为**关系的值**。二维表中的每一行称为一个**记录**（或元组），关系型的每一项称为**属性**（或字段），每列的名称也称为**属性名**（或字段名）。

【案例1-8】 数码商品的关系示例如表 1-5 所示。该关系的型为（商品 ID，商品名称，价格，品牌，型号，颜色，生产商，产地），关系的元组（行）数为 5，关系的属性（列）数为 8，其中第一列的属性名为"商品 ID"。属性的取值范围称为属性的域，如价格属性的域为货币型数，商品名称的域为字符型。

表 1-5　数码商品的关系示例

商品 ID	商品名称	价格	品牌	型　号	颜色	生　产　商	产　地
KB20160123	U 盘	108	闪迪	SDCZ48-064G-Z46	黑色	SanDisk	深圳
KB20141102	闪存卡	34.9	东芝	SDHC/SDXC UHS-1	蓝色	亘立科技	深圳
SJ20151230	手机	5568	苹果	iPhone 6s Plus	白色	苹果公司	美国
SJ20131009	手机	5288	三星	alaxy S6 Edge	黑色	深圳金冠	深圳
SM20160128	数码相机	1336	佳能	PowerShot SX610	红色	固武长商贸	上海

（2）联系的关系表应用

关系模型可以用"二维表"简单表示实体及其联系，对应某个关系，包括相联系的各实体的键。如表 1-3、表 1-4 和图 1-8 所示的学生、课程及选课联系，对应的关系模型包含三个关系，即学生关系、课程关系和选课关系。选课联系所对应的关系如表 1-6 所示，这里对选课联系增加了"成绩"属性，其语义是学生选修课程的成绩。

表 1-6　选课联系的关系表

学　号	课　程　号	成　绩
4051	C001	78
4051	C002	64
4052	C002	96
4052	C003	78
4061	C003	75
4061	C004	82
4061	C005	87

*（3）数据库的元关系

在以关系模型为数据库逻辑结构建立的数据库系统中，所有数据及其结构（关系定义）都以关系（二维表）的形式定义和保存。为了区别于一般的保存数据的关系，将保存关系定义的关系（结构）称为该数据库的元关系（元数据、系统数据、数据字典等），其提供了数据库中所有关系的模式（即关系的型）。元关系是在用户建立数据库应用系统时，是由 DBMS 根据该数据库中每个关系的模式自动定义（保存数据表结构备用）的。学生选课关系模型的元关系（结构）如表 1-7 所示。▱

> 📁 **特别理解**
> 序号、属性名和类型
> 区别

表 1-7　学生选课关系模型的元关系

序　号	属　性　名	类　型	长　度	关　系　名	
1	学号	C	7	学生	…
2	姓名	C	10	学生	…
3	性别	C	2	学生	…
4	专业	C	12	学生	…
5	出生日期	T	8	学生	…
6	家庭住址	C	28	学生	…
7	课程代码	C	5	课程	…
8	系部编号	C	5	课程	…
9	学期	C	8	课程	…
10	课程名称	C	26	课程	…
11	课程类型	C	12	课程	…
12	学分	N	4	课程	…
13	学号	C	7	选课	…
14	课程代码	C	5	选课	…
15	成绩	N	4	选课	…

（4）关系模型中的查询和更新

在关系数据库中，进行业务数据的查询和更新运算非常方便，在每个关系（二维表）和相关的若干个关系上都可进行。相关关系是依靠关系之间共同使用的相同属性实现的（以键保持记录一一对应），其相同属性被称为连接属性或关联属性。📖

📖知识拓展
关系模型中的查询和更新

（5）关系模型的优缺点

关系模型的优点如下。

1）有较坚实的数学理论基础。关系模型与非关系模型不同，它建立在严格的数学基础之上，已经形成一系列完整的关系代数和集合论理论基础。

2）数据结构简单，易懂且应用广。关系模型实体及其之间的联系都由关系表示，既表示数据的存储，也表示数据之间的联系。从用户角度，模型中数据的逻辑结构是一个二维表，符合用户使用数据的习惯且直观，便于实现。各关系可作为一个文件保存，业务数据应用广泛。

3）查询与处理便捷。在关系模型中，数据处理更便捷，一次可操作所有满足条件的记录。

4）数据安全性好，有利于提高数据库系统的安全可靠性，具有高安全机制且数据存取路径清晰。

5）数据独立性高。关系模型中，用户对数据的操作不涉及其存储位置，而且数据库同应用程序各自相互独立运行，便于简化数据库系统的开发与维护。

关系模型的缺点：一是关系型数据库管理系统 RDBMS 提供了较高的数据独立性和非过程化的查询功能，致使系统负载较重，直接影响查询速度和效率；二是 RDBMS 实现复杂，由于其效率较低，需对关系模型进行查询优化，其工作繁杂且实现难度较大；三是关系模型无法有效处理复杂的特殊数据。📖

📖知识拓展
关系模型的主要局限性

【案例 1-9】关系模型在空间数据表示的局限性。空间数据是指面向地理学及其相关对象的数据，主要包括地球表面、地质、大气等数据。其特点是数据量庞大、数据对象和空间数据模型复杂等。关系模型仅针对常用的简单对象，无法表示空间数据。

关系模型用单一的二维表结构很难实现对空间复杂对象的描述，无法有效地管理各种复杂地理等对象。为了解决空间数据存储与管理问题，产生了空间数据库或专用数据库。

*4. 面向对象模型的特点

面向对象模型（Object-Oriented Model，OOM）是以面向对象方法描述实体的逻辑组织、对象间限制、联系的模型。将客观事物都模型化为一个对象，每个对象都有一个唯一标识。共享同样属性和方法集的所有对象构成一个对象类（简称类），一个具体对象则是某类的一个实例。将面向对象建模能力和关系数据库功能结合，使面向对象的关系数据库技术成为一个研究方向。

（1）面向对象的基本思想

面向对象的基本思想是指：主要通过对问题域的自然分割，以更接近人的思维方式建立问题域的模型，并进行结构模拟和行为模拟，从而使设计的软件尽可能直接表现出问题的求解过程。

面向对象方法以接近人类的思维方式，将客观世界的实体模型转化为对象。每一种对象都有各自的内部状态和运动规律，不同对象之间的相互作用和联系构成各种不同的系统，即"万物一切皆对象"。其基本方法是将系统工程中的模块和构件视为问题空间的一个对象（类）。

（2）面向对象方法的基本特性及技术

面向对象方法的特性主要包括抽象性、封装性、继承性和多态性等。面向对象数据模型的核心技术主要包括分类、概括、聚集、联合和消息。📖

> 📖 **知识拓展**
> 面向对象的特性及核心技术

5. 四种模型的比较

为了更进一步地加深理解上述四种模型，从产生时间、数据结构、数据联系和语言类型等方面进行对比，如表1-8所示。

表1-8　四种逻辑数据模型的对比

比　较　项	产　生　时　间	数据结构	数据联系	语言类型	典型产品
层次模型	1968年IBM公司的IMS系统	树状结构	指针	过程性语言	IMS
网状模型	1971年通过CODA-SYLR提出的DBTG报告	有向图	指针	过程性语言	IDS/Ⅱ、IMAGE/3000、IDMS、TOTAL
关系模型	1970年E.F.Codd提出关系模型	二维表	实体间的公共属性值	非过程性语言	SQL Server、DB2、Oracle
面向对象模型	20世纪80年代	对象	对象标识	面向对象语言	ONTOS DB

☺ 讨论思考：

1）什么是数据模型？数据模型的组成要素是什么？

2）E-R图的基本构件有哪些？对系统设计有什么作用？

3）数据模型的种类有哪些？各自有什么特点？

1.3　数据库系统的组成和结构类型🖥

> 🎬 **微课视频**
> 课程视频1.3
>

1.3.1　数据库系统的组成

数据库系统是具有数据处理功能特点的应用系统。通常，数据库系统包括数据库、数据库管理系统（DBMS）、应用系统和用户四个部分，如图1-15所示。其中，用户主要指开发、管理和使用数据库的人员，包括数据库管理员（DBA）、系统分析员、数据库研发人员、应用程序员和终端用户等。在不至于混淆的情况下，通常也将数据库系统简称为数据库。

图 1-15　数据库系统的组成

说明：少数文献将"广义的"数据库系统分为数据库、DBMS、软件、硬件和用户五个主要部分。

数据库管理系统（DBMS）是数据库系统的核心。**DBMS 提供数据库及数据的定义（建立）、组织存储、管理、控制、数据操作和数据维护等功能**，并为业务应用系统研发人员和终端用户提供相应的技术支持。

数据库技术实现了数据的独立和共享，使应用系统可以更便捷地处理数据与操作，主要通过操作系统和数据库管理系统统一管理相关文件及存取调用、应用程序与数据之间的操作，应用程序不再直接调用数据文件。DBMS 与应用程序及数据库之间的关系如图 1-16 所示。

图 1-16　DBMS 与应用程序及数据库之间的关系

1.3.2　数据库系统的结构类型

数据库系统的类型可以从不同的角度划分。根据数据库系统的部署位置可以分为集中式、客户机/服务器式、分布式和并行式四种；根据用户数量可分为单用户和多用户；根据用途和使用范围可分为数据仓库和决策支持等类型。下面重点介绍第一种分类方式。

1. 集中式数据库系统

集中式数据库系统（Centralized Database Systems）是指数据库中的数据和数据处理集中在一台主机上完成，用户可使用终端设备访问数据库。其中，终端不具有数据处理与管理功能，所有数据操作都由主机完成。其结构图如图 1-17 所示。

图 1-17　集中式数据库系统结构

在集中式结构中，DBMS、DB 和应用程序集中部署在同一主机。多用户通过各终端并发（同时）共享主机上的数据，由主机完成所有数据处理及协助工作。集中式结构的优点是功能简单、数据安全性高。其缺点是：主机出现故障时，系统中的所有终端均无法访问数据库且系统容错性低；终端到主机的通信压力很大；当终端并发过多时，主机处理传输慢。

2. 客户机/服务器式数据库系统

客户机/服务器（Client/Server，C/S）结构的关键是采用"功能分解"的原则将功能或任务进行分解，少部分功能由客户机操作，大部分功能由服务器完成。客户端完成本地个性化处理，并向服务器发送请求，同时显示服务器返回的处理结果，服务器端负责处理公共任务的部分。C/S 数据库系统的拓扑结构如图 1-18 所示。📖

> 📖 **知识拓展**
> C/S 的结构与其优缺点

图 1-18　C/S 数据库系统的拓扑结构

在 C/S 结构中，网络中的数据传输量减少，便于提高传输效率；客户端参与处理可提高硬件的利用，并使系统效率得到提高。另外，由于客户端的功能相对简单，可以开发适合不同系统平台的软件，提高多种 C/S 结构的平台兼容性。

在业务数据处理应用中，应兼顾系统安全性、处理速度、稳定性和健壮性，常将数据库、应用服务器和客户端分为三层进行部署，称为 C/S 三层结构。C/S 三层结构包括表示层、应用层和数据层。与二层结构相比，增加一个应用服务器层，如图 1-19 所示。在三层结构中，数据库服务器负责处理应用服务器发送的请求，并将操作结果传回。客户机只安装用户界面和简单数据处理的程序，提供与应用服务器的交互；应用服务器安装专门的应用系统来处理各种复杂业务；数据层由 DBMS 负责数据存取和维护。客户端的数据请求由应用服务器负责，不直接访问数据库，可以提高数据安全性及处理速度。

图 1-19   三层 C/S 体系结构图

三层 C/S 结构的优点包括：客户机功能更简洁，开发和管理集中在应用服务器端；扩展性强且各层分工明确，某层变动不影响其他层。此结构增加了业务分层和开发工作量，适合大中系统。📖

> 📖 **知识拓展**
> 三层 C/S 结构的主要优点

3. 分布式数据库系统

分布式数据库系统（Distributed Database Systems）的主要特点是："逻辑整体性和物理存储分布性"。通过网络和分布式处理软件，使分布在各区域的数据库形成一个逻辑上的整体数据库。用户在使用该数据库时感觉不到数据的分散性，如同一个本地数据库，通常适用于大型跨国或跨地区机构。

4. 并行式数据库系统

随着网络技术的快速发展和广泛应用，需要处理的各种业务数据剧增。对于大部分机构，数据规模庞杂，传统数据库系统具有 I/O 和 CPU 瓶颈问题，导致一般服务器很难满足数据存取需求，集中式数据库系统和 C/S 式数据库系统都难以应对，只有将并行技术与数据库结合才能较好地解决此类问题。

并行式数据库系统（Parallel Database Systems）属于新型高性能数据库系统，是在并行处理机（MPP）和集群并行计算环境的基础上建立的，是并行处理技术与数据库技术的结合。其主要特点如下。

1）高性能。将数据库在多个磁盘上分布存储，利用多处理机对数据并行处理来解决磁盘 I/O 传输拥塞问题，更好地提高处理效率。

2）高可用性。通过数据复制增强数据库的可用性，当一个磁盘损坏时，该数据在其他磁盘上的副本仍可以使用。

3）可扩充性。当数据库遇到性能和容量瓶颈问题时，可以通过增加处理器和存储设备等方式扩展性能。

☺ 讨论思考：

1）数据库系统主要由哪几部分组成？

2）数据库系统的结构类型主要有哪些？

1.4 数据库的模式结构

微课视频
课程视频 1.4

数据模式是对数据库中数据的逻辑结构和特征的描述，具有相对稳定性，而数据库中的数据则不断变化。通常，从数据库管理系统角度看，数据库系统内部的结构分为三级模式结构，并提供了二级映像（转换），基于相对稳定的数据模式便于实现数据的独立性。

知识拓展
数据模型和数据模式
的区别

1.4.1 数据库的三级模式结构

在数据库系统中，整体数据的逻辑结构及存储结构因业务等需要可能发生变化，用户不适应熟悉的网站等局部数据的逻辑结构经常变更。DBMS 运行环境可能有所不同，内部数据的存储结构及所用的语言各异，数据常用三级模式结构。

数据模型中有型与值的概念。型（Type）指对某一类数据的结构和属性的描述（如同实体型），值（Value）是型的一个具体值。如电子商务常见的网上购物系统的"会员"信息的记录型为（会员 ID，姓名，性别，所在地区，家庭住址，手机号码，会员等级），而（B23516，赵明，男，北京，海淀区双清路 102 号，13832654312，2）则是该记录型的一个具体记录值。

模式是对数据逻辑结构和特征的描述，仅为型的描述，不涉及其具体值。模式的一个具体值称为模式的一个实例（Instance）。模式相对稳定，而实例则可以不断变化。模式反映的是数据的结构及其联系，而实例反映的是数据库某一时刻的状态。

知识拓展
数据模式（结构）与
实例

为了有效地组织、管理数据，提高数据系统的逻辑独立性和物理独立性，数据库采用公认的三级模式结构来组织和管理数据。数据库系统的三级模式结构包括外模式、模式（概念模式）和内模式，分别代表了观察数据库的三个不同角度。在这三级模式之间还提供了外模式/模式映像、模式/内模式二级映像，保证数据的逻辑性和物理独立性。三级模式结构如图 1-20 所示。

（1）外模式（External Schema）

外模式也称子模式（Subschema）或用户模式，是局部数据的逻辑结构和特征的描述。外模式是模式的子集，一个数据库可以有多个外模式，是各个用户的数据视图（不同的用户通过终端查看网站或应用界面等）。外模式通过只读方式可以保护数据安全，各用户只能访问与外模式中对应的数据。通常，DBMS 提供外模式的数据定义语言（DDL）来描述外模式。

（2）模式（Schema）

模式也称逻辑模式（Logic Schema）、概念模式或概念视图，是数据库中所有数据的逻辑结构和特征的描述，是用户的公共数据视图，是数据库系统模式结构的中间层，同软件和硬件环境无关。一个数据库只有一个模式，是数据的逻辑表示，即描述数据库中存储的具体数据及其之间存在的联系。DBMS 提供模式的数据定义语言（DDL）来描述模式。

图 1-20　数据库的三级模式结构

（3）内模式（Internal Schema）

内模式也称存储模式（Storage Schema），是数据物理结构和存储方式的描述，是数据在数据库内部的表达方式，对应实际存储在外存储器的数据库，如记录的存储方式、位置、检索与顺序，数据压缩存储与加密等。一个数据库只有一个内模式。DBMS 提供内模式的数据定义语言来描述内模式。

三级模式结构是数据库公认的标准结构，是数据库实现数据逻辑独立性和物理独立性的基础。将外模式和模式分开以保证数据的逻辑独立性，将模式和内模式分开以实现数据的物理独立性。

> 📖 **知识拓展**
> 逻辑独立性和物理独立性

三级模式结构的优点，主要有以下三点。

1）提高数据安全性。不同的用户在各自的外模式（视图只读模式）下根据要求操作数据，只能对权限内的数据进行操作，提高了数据的安全性。

2）促进数据共享，减少数据冗余。外模式机制的引入，同一数据可针对不同的应用定义（确定）多个外模式，提高数据共享性，减少数据冗余。

3）便于使用和维护。按照外模式研发应用程序或输入命令，无须了解数据库的全局逻辑结构和内部的存储结构，方便系统使用和维护。

1.4.2　数据库的二级映像

在数据库系统三级模式结构的基础上，DBMS 在三级模式之间提供了二级映像（外模式/模式映像和模式/内模式映像）转换，以保证数据逻辑独立性和物理独立性。

1. 外模式/模式映像

外模式/模式映像定义了外模式和模式之间的对应关系。外模式描述数据的局部逻辑结构，模式描述数据的全局逻辑结构。数据库中的同一模式可以有多个外模式，对每个外模式，都存在一个外模式/模式映像。

映像是指外模式和模式之间的对应关系。这些映像确定了数据的局部逻辑结构与全局逻辑结构之间的对应关系。当模式改变时（如增加新关系（数据表）、新属性（列）等），由数据库管理系统对某个外模式/模式映像进行相应改变，从而保证外模式不变。应用程序根据数据的外模式编写，外模式不变时，应用程序则无须修改，保证了数据的逻辑独立性（数据与程序之间的逻辑独立性）。

2. 模式/内模式映像

模式/内模式映像定义了数据的全局逻辑结构与存储结构之间的对应关系。数据库中的模式和内模式都只有一个，因此模式/内模式映像也是唯一的。应用程序依赖于数据的外模式，与数据的模式和存储结构独立。当数据库的存储结构发生变化时，只需要数据库管理员对模式/内模式的映像做相应改变，可以使模式保持不变，从而保证用户程序无须改变，保证了数据的物理独立性。

数据与应用程序之间相互独立，可使数据的定义、描述和存取等问题与应用程序分离，更好地实现数据共享且冗余少。此外，由 DBMS 实现数据存取，用户不必考虑存取路径等问题，可以简化很多应用程序的设计，便于维护和管理。

☺ 讨论思考：

1）数据库的三级模式结构包括哪几种？
2）数据库的二级映像具体有什么作用？

1.5 数据库管理系统概述

微课视频
课程视频 1.5

1.5.1 数据库管理系统的模块组成

数据库管理系统（DBMS）是对数据库及数据进行统一管理和控制的系统软件，由多个模块组成。其用途、版本及复杂程度各异，且程序不同。按程序实现的功能，DBMS 可以分为四部分。📖

📖 知识拓展
按模块结构划分
DBMS 组成

1）语言编译处理程序。包括数据定义语言（Data Definition Language，DDL）、数据操作语言（Data Manipulation Language，DML）、数据控制语言（Data Control Language，DCL）和事务管理语言（Transact Management Language，TML）及其编译程序。

2）系统运行控制程序。主要包括系统总控程序、安全性控制程序、完整性控制程序、并发控制程序、数据存取和更新程序、通信控制程序。

3）系统建立与维护程序。主要包括装配程序、重组程序和系统恢复程序。

📁 特别理解
数据字典的基本概念

4）数据字典。对于用户为一组只读的表，其内容包括数据库中所有模式对象特征的描述信息，如表、视图及索引等，还包括来自用户的信息、系统状态信息和数据库统计信息等。📁

1.5.2 数据库管理系统的主要功能和工作机制

1. DBMS 的主要功能

在计算机系统中，通过 DBMS 和数据库实现对数据的管理。其主要功能如下。

1）数据定义功能。主要通过 DBMS 的数据定义语言（DDL）完成，定义（建立）数据库及其组成元素的结构。用户可对数据库对象进行定义，如对数据库、表、视图和索引等进行定义。

2）数据操作功能。可通过 DBMS 的数据操作语言（DML）进行操作，实现对数据的基本操作，如数据的查询、插入、删除和修改等。个别文献将数据查询语言（DQL）单列。

3）事务与运行管理是 DBMS 的核心功能。在数据库的建立、运行和维护中，数据控制语言（DCL）、事务管理语言（TML）和系统运行控制程序等，可由 DBMS 统一管理和控制，并保证数据的安全性和完整性、多用户对数据并发控制和意外时的系统恢复。

4）组织、管理和存储数据。DBMS 可对各种数据分类组织、管理和存储，包括用户数据、数据字典、数据存取路径等。DBMS 还可确定文件结构种类、存取方式和数据组织，实现数据之间的联系等，提高存储空间利用率和存取效率。

5）数据库的建立和维护功能。数据库的建立是指数据的载入、存储、重组与恢复等。数据库的维护是指数据库及其组成元素的结构修改、数据备份等。其主要包括数据库初始数据的输入、转换，数据库的转储与恢复，数据库的重新组织和性能监视、分析等，可用相关应用程序或管理工具实现。

6）其他功能。主要包括 DBMS 同其他软件系统的数据通信功能、不同 DBMS 或文件系统的数据转换功能、不同数据库之间的互访和互操作功能等。

2. DBMS 的工作机制

DBMS 的工作机制是将用户对数据的操作转换为对系统存储文件的操作，有效地实现数据库三级模式结构之间的转换。DBMS 可以进行数据库及数据的定义和建立、数据库和数据的操作（输入、查询、修改、删除、统计、输出等）与管理，以及数据库的控制与维护、故障恢复和交互通信等。📖

📖 知识拓展

基于数据模型的 DBMS

1.5.3　数据库管理系统的工作模式

DBMS 是数据库系统的核心和关键，用于统一管理数据库系统中的各种操作，包括数据定义、查询、更新及各种管理与控制，如定义（建立）、操作（处理）、管理与维护数据库和数据，以及数据库的备份与恢复等。DBMS 的工作模式示意图如图 1-21 所示。

图 1-21　DBMS 的工作模式示意图

DBMS 的查询操作工作模式如下。

1）接收应用程序（用户）的数据请求和处理请求。

2）将用户的查询数据请求（高级指令）转换成复杂的低层指令。

3）低层指令实现对数据库的各种具体操作。

4）接收数据库操作得到的所有查询结果。

5）对查询结果进行处理，包括相应的格式转换。

6）最后将处理结果返回给用户（终端）。

【案例1-10】利用DBMS查询示例图。为了对数据库系统工作有更具体深入的了解，下面以一个查询（select）操作为例介绍该命令执行的主要步骤，其执行过程如图1-22所示。

图1-22　用户访问数据的查询过程

DBMS是数据库系统核心，需要借助操作系统对数据进行统一管理和控制。

1）当用户执行应用程序，查询一条记录时，就会向DBMS发出查询（select）命令。

2）DBMS接到命令后，先检查命令语法。通过后对其进行语义检查和存取权限检查。

3）查询对象（数据库、数据表、数据，以及结构、格式和位置等）后进行优化。

4）在缓冲区中查找记录，如果找到则转到步骤9），否则转到步骤5）。

5）DBMS与数据字典交互，得到数据存储模式信息。

6）DBMS向操作系统发出具体的读取记录的命令。

7）操作系统接到DBMS文件读取指令后，读取相应文件。

8）操作系统将读到的指定数据发送到缓冲区。

9）DBMS导出操作用户所需要的数据格式。

10）应用程序将缓存区的数据传送到终端。

11）将命令执行状态返回应用程序，程序根据返回状态判断命令执行是否成功。

☺ 讨论思考：

1）数据库管理系统的主要功能和机制有哪些？

2）简要说明数据库管理系统的工作模式。

1.6　实验1　概念模型的画法及应用

实验视频

实验视频1　讲解及演示

1.6.1　实验目的

1）掌握使用PowerDesigner建模工具绘制E-R图的方法。

2）学会使用PowerDesigner建模工具生成物理模型图。

3）使用建模工具生成 SQL Server 数据库对应的 SQL 脚本。

1.6.2　实验内容及步骤

使用 PowerDesigner 绘制概念模型 E-R 图。绘制 E-R 图的步骤如下。

1）下载、安装、启动 PowerDesigner（简称 PD）工具软件。

2）新建概念模型图。概念模型图类似于上面小节中介绍的 E-R 图（如图 1-23 所示），只是模型符号略有不同。在工作空间单击鼠标右键，在出现的快捷菜单选择"新增"→"文件夹"命令，然后更名为"学生选课管理"。在"学生选课管理"上右击，出现快捷菜单，选择"新增"→"Conceptual Data Model"命令，出现创建概念模型图界面，如图 1-24 所示。

图 1-23　绘制 E-R 图示例

图 1-24　创建概念模型图界面

3）添加实体。在绘图工具栏中单击"实体"图标，鼠标指针变成图标形状，在设计窗口的适当位置单击，将出现一个实体符号。在绘图窗口的空白区域单击鼠标右键，使得鼠标指针变为正常的箭头形状。选中该实体并双击，打开实体属性窗口。其中，General 选项卡中主要选项的含义为：①Name 为实体名，常用中文；②Code 为实体代号，一般输入英文；③Comment 为注释，输入对此实体更加详细的说明。

4）添加属性。E-R 图中使用椭圆表示属性。在 PowerDesigner 中添加属性，只需打开 Attributes（属性）选项卡，如图 1-25 所示。

图 1-25　Attributes（属性）选项卡

5）添加实体之间的关系。同理，添加课程实体，并添加相应的属性。

读者可以通过自行操作完成练习。添加上述两个实体之间的关系，如果两个实体间是多对多的关系，则建立关系的方法有两种：第一种，在绘图工具栏中单击 Relationship（关系）图标，直接建立多对多关系；第二种，先添加 Association 联系对象，再通过两个实体分别与联系对象通过 Association Link 图标建立关系，可在 Association 联系对象上添加额外的属性。

在绘图工具栏中单击 Relationship（关系）图标。单击第一个实体"学生"，保持鼠标左键按下的同时把指针拖到第二个实体"课程"上，然后释放左键，建立一个默认关系。选中图中定义的关系，双击打开 Relationship Properties（关系属性）对话框。在 General 选项卡中定义关系的常规属性，修改关系名称和代号。

两个实体间的映射基数需要在 Details 选项卡中详细定义。这里假定一个学生可以有多门课程的成绩。

6）单击"保存"按钮，保存为"学生选课概念模型图"，文件扩展名默认为"＊.CDM"。

7）检查概念模型。首先，选择菜单 Tools（工具），然后单击 Check Model，出现检查窗口的界面。单击"确定"按钮后出现检查结果。如果有错误问题，将在 Result List 中出现错误列表，用户可根据这些错误提示信息进行改正，直到出现"0error（s）"信息。

8）生成物理模型图。绘出概念模型图并经过项目组和客户讨论后，可进一步选择具体的数据库，生成物理模型图。选择菜单 Tools，然后单击 Generate Physical Data Model，出现 PDM Generation Options 窗口。单击"保存"图标，保存为"teachingSystem"，扩展名默认为"∗.PDM"。

9）生成 SQL 数据库脚本。选择菜单 Database，然后选择 Generate Database，在弹出的对话框中输入 SQL 脚本文件名，单击"确定"按钮，将自动生成对应数据库的 SQL 脚本。

说明：生成的 SQL Server 脚本只有建表语句，无建库语句（需要人工添加）。验证由 PowerDesigner 生成的 SQL Server 脚本是否可行，可先在 SQL Server 2022 中建立一个数据库，然后单击"新建查询"按钮，将脚本语句复制到新建查询窗口中。选择刚建立的数据库，单击"执行"按钮，即可建立数据库。

1.6.3　实验应用练习

某大学教务管理信息系统常用数据库进行建模，共有六个数据表，其中有四个实体表和两个联系表。实体表为学院表（department）、学生表（student）、教师表（teacher）、课程表（course）；联系表为教师开课表（teacher_course）、学生选课表（student_teacher_course）。分析数据表及业务功能可以得出初步的数据模型图，如图 1-26 所示。可以用 PowerDesigner 软件完成图 1-27 所示的 E-R 图。

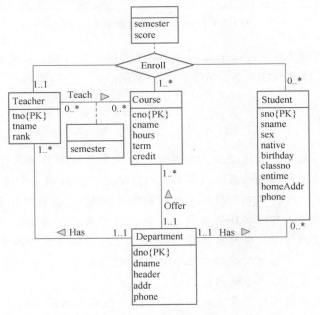

图 1-26　某高校教务管理信息系统数据模型图

练习：利用上述方法建立二级学院（department）、学生（student）、教师（teacher）、课程（course）四个实体 Entity 对象，以及教师开课（teacher_course）和学生选课（student_teacher_course）两个联系 Association 对象。

具体要求包括：首先添加每个实体的属性；然后添加各个实体之间的关系，绘制完毕后对概念模型图进行检查，选择 SQL Server 数据库生成物理模型图；最后生成 SQL Server 对应的 SQL 脚本。建立好一个数据库，验证 SQL 脚本的正确性。

图 1-27　学生–选课–课程的 E-R 图

在实验过程中需要注意：PowerDesigner 建模工具的使用方法，正确添加每个实体及其属性。正确建立各个实体之间的关系。学生应在教师的指导、检查和帮助下按时完成上机任务。

1.7　本章小结

本章重点概述了数据、数据处理、数据库、数据库系统和数据库管理系统等相关的重要基本概念，数据库技术相关的基本内容和主要实际应用，数据库系统的数据模型、组成、结构和数据库管理系统等，其中，数据库管理系统（DBMS）是数据库系统的核心和关键。

数据库技术的特点：可以实现数据高度集成，数据共享，减少数据冗余，保证数据一致性，实施统一的数据标准，保障数据安全性和完整性，实现数据的独立性，减少应用程序开发与维护工作量等。通过对数据库系统发展和趋势的介绍，概述了数据库技术的产生和发展，说明了各阶段数据库系统的特点。

数据模型是研究数据库的重要基础。本章介绍了组成数据模型的三个要素和概念模型。概念模型也称信息模型，用于信息世界的建模。E-R 模型是这类模型的典型代表。E-R 模型简单、清晰，应用十分广泛。

在数据库系统中，数据具有三级模式结构的特点，由外模式、模式、内模式组成。三级模式结构使数据库中的数据具有较高的逻辑独立性和物理独立性。一个数据库系统中只有一个模式和一个内模式，但可以有多个外模式。因此，模式/内模式映像是唯一的，而每一个外模式都有自己的外模式/模式映像。在此基础上，介绍了数据库管理系统（DBMS）的工作模式、主要功能和组成，概述了概念模型与数据模型及其实际应用及画法。

1.8　练习与实践 1

1. 单选题

（1）数据库（DataBase，DB）是存储在计算机上的（　　　）相关数据集合。

    A. 结构化的　　　　　　　　　　B. 特定业务

    C. 具体文件　　　　　　　　　　D. 其他

（2）反映现实世界中实体及实体间联系的信息模型是（　　　）。

    A. 关系模型　　　　　　　　　　B. 实体联系（E-R）模型

    C. 网状模型　　　　　　　　　　D. 层次模型

（3）学生实体（型）与选课实体（型）之间具有的联系是（　　　）联系。

    A. 一对一　　　　　　　　　　　B. 一对多

    C. 多对多　　　　　　　　　　　D. 多对一

（4）数据管理技术经历了四个发展阶段，其中数据独立性最高的是（　　　）阶段。

    A. 程序管理　　　　　　　　　　B. 文件系统

    C. 人工管理　　　　　　　　　　D. 数据库系统

（5）应用数据库技术的主要目的是（　　　）。

    A. 解决数据保密问题　　　　　　B. 解决数据完整性问题

    C. 解决数据共享问题　　　　　　D. 解决数据管理的问题

（6）在数据库管理系统中，（　　　）不是数据库存取的功能模块。

    A. 事务管理程序模块　　　　　　B. 数据更新程序模块

    C. 交互式程序查询模块　　　　　D. 查询处理程序模块

2. 填空题

（1）数据处理（Data Processing）是对数据＿＿＿＿＿＿＿的过程。

（2）数据库管理系统（DBMS）按程序实现的功能可分为以下四部分：语言编译处理程序、系统运行控制程序、＿＿＿＿＿＿＿和数据字典。

（3）树状结构中表示实体类型及实体间联系的数据模型称为＿＿＿＿＿＿＿。

（4）关系模型是一种简单的＿＿＿＿＿＿＿结构。

（5）面向对象方法具有抽象性、封装性、＿＿＿＿＿＿＿等特性。

（6）数据库系统外部的体系结构分为集中式、并行式、分布式和＿＿＿＿＿＿＿四种。

3. 简答题

（1）数据管理技术的发展经历了哪几个阶段？简述各个阶段的主要特征。

（2）什么是信息？什么是数据？简述两者之间的联系及其区别。

（3）什么是数据处理？什么是数据管理？两者之间的区别是什么？

（4）什么是 DB？什么是 DBMS？什么是 DBS？简述三者之间的联系。

（5）概述数据库系统的结构及特点。

（6）分布式数据库系统和面向对象数据库系统各有哪些特点？

（7）DBMS 的组成及功能有哪些？

（8）什么是数据模型？数据模型有哪几种？简述几种数据模型之间的联系及其区别。

（9）什么是实体联系（E-R）模型？简述实体（型）之间的基本联系类型。

（10）什么是记录、属性和属性名？请举例说明。

（11）什么是数据管理？与数据处理有何区别？

（12）数据库系统与数据库管理系统的区别有哪些？

（13）数据库技术的主要特点有哪些？

（14）什么是 C/S 系统的一般结构？并画图表示。

（15）什么是数据模式？请举例说明。

（16）什么是数据库系统的三级模式结构？并画图表示。

（17）什么是概念模型？E-R 模型的基本构件有哪些？

（18）数据模型的种类和特点是什么？

4. 实践题

（1）通过调研了解数据库技术的重要作用，并了解 DBA 应具备的素质和能力。

（2）关于班级、学生、课程的信息如下。

描述班级的属性有班级号、班级所在专业、入校年份、班级人数、班长的学号。

描述学生的属性有学号、姓名、职称、年龄。

描述课程的属性有课程号、课程名、学分。

假设每个班有若干个学生，每个学生只能属于一个班，学生可选修多门课程，每个学生选修的每门课程都有一个成绩记录。试根据语义，画出其 E-R 模型。

（3）上题中再加入实体集教师和活动小组，其中：

描述教师的属性有教师号、户名、职称、专业。

描述活动小组的属性有活动小组名称、成立时间、负责人户名、会费。

假设每门课由多位教师讲授，每位教师可讲授多门课程；每个学生可加入多个活动小组。试根据语义，画出班级、学生、课程、教师和活动小组之间的 E-R 模型。

第 2 章　关系数据库基础

随着现代信息化智慧城市、数字化和网上办公业务的快速发展及广泛应用，促使移动互联、大数据、云计算和网络安全成为影响人类社会发展的要素。关系数据库作为应用最广泛的各种业务数据处理与共享的一种信息化技术，已经成为重要热门技术。关系数据库基本理论知识对于深入学习和运用数据库技术至关重要。📖

📖 **教学目标**
- 掌握关系数据模型及关系数据库的基本概念
- 掌握关系模型常用的完整性规则及主要用法
- 学会运用常用的关系运算解决具体实际问题
- 了解关系演算、查询优化的基本方法和过程
- 掌握常量、变量、函数和表达式的概念及用法

📖 **知识拓展**
关系型数据库的重要作用

2.1　关系模型概述📱

【案例2-1】关系模型的应用最广泛。关系数据库系统主要以关系数据库管理系统（RDBMS）为核心，统一管理及控制各种业务数据的处理与共享。关系数据库在实际业务中的应用非常广泛，极大地推动了经济、商贸、金融、交通、运输、物流、教育和办公等各领域或行业的各种大量业务数据的处理。

2.1.1　关系模型的基本概念

关系数据库的数据结构简单、直观，可用二维表表示现实世界中的实体（事物）及其之间的联系。

🎬 **微课视频**
课程视频 2.1

1. 关系及关系模型相关概念

为了便于更好地掌握数据库技术，下面概要介绍常用的基本概念。

1）关系。关系是一个二维表（简称为表），表示数据的逻辑结构，将现实世界中的实体及其联系归结为简单的二维关系，其中，表中的一行代表一条记录（元组），每列代表一个属性。一般形式定义为 $R(D_1, D_2, \cdots, D_n)$，表示 $D_1 \times D_2 \times \cdots \times D_n$ 的子集域 $D_1, D_2, \cdots, D_n$ 上的关系，其中 R 表示关系名，n 是关系的列（或目）数。

2）记录和属性。在关系模型中，二维表中的行称为记录（或元组）。二维表的列称为属性。每个属性对应表中的一个字段，属性名即字段名，属性值为其字段值。

3）域。域（Domain）是一组具有相同数据类型值的集合，用于表示属性的取值范围。属性 A 的域用 $DOM(A)$ 表示。每个属性对应一个域，不同的属性可以具有相同的域。

【案例2-2】不同域的应用示例。$D_1 = \{$百分制成绩 $X, 1 \leqslant X \leqslant 100\}$，表示百分制成绩的集合。$D_2 = \{$男，女$\}$，表示性别集合。$D_3 = \{$企业职工$\}$，表示企业 18~60 岁的在职员工（特殊情况、延迟退休等除外）的集合。

4）关系模型。**关系模型**（Relation Model）是以关系（表结构）表示的模型，可用键（或称主属性）唯一标识记录。键可以是单一属性或属性组。

关系模型的组成包括关系数据结构、关系操作和关系完整性约束。关系模型是关系数据库的构建基础，所有关系数据库都支持关系模型。关系模型中，无论实体还是之间的联系，均为二维表结构，每个关系对应一个二维表。例如，学生可用学生关系表示。

【案例2-3】高校学生数据表。高校学生数据表包含的主要信息为学号、姓名、性别、专业、出生日期和家庭地址。表头表示关系型，从第二行开始的以下各行都是这个关系型的实例（记录），如表 2-1 所示。

表 2-1 高校学生数据表

学 号	姓名	性别	专 业	出 生 日 期	家 庭 地 址
BX22120	赵一	男	网络工程	2003-03-26	上海市杨浦区南京路 23 号
BX22236	周二	女	对外贸易	2002-10-08	大连市西岗区人民路 17 号
BE23118	张三	男	电气工程	2002-09-09	北京市海淀区人大路 13 号
BE23227	李四	男	机械工程	2003-07-09	北京市石景山区阜石路 115 号
BG23245	王五	女	软件技信	2002-10-09	北京市海淀区黄庄路 56 号

5）元数和基数。**元数**指关系（数据表）中属性（列）的个数。**基数**指记录（行）的个数。表 2-1 所示关系的元数和基数分别为 6 和 5。

2. 超键、候选键、主键和外键

1）**超键**。是指在关系模式中，能唯一标识记录（元组）的属性组，如（学号，姓名）。

2）**候选键**。是指没有多余属性的超键，如学号、工号、订单号。

3）**主键**。是指在关系中选取的候选键之一，主键不能为空值。如学生（学号，姓名，专业）的主键可以选"学号"，也可以选（学号，姓名）。

4）**外键**。若在关系 R 中包含另一个关系 S 的主键所对应的属性组 K，则称 K 为 R 的外键。如对于选课（学号，课程号，成绩），"学号"就是"选课"关系的外键。

📭 注意：外键是指另一个关系的主键。在多表调用数据时，需要多表之间借助主键和外键建立关联，实现记录之间的一一对应（避免出错）。

关系模型中，主键和外键为现实世界中实体之间的联系建立了桥梁。基本关系 R 称为**参照关系**，基本关系 S 称为**被参照关系**或**目标关系**。📁

2.1.2 关系的类型和性质

📂 **特别理解**
关系与关系中的主键和外键

关系有三种类型：基本关系（或称基本表或表）、查询表和视图表。基本表是实际存在的（存储）表。查询表是查询结果对应的表（常为部分数据）。视图表是由表或其他视图表导出的虚表，不对应实际存储的数据。

关系（表）具有六条基本性质如下。📖

1）关系中的属性（列）是同质的，即每一列中的属性值（数据项）是同一种类型，即要求同列同类同域。

📖 知识拓展
关系具有的 6 条基本性质

2）关系中的属性（列）是原子的，每个属性（列）不可再分。

3）任何两行（记录）都不能完全相同，以免造成不一致或错误等问题，应保证实体的唯一性和完整性。例如，客户一次存款只能有一条记录。

4）任何两列都不能同名。不同的列可以来自同一域，即列值类型可以相同。

5）关系中的行（记录）不分先后顺序，任意两行记录的次序可以交换。

6）关系中的属性（列）不分先后顺序，即属性（列）的次序可以任意交换。

【案例 2-4】高校学生不规范数据表。高校学生数据表包括以下数据项：学号、姓名、性别、专业、出生日期（年、月、日）和家庭地址。表头表示关系型，从第二行开始的以下各行都是一个关系型的实例，如表 2-2 所示。

表 2-2 学生数据表

学号	姓名	性别	专业	出生日期			家庭地址
				年	月	日	
BX22120	赵一	男	网络工程	2003	03	26	上海市杨浦区南京路 23 号
BX22236	周二	女	对外贸易	2002	10	08	大连市西岗区人民路 17 号
BE23118	张三	男	电气工程	2002	09	09	北京市海淀区人大路 16 号
BE23227	李四	男	机械工程	2003	07	09	北京市石景山区阜石路 115 号
BG23245	王五	女	软件技信	2002	10	09	北京市海淀区黄庄路 56 号

此例中，属性"出生日期"再分为年、月、日三部分（不是原子的），导致属性"出生日期"不符合关系基本性质，是一种不规范关系，直接影响数据处理。

2.1.3 关系模式的表示

关系模式（Relation Schema）是对关系结构和特征的描述，可形式化地表示为 $R(U,D,DOM,F)$。其中，R 为关系名，U 为组成该关系的属性（列）名集合，D 为属性组 U 中属性取值的域，DOM 为属性域的映象集合，F 为属性之间数据的依赖关系集合。

关系模式可以简记为 $R(U)$ 或 $R(A_1,A_2,\cdots,A_n)$，其中 R 为关系名，$A_1,A_2,\cdots,A_n$ 为属性名。例如，学生关系的关系模式可表示为：

学生(学号, 姓名, 性别, 专业, 出生日期, 家庭地址)

关系模式主要描述以下两方面的内容。

1）关系模式指明关系（表）的结构（型），即构成的属性（列）及其域（常为属性的数据类型和长度等），以及属性与域之间的映射（对应）关系。🗀

🗀 特别理解
关系数据库中的型与值

2）关系模式应确定属性间的相互关联关系和属性本身的约束

条件。属性间的相互关联关系表现为一个表的主键同外键对应。

2.1.4　由 E-R 图向关系模型的转换

1. 转换规则

E-R 图的组成三要素包括实体、实体的属性和实体间的联系，而关系模型是用二维表表示现实世界中实体之间的联系，即关系模式集合，所以将 E-R 图转换为关系模型（表），就是将 E-R 图转换成关系的过程。实体和联系类型的转换规则如下。

1）实体转换关系规则。将一个实体转换成一个关系时，实体的属性就是关系的属性，实体的标识符就是关系的键，例如，案例 2-3 中学生的学号为关系的键。

2）二元联系类型的转换规则。①若实体间的联系为一对一，则将两个实体类型转换成两个关系模式的过程中，任选一个属性（组），在其中加入另一个关系模式的键和联系类型的属性。②若实体间的联系为一对多，则在"多"的一端实体的关系中，加上"一"的一端实体的键和联系的属性。③若实体间的联系为多对多，则将联系也转换为关系，其属性为两端实体的键加上联系的属性，而键为两端实体键的组合。

2. 转换方法

对于一对一（1:1）、一对多（1:n）和多对多（m:n）三种情况的两个实体（事物）联系转换为关系（二维表）的方法，可以通过应用实例分别概述。

【案例 2-5】学生和身份证之间的关系为一对一联系。学生与身份证实体的关系如图 2-1 所示。在学生端加入身份证号作为联系属性，在两者之间建立一对一联系。

图 2-1　学生和身份证一对一联系

在学生（学号，身份证号，姓名，性别，专业，出生日期，家庭地址）中，学号为主键（PK），身份证号为外键（FK）并关联到关系身份证。

身份证（身份证号，签发机关，有效期始，有效期止），身份证号为主键。

（1）一对一联系的转换方法

（2）一对多联系的转换方法📖

知识拓展
数据表与属性的命名规范

【方法一】：可以将联系与"多"的一端实体所对应的关系合并，并加"一"端实体的主键和联系的属性，组成新的关系（表）的属性（列）。

【方法二】：可以将联系转换为一个独立关系模式，其属性包含联系自身的属性以及相连接的两端实体的主键，组成新的关系（表）的属性（列）。

【案例 2-6】商品订单和订单项之间的一对多关系。每一个商品订单都包含一个或多个订单项。同时，一个或多个订单项组成一个订单。订单和订单项的关系定义如下。

订单表（订单 ID，会员 ID，是否付款，运送方式，运费，提交时间）。

订单项表（订单项 ID，订单 ID，商品 ID，商品数量）。

订单和订单项的 E-R 图如图 2-2 所示。

图 2-2　订单与订单项的 E-R 图

（3）多对多联系的转换方法

对于实体之间是多对多联系的情况，各个实体可以直接转换为关系模式，联系则独立转换为一个关系模式，其属性包括联系自身的属性和相连各实体的主键。

【案例 2-7】高校学生选课联系。一个学生可以选多门课程，一门课程可被多个学生选修，学生与课程是多对多联系。学生和课程实体转换为相应的独立关系模式，同时选课联系转换为一个单独关系模式。其 E-R 图如图 2-3 所示。关系模式：

学生（学号,身份证号,姓名,性别,专业,出生日期,家庭地址），学号为主键（PK）。

课程（课程代码，系部编号，学期，课程名称，课程类型，学分），课程代码为主键。

学生选课（学号,课程代码,成绩），学号和课程代码为组合主键，学号、课程代码为外键。

图 2-3　学生选课关系的 E-R 图

☺ 讨论思考：

1）什么是关系模式？其形式化表示是什么？

2）关系（二维表）具有哪六条基本性质？

3）由 E-R 图向关系模型的转换规则和方法是什么？

微课视频

课程视频 2.2

2.2　关系模型的完整性

关系模型的完整性规则是指对关系的约束条件，是数据操作中应遵守的规则，保证其正确相容性。主要有三类完整性约束：实体完整性约束、参照完整性约束和用户定义的完整性约束。前两个称为关系的不变性，是关系模型必须满足的完整性约束条件，由系统自动实现。用户定义的完整性是业务应用时实际遵循的规则。

2.2.1　关系模型的实体完整性

实体完整性（Entity Integrity）规则：如果属性 A（单一属性（组））是基本关系 R 的

主属性，则属性 A 不能取空值。

主键是记录的唯一标识（调用的指定位置），如果主属性为空，则将导致记录不可区分，这与实体的定义矛盾。例如，学生数据表的"学号"不能为空，如果为空则表明学生不存在，后续的学生选课和学生选课成绩就无法查找与进行数据处理。

实体完整性要求保证每个关系（二维表）有且仅有一个主键，而且每个主键的值必须唯一，不能为空值或重复，以确保数据操作的正确、完整、可靠。📖

📖 知识拓展
实体的完整性基本规则

2.2.2　关系模型的参照完整性

在实际应用中，关系模型中的实体及其之间的联系可用关系表示。例如，用户查询数据时经常需要通过主键和外键进行多表之间数据的关联或引用。

参照完整性（Referencial Integrity）形式化的定义：如果 F 是关系 R 的一个或一组属性，但不是 R 的键，K 是关系 S 的主键，若 F 与主键 K 相对应，则称 F 是关系 R 的外键，并称关系 R 为参照关系，关系 S 为被参照关系或目标关系。

参照完整性体现在两方面：实现多表之间的关联，外键的取值必须是另一表主键的有效值或是空值（暂时未定）。

△ 注意：在关系模式中，外键不一定与对应主键同名，外键常用下画曲线标出。外键的值是否允许为空，应视具体问题而定。

参照完整性规则是外键和主键之间的引用规则。若属性（组）F 是关系 R 的外键，F 与关系 S 的主键 K 相对应（关系 R 和 S 不一定是不同关系），则 R 中每个元组在 F 上的值或为空，或等于 S 中某个元组的主键。

> 【案例2-8】高校学生实体和专业实体之间的联系。在学生（学号，身份证号，姓名，性别，专业编号，出生日期，家庭地址）中，学号为主键（PK）。在专业（专业编号，专业名称）中，专业编号为主键（PK），同时是"学生"关系的外键。

学生和专业关系存在属性的引用，即学生关系引用了专业关系的主键"专业编号"，此处学生关系中的"专业编号"的取值需要参照专业关系中的"专业编号"，即学生关系中"专业编号"的取值或为空值（表明学生还没确定专业），或取某个具体值。例如，在插入数据时，DBMS 负责验证外键是否合法，并决定是否插入该记录。

> 【案例2-9】企业职员数据表。职员（职员编号，姓名，性别，民族，出生年月，所在部门，籍贯，政治面貌，家庭地址，联系电话，主管）中，"职员编号"为主键，"主管"属性表示该员工主管的编号，它引用了本关系"职员编号"，因为主管也是职员中的一员，只是职位不同。所以职员关系中的主管必须是"职员编号"（列/字段）中的某个值，或者为空值（表示尚未分配主管）。

2.2.3　用户定义完整性及域完整性

用户定义的完整性（User-defined Integrity）是指对数据表中字段属性的约束（实际要

求），包括属性的值域、类型、宽度和小数点位数等，是由确定关系结构时所定义的字段属性决定的。例如，在客户申请银行卡时，银行对身份证进行合法验证，要求其字段长度为18位。

　　域完整性（Domain Integrity）是指属性（列）值域的完整性，如数据类型、格式、值域范围、是否允许空值等，是针对某一具体数据库的约束条件，保证表中的某些列不能输入无效的值。域完整性限制了某些属性中的值，将属性限制在一个有限集合。例如，通常，正式职工的年龄在18~60之间。

　　☺ 讨论思考：

　　1）在关系模型中具体有哪几类完整性约束？

　　2）关系中为何满足实体完整性和参照完整性？

　　3）试举例说明用户定义的完整性应用案例。

2.3　常用的关系运算

微课视频
课程视频2.3

　　数据查询是实际应用中最常用的操作。关系代数是一种抽象的查询语言，是以集合代数为基础、以关系（表）为运算对象的高级运算。关系运算具有三大要素：运算对象、运算符和运算结果。关系代数的运算对象和运算结果都是关系。

2.3.1　关系运算种类和运算符

1. 关系运算的种类

关系运算的种类有两种：传统关系运算和专门关系运算。传统关系运算将关系作为集合，并对"水平"方向（行）运算，专门关系运算涉及行和列。

（1）传统关系运算

传统关系运算主要使用传统的集合运算方法将关系（表）作为行（记录）的集合，从关系的行方向进行（集合）运算，常用的是两个关系的运算。

传统的集合运算可以实现的基本操作如下。

1）并运算。在数据库中，用于实现对指定数据的插入和添加操作。

2）差运算。在数据库中，用于实现对指定数据记录的删除操作。

3）差并结合。修改数据的操作，要先删除（差）后插入（并）。

（2）专门关系运算

专门关系运算是针对关系数据库专门设计的，涉及关系的行和列。利用比较运算符和逻辑运算符可以实现辅助专门的关系运算符操作。有时还需要对关系本身运算，如果需要显示表中某列的值，就需要利用关系的专门运算中的"投影"。

2. 关系运算符

关系运算符有四种：集合运算符、专门的关系运算符、（算术）比较运算符和逻辑运算符。具体的使用方法将在后面结合应用案例介绍。

1）集合运算符：∪（并运算）、—（差运算）、∩（交运算）、×（笛卡儿积）。

2）专门的关系运算符：σ（选择）、π（投影）、⋈（连接）、÷（除）。

3）（算术）比较运算符：>（大于）、≥（大于或等于）、<、≤、=、≠。

4）逻辑运算符：¬（非）、∧（与）、∨（并）。

2.3.2 传统的关系运算

传统的关系运算可以归纳为集合运算，即对两个关系的集合运算，主要包括四种：并、差、交和广义笛卡儿积。

1. 并运算

设关系 R 和关系 S 具有相同的 n 目（属性/列），且相应的属性取自同一个域，则关系 R 和关系 S 的并（Union）由属于 R 或属于 S 的记录（元组）组成。其结果关系的目仍为 n，记为 $R \cup S$。形式化定义为 $R \cup S = \{t \mid t \in R \lor t \in S\}$。其中，$t$ 表示关系 R 或 S 中的记录，即关系 R 或 S 中的行。

🔔 注意：$R \cup S$ 的结果集合是 R 中的记录和 S 中的记录合并一起构成的一个新关系。特别要指出的是，合并后的结果必须除去重复记录。

【案例 2-10】 已知关系 R 和关系 S，如表 2-3 和表 2-4 所示，计算出关系 R 和关系 S 的并 $R \cup S$，其计算结果如表 2-5 所示。

表 2-3 关系 R

学号	姓名	出生日期
2303070101	张皖平	2005-03-08
2303070102	吴雨潇	2004-06-09
2303070103	周鑫	2005-08-08

表 2-4 关系 S

学号	姓名	出生日期
2303070104	张华	2004-04-08
2303070102	吴雨潇	2004-06-09
2303070105	周平	2004-09-08

表 2-5 $R \cup S$ 结果

学号	姓名	出生日期
2303070101	张皖平	2005-03-08
2303070102	吴雨潇	2004-06-09
2303070103	周鑫	2005-08-08
2303070104	张华	2004-04-08
2303070105	周平	2004-09-08

2. 差运算

设关系 R 和关系 S 具有相同的 n 目（列/属性），且相应的属性取自同一个域，则关系 R 和关系 S 的差（Difference）由属于 R 且不属于 S 的记录组成。其结果关系的目仍为 n，记为 $R-S$。形式化定义为 $R-S = \{t \mid t \in R \land t \notin S\}$。其中，$t$ 表示属于 R 且不属于（差掉）S 的所有记录。

【案例 2-11】 已知关系 R 和关系 S，如表 2-3 和表 2-4 所示，求关系 R 和 S 的差 $R-S$，其计算结果如表 2-6 所示。

表 2-6 关系 $R-S$

学　号	姓　名	出 生 日 期
2303070101	张皖平	2005-03-08
2303070103	周鑫	2005-08-08

3. 交运算

设关系 R 和关系 S 具有相同的 n 目（列/属性），且相应的属性取自同一个域，则关系 R 和关系 S 的交（Intersection）由属于 R 且属于 S 的记录组成。其结果关系的属性数仍为 n，记为 $R \cap S$。形式化定义为 $R \cap S = \{t \mid t \in R \wedge t \in S\}$。其中，$t$ 为同时属于关系 R 和 S 中的所有记录，即关系 R 且 S 中行的公共部分。📖

【案例 2-12】已知关系 R 和关系 S，如表 2-3 和表 2-4 所示，计算关系 R 和 S 的交 $R \cap S$，其计算结果如表 2-7 所示。

表 2-7　关系 $R \cap S$

学　号	姓　名	出 生 日 期
2303070102	吴雨潇	2004-06-09

4. 广义笛卡儿积

📖 知识拓展
关系 R 和关系 S 的交集

设关系 R 和关系 S 的目（列/属性）分别为 r 及 s。关系 R 和 S 的广义笛卡儿积（Extended Cartesian）$R \times S$ 是一个 $(r+s)$ 目的记录集合（新关系有 $r+s$ 列），每个记录的前 r 个分量（属性值）来自关系 R 的一个记录，后 s 个分量是关系 S 的一个记录。关系 R 和关系 S 的笛卡儿积记为 $R \times S$，其形式化定义为 $R \times S = \{t \mid t = <t^r, t^s> \wedge t^r \in R \wedge t^s \in S\}$。

说明：t^r、t^s 中的 r、s 为上标，分别表示 r 个分量和 s 个分量。若关系 R 的基数（行数）为 k_1，关系 S 的基数为 k_2，则关系 R 和关系 S 的笛卡儿积的基数为 $k_1 \times k_2$。

【案例 2-13】已知关系 R 和关系 S，如表 2-3 和表 2-8 所示，求关系 R 和 S 的广义笛卡儿积 $R \times S$，具体的结果如表 2-9 所示。

表 2-8　关系 S

学　号	课 程 号	成　绩
2303070101	C001	85
2303070103	C002	90

表 2-9　关系 $R \times S$

R 学　号	姓　名	出 生 日 期	S 学　号	课 程 号	成绩
2303070104	张华	2004-04-08	2303070101	C001	85
2303070104	张华	2004-04-08	2303070103	C002	90
2303070102	吴雨潇	2004-06-09	2303070101	C001	85
2303070102	吴雨潇	2004-06-09	2303070103	C002	90
2303070105	周平	2004-09-08	2303070101	C001	85
2303070105	周平	2004-09-08	2303070103	C002	90

🔖 注意：关系 R 和关系 S 中有相同的属性名"学号"，在计算结果中为了区分，需要在其属性名前标注上相应的关系名，如 R. 学号和 S. 学号。

在实际应用中，单独笛卡儿积本身并无具体实际意义和用途，只有在两表连接时需要限制条件，才能起到正确处理有效数据的作用。

2.3.3　专门的关系运算

专门的关系运算有四种：选择运算、投影运算、连接运算和除运算。其中，选择运算可以在多表中选取符合满足条件的记录并构成新关系（表），投影运算可选取记录中指定的属性（列）并构成新关系，连接运算可选取符合条件的记录串联（连接）成新关系，除运算可选取象集符合条件的记录的多个属性（列）构成新关系。

1. 选择运算

选择（Selection）运算也称限制（Restriction），可对关系进行水平（行）分割（选取）。选择是在表中选取符合指定条件的记录，记为 $\sigma_F(R)$。其中，σ 为选择运算符；F 表示选择条件，F 通常是一个逻辑表达式，其取值为逻辑值"真"（成立）或"假"（不成立）。$\sigma_F(R)$ 表示从 R 中选取满足条件 F 的记录（行）所构成的新关系，形式化定义为 $\sigma_F(R)=\{t\,|\,t\in R\wedge F(t)=\text{true}\}$。

逻辑表达式 F 的基本形式为 $X\theta Y$。其中，θ 表示比较运算，可以是 >、≥、<、≤、=、≠；X 和 Y 为属性名、常量或简单函数，属性名可以用其序号替代。在基本的选择条件中可以进一步地进行逻辑运算，包括非（¬）、与（∧）、或（∨）运算。

【案例 2-14】在商品数据表（如表 2-10 所示）中，查询出所有产地为"深圳"的商品信息。在"商品"数据表中进行选择运算 $\sigma_{产地='深圳'}$ 或 $\sigma_{8}='深圳'$，其结果如表 2-11 所示。

表 2-10　商品数据表

商品 ID	商品名称	价格	品牌	型　　号	颜色	生产商	产地
KB20220123	U 盘	108	闪迪	SDCZ48-064G-Z46	黑色	SanDisk	深圳
KB20231102	闪存卡	34.9	东芝	SDHC/SDXC UHS-1	蓝色	亘立科技	深圳
SJ20231230	手机	5568	苹果	iPhone 6s Plus	白色	苹果公司	美国
SJ20211009	手机	5288	三星	alaxy S6 Edge	黑色	深圳金冠	深圳
SM20220128	数码相机	1336	佳能	PowerShot SX610	红色	固武长商贸	上海

表 2-11　产地为"深圳"的选择结果

商品 ID	商品名称	价格	品牌	型　　号	颜色	生产商	产地
KB20220123	U 盘	108	闪迪	SDCZ48-064G-Z46	黑色	SanDisk	深圳
KB20231102	闪存卡	34.9	东芝	SDHC/SDXC UHS-1	蓝色	亘立科技	深圳
SJ20211009	手机	5288	三星	alaxy S6 Edge	黑色	深圳金冠	深圳

【案例 2-15】查询商品价格低于 500 元的商品信息。在"商品"数据表中进行选择运算 $\sigma_{价格}<500$ 或 $\sigma_3<500$，其结果如表 2-12 所示。

表 2-12　价格低于 500 元的选择运算结果

商品 ID	商品名称	价格	品牌	型　　号	颜色	生产商	产地
KB20220123	U 盘	108	闪迪	SDCZ48-064G-Z46	黑色	SanDisk	深圳
KB20231102	闪存卡	34.9	东芝	SDHC/SDXC UHS-1	蓝色	亘立科技	深圳

2. 投影运算

📖 **知识拓展**
投影结果中对重复记录操作

投影（Projection）运算可对关系（表）进行垂直分割，即对关系的列方向的筛选。

投影运算是在一个关系中选取某些属性或列，并重新排列其顺序，再删掉重复记录后构成的新关系，是对二维表的垂直分割，记为 $\pi_A(R)$。其中，π 为投影运算符，A 为关系 R 中的属性列。投影运算的形式化定义为 $\left(\pi_A(R)=\{t\lceil A\rceil\mid t\rangle\in R\right\}$。📖

> 【案例 2-16】已知商品数据表，如表 2-10 所示，查询商品的产地信息。
>
> 投影运算 $\pi_{\text{产地}}$（商品信息表）或 π_8（商品信息表）的结果如表 2-13 所示。
>
> 表 2-13　投影"产地"运算结果
>
> | 产地 |
> | --- |
> | 深圳 |
> | 美国 |
> | 上海 |

> 【案例 2-17】已知商品数据表，如表 2-10 所示，查询商品的名称和价格信息。
>
> 投影 $\pi_{\text{商品名称,价格}}$（商品信息表）或 $\pi_{2,3}$（商品信息表）的结果如表 2-14 所示。
>
> 表 2-14　投影"商品名称"和"价格"运算结果
>
> | 商 品 名 称 | 价　格 |
> | --- | --- |
> | U 盘 | 108 |
> | 闪存卡 | 34.9 |
> | 手机 | 5568 |
> | 手机 | 5288 |
> | 数码相机 | 1336 |

3. 连接运算

连接（Join）运算也称为 θ 连接，是从两个关系的广义笛卡儿积中选取属性间满足一定条件的记录。形式化定义为：

$$R\underset{A\theta B}{\bowtie}S=\{t_r\hat{t}_s\mid t_r\in R\land t_s\in S\land t_r[A]\,\theta\,t_s[B]\}$$

其中，A 和 B 分别为关系 R 和关系 S 上列数相同且可比的属性组。θ 为比较运算符。连接运算从 R 和 S 的笛卡儿积 $R\times S$ 中选取 R 关系在 A 属性组上的值与 S 关系在 B 属性组上的值满足比较关系 θ 的记录。

连接运算中有两种常用的连接：等值连接（Equijoin）和自然连接（Natural Join）。

1）等值连接。等值连接指 θ 为"="的连接运算。从关系 R 和关系 S 的广义笛卡儿积中选取 A 与 B 属性（列）相等的记录，即等值连接记为：

$$R\underset{A=B}{\bowtie}S=\{t_r\hat{t}_s\mid t_r\in R\land t_s\in S\land t_r[A]=t_s[B]\}$$

2）自然连接。自然连接是一种特殊的等值连接，要求两个关系中进行比较的分量（属性值/数据项）必须是相同的属性组，并且在结果中把重复的属性列去掉。如果关系 R 和 S 具有相同的属性组 B，则自然连接可记为：

$$R \bowtie S = \{ t_r \hat{t}_s \mid t_r \in R \land t_s \in S \land t_r[B] = t_s[B] \}$$

🔔 注意：通常，连接操作是从行的角度进行运算的。而自然连接还需要取消重复列（常为后面的列），所以是同时从行和列的角度进行的运算。

【案例 2-18】设有两个关系 R 和关系 S，分别如表 2-15 和表 2-16 所示，求 $R \underset{C<E}{\bowtie} S$、$R \underset{R.B=S.B}{\bowtie} S$ 和 $R \bowtie S$，结果如表 2-17～表 2-19 所示。

表 2-15 关系 R

A	B	C
a1	b1	5
a1	b2	8
a2	b3	7
a2	b4	10

表 2-16 关系 S

B	E
b1	2
b2	7
b3	9
b4	8
b5	2

表 2-17 关系 $R \underset{C<E}{\bowtie} S$

A	$R.B$	C	$S.B$	E
a1	b1	5	b2	7
a1	b1	5	b3	9
a1	b1	5	b4	8
a1	b2	8	b3	9
a2	b3	7	b3	9
a2	b3	7	b4	8

表 2-18 $R \underset{R.B=S.B}{\bowtie} S$

A	$R.B$	C	$S.B$	E
a1	b1	5	b1	2
a1	b2	8	b2	7
a2	b3	7	b3	9
a2	b4	10	b4	8

表 2-19 $R \bowtie S$

A	B	C	E
a1	b1	5	2
a1	b2	8	7
a2	b3	7	9
a2	b4	10	8

自然连接与等值连接的主要区别如下。

1）等值连接中相等的属性可以是相同的属性，也可以是不同的属性，而自然连接中相等的属性必须是相同的属性。

2）自然连接结果必须去除重复属性，而等值连接的结果不需要去除重复属性。

3）自然连接用于有公共属性的情况。若两个关系没有公共属性，则它们不能进行自然连接，而等值连接无此要求。自然连接在多表数据调用时常用。

4. 除运算

给定关系 $R(X,Y)$ 和 $S(Y,Z)$，其中 X，Y，Z 为属性组。R 中的 Y 与 S 中的 Y 可以有不同的属性名，但必须出自相同的域集。

R 与 S 的除运算（Division）得到一个新的关系 $P(X)$，P 是 R 中满足下列条件的记录在 X 属性列上的投影：记录在 X 上的分量值 x 的象集 Y_x 包含 S 在 Y 上投影的集合。记作：

$$R \div S = \{ t_r[X] \mid t_r \in R \wedge \pi_Y(S) \subseteq Y_x \}$$

其中，Y_x 为 x 在 R 中的象集，$x = t_r[X]$。除运算通常是对关系的行和列角度进行操作。
除运算的计算过程如下。

1）将被除关系的属性分为象集属性和结果属性两部分，与除关系相同的属性归于象集，不相同的属性归于结果集。

2）在除关系中，在与被除关系相同的属性（象集属性）上投影，得到除目标数据集。

3）将被除关系分组，将结果属性值相同的记录分为一组。

4）观察每个组，若它的象集属性值中包括除目标数据集，则对应的结果属性值应该属于除法运算结果集，并去掉与原被除关系相同的分组。

【案例 2-19】（源自：数据库系统工程师 2005 年 5 月试题 44），已知关系 R（表 2-20）和关系 S（表 2-21），求 $R \div S$，如表 2-22 所示。

表 2-20 关系 R

A	B	C	D
2	1	a	c
2	2	a	d
3	2	b	d
3	2	b	c
2	1	b	d

表 2-21 关系 S

C	D	E
a	c	5
a	c	2
b	d	6

表 2-22 $R \div S$

A	B
2	1

具体除运算的计算过程：

1）关系 R 中属性组 (A,B) 的取值为 $\{(2,1),(2,2),(3,2)\}$。其中，$(2,1)$ 的象集为 $\{(a,c),(b,d)\}$，$(2,2)$ 的象集为 $\{(a,d)\}$，$(3,2)$ 的象集为 $\{(b,d),(b,c)\}$。

2）关系 S 在属性组 (C,D) 上的投影为 $\{(a,c),(b,d)\}$。

3）找出全部属性组 (A,B) 象集包含关系 S 属性组 (C,D) 上的投影的取值，即为新关系 $R \div S$，此处通过比较 1）和 2）可以发现，只有记录 $(2,1)$ 的象集包含关系 S 在属性组 (C,D) 上的投影，所以 $R \div S$ 只有一个记录 $(2,1)$，即 $R \div S$ 运算结果如表 2-22 所示。📖

除的基本运算可以表示为等价关系表达式：

$$\pi_A(R) - \pi_A(\pi_A(R) \times S - R)$$

下面举例说明关系代数综合运算应用。

📖 知识拓展
除法运算的实际应用

设商品销售数据库有三个关系：商品、售货员和售货。

商品（商品编号，商品名，产地，价格，等级）

售货员（售货号编号，姓名，性别，年龄）

售货（商品编号，售货员编号，数量）

【案例2-20】查询所有产地为北京的商品信息：

$$\sigma_{产地='北京'}(商品)$$

查询年龄在 35 岁以下男性的售货员编号和姓名：

$$\pi_{售货员编号,姓名}(\sigma_{年龄<35\wedge性别='男'}(售货员))$$

查询售出商品编号为 K006 的售货员姓名：

$$\pi_{姓名}(\sigma_{商品编号='K006'}(售货\bowtie售货员))$$

☺ 讨论思考：

1）交、并、差运算的两个关系必须满足什么条件？

2）除运算的结果主要表示什么具体的含义？

3）等值连接和自然连接之间的区别是什么？

*2.4　关系演算与查询优化

关系演算与关系运算不同，是以数理逻辑中的谓词演算为基础的一种运算。与关系代数相比较，关系演算是非过程化的。关系演算只需描述结果的信息，而不需给出获得信息的具体过程。按谓词变元的不同，关系演算可分为记录关系演算和域关系演算。记录关系演算以记录为变量，域关系演算以域为变量。

*2.4.1　关系演算概述

1. 记录关系演算

记录关系演算（Tuple Relational Calculus）的形式化表达为 $\{t|\varphi(t)\}$。其中，t 为记录变量，表示一个元数固定的记录；$\varphi(t)$ 是以记录变量 t 为基础的公式。该表达式的含义是使 $\varphi(t)$ 为真的记录 t 的组合。关系演算由原子公式和运算符组成。

原子公式有以下三类。

1）$R(t)$。R 是关系名，t 是记录变量，$R(t)$ 表示 t 是关系 R 的一个记录。

2）$t[i]\theta s[j]$。其中，t 和 s 是记录变量，θ 是算术比较运算符（如>、<、=、≥等）。$t[i]\theta s[j]$ 表示记录 t 的第 i 个分量与记录 s 的第 j 个分量满足 θ 关系。例如，$t[3]\geqslant s[5]$ 表示 t 的第 3 个分量大于或等于 s 的第 5 个分量。

3）$t[i]\theta C$ 或 $C\theta t[i]$。其中，C 表示一个常量，t 是记录变量，θ 是算术比较运算符。$t[i]\theta C$ 表示 t 的第 i 个分量与常量 C 满足关系 θ。例如，$t[2]>5$ 表示 t 的第 2 个分量大于 5。

公式可递归定义如下。

1）每个原子公式都是公式。

2）如果 ϕ_1 和 ϕ_2 是公式，则 $\phi_1\wedge\phi_2$、$\phi_1\vee\phi_2$，$\neg\phi_1$ 也是公式。其中，$\phi_1\wedge\phi_2$ 表示只有 ϕ_1 和 ϕ_2 同时为真时 $\phi_1\wedge\phi_2$ 为真，否则 $\phi_1\wedge\phi_2$ 为假；$\phi_1\vee\phi_2$ 表示只有 ϕ_1 和 ϕ_2 同时为假时 $\phi_1\vee\phi_2$ 为假，否则 $\phi_1\vee\phi_2$ 为真；$\neg\phi_1$ 表示如果 ϕ_1 为真，则 $\neg\phi_1$ 为假。

3）如果 ϕ 为公式，则 $\exists t(\phi)$ 也是公式。其中，符号 $\exists$ 是存量词符号。$\exists t(\phi)$ 表示若

有一个 t 使 ϕ 为真，则 $\exists t(\phi)$ 为真，否则 $\exists t(\phi)$ 为假。

4）如果 ϕ 为公式，则 $\forall t(\phi)$ 也是公式。其中，$\forall$ 是全称量词符号。$\forall t(\phi)$ 表示如果对于所有 t，都使 ϕ 为真，则 $\forall t(\phi)$ 为真，否则 $\forall t(\phi)$ 为假。

5）在记录演算公式中，各种运算符的优先级如下。

① 算术比较运算符的优先级最高。

② 量词次之，且 $\exists$ 的优先级高于 $\forall$ 的优先级。

③ 逻辑运算符最低，且 $\neg$ 的优先级高于 $\wedge$ 的优先级，$\wedge$ 的优先级高于 $\vee$ 的优先级。

④ 加括号时，括号中的运算符优先，同一括号内的运算符的优先级遵循①、②、③三项。

6）有限次地使用上述五条规则得到的公式是记录关系演算公式，其他公式不是记录关系演算公式。

关系代数的运算均可以用关系演算表达式来表示（反之亦然）。下面用关系演算表示关系代数的五种运算。

（1）并运算

$$R \cup S = \{t \,|\, R(t) \vee S(t)\}$$

（2）差运算

$$R - S = \{t \,|\, R(t) \wedge \neg S(t)\}$$

（3）笛卡儿积

$$R \times S = \{t^{n+m} \,|\, (\exists u^n)(\exists v^m)(R(u) \wedge S(v) \wedge t[1] = u[1] \wedge \cdots \wedge t[n] = u[n] \wedge t[n+1]$$
$$= v[1] \wedge \cdots \wedge t[n+m] = v[m])\}$$

（4）投影运算

$$\pi_{i1,i2,\cdots,ik}(R) = \{t^{(k)} \,|\, (\exists u)(R(u) \wedge t[1] = u[i_1] \wedge \cdots \wedge t[k] = u[i_k])\}$$

（5）选择运算

$$\sigma_F(R) = \{t \,|\, R(t) \wedge F'\}$$

其中，关系 F' 是 F 的等价条件。

下面给出一个关系演算的应用案例，供读者参考。

【案例 2-21】查询商品表中所有产品价格大于 500 元的商品，$\{t \,|\, 商品(t) \wedge t[4] > 500\}$；查询女售货员的编号和姓名 $\{t \,|\, (\exists u)(售货员(u) \wedge u[3] = '女' \wedge t[1] = u[1] \wedge t[2] = u[2]\}$。

2. 域关系演算

域关系演算与记录关系演算相似，记录关系演算中表达式使用的是记录变量，记录变量的变化范围是一个关系，域关系演算表达式中则以属性列为变量，即域变量。域变量的变化范围是上述的某值域。

域关系演算的原子公式有两种形式。

1）$R(x_1, x_2, \cdots, x_k)$。其中，R 是一个元数为 k 的关系，x_i 是一个常量或域变量。如果 $(x_1, x_2, \cdots, x_k)$ 是 R 的一个记录，则 $R(x_1, x_2, \cdots, x_k)$ 为真。

2）$x\theta y$。其中，x 和 y 是常量或域常量，但至少有一个是域变量。θ 是算术比较运算符。如果 x 和 y 满足关系 θ，则 $x\theta y$ 为真。

域关系演算表达式的一般形式为 $\{x_1,x_2,\cdots,x_k\,|\,\phi(x_1,x_2,\cdots,x_k)\}$。

其中，$x_1,x_2,\cdots,x_k$ 都是域变量，ϕ 是公式。该表达式的含义是使 ϕ 为真的域变量 x_1，$x_2,\cdots,x_k$ 组成的记录集合。

下面是应用域关系演算对商品销售数据库进行查询的实例。

【案例 2-22】 查询性别为男的所有售货员的编号和姓名。

$\{x_1x_2\,|\,(\exists u_1)(\exists u_2)(\exists u_3)(\exists u_4)$ 售货员 $(u_1u_2u_3u_4)\wedge u_3='$男$'\wedge x_1=u_1\wedge x_2=u_2\}$

*2.4.2　查询优化常用规则与算法

查询是应用最广泛的操作，查询策略和方法至关重要。为了提高效率，可以先将查询语句转换为执行时间少的关系运算，并选取较优的存取路径，即查询优化。

1. 关系代数等价变换规则

关系代数是各种数据库查询语言的基础，各种查询语言都能转换成关系代数表达式，所以关系代数表达式的优化是查询优化的基本方法。两个关系代数表达式等价是指用同样的关系实例代替两个表达式中相应的关系时，所得到的结果相同。

两个关系表达式 E_1 和 E_2 等价可表示为 $E_1\equiv E_2$。

等价变换规则指出两种不同形式的表达式是等价的，可利用第二种形式的表达式代替第一种，或者用第一种形式的表达式代替第二种，主要原因是这两种表达式在任何有效的数据库中运行后将得到同样的结果。

常用的等价变换规则如下。

（1）笛卡儿积和连接表达式的等价交换律

设 E_1 和 E_2 是两个关系代数表达式，F 是连接运算的条件，则：

$$E_1\times E_2\equiv E_2\times E_1$$
$$E_1\bowtie E_2\equiv E_2\bowtie E_1$$
$$E_1\underset{F}{\bowtie} E_2\equiv E_2\underset{F}{\bowtie} E_1$$

（2）笛卡儿积和连接的结合律

设 E_1、E_2 和 E_3 是三个关系代数表达式，F_1 和 F_2 是两个连接运算的限制条件，F_1 只涉及 E_1 和 E_2 的属性，F_2 只涉及 E_2 和 E_3 的属性，则：

$$(E_1\times E_2)\times E_3\equiv E_1\times(E_2\times E_3)$$
$$(E_1\bowtie E_2)\bowtie E_3\equiv E_1\bowtie(E_2\bowtie E_3)$$
$$(E_1\underset{F_1}{\bowtie} E_2)\underset{F_2}{\bowtie} E_3\equiv E_1\underset{F_1}{\bowtie}(E_2\underset{F_2}{\bowtie} E_3)$$

（3）投影的串联

设 E 是一个关系表达式，$L_1,L_2,\cdots,L_n$ 是属性名，则：

$$\pi_{L_1}(\pi_{L_2}(\cdots(\pi_{L_n}(E)\cdots)))\equiv\pi_{L_1}(E)$$

说明：投影运算序列中，只有最后一个运算是需要的，其余可以省略。

（4）选择的串联

设 E 是一个关系表达式，F_1 和 F_2 是两个选择条件，则：

$$\sigma_{F_1}(\sigma_{F_2}(E)) \equiv \sigma_{F_1 \wedge F_2}(E)$$

（5）选择和投影的交换

设 E 为一个关系代数表达式，选择条件 F 只涉及 L 中的属性，则：

$$\pi_L(\sigma_F(E)) \equiv \sigma_F(\pi_L(E))$$

若上式中的 F 还涉及不属于 L 的属性集 K，则有：

$$\pi_L(\sigma_F(E)) \equiv \pi_L(\sigma_F(\pi_{L \wedge U}(E)))$$

（6）选择对笛卡儿积的分配律

设 E_1 和 E_2 是两个关系代数表达式，若 F 只涉及 E_1 的属性，则：

$$\sigma_F(E_1 \times E_2) \equiv \sigma_F(E_1) \times E_2$$

若 $F=F_1 \wedge F_2$，并且 F_1 只涉及了 E_1 中的属性，F_2 只涉及了 E_2 中的属性，则：

$$\sigma_F(E_1 \times E_2) \equiv \sigma_{F_1}(E_1) \times \sigma_{F_2}(E_2)$$

若 F_1 只涉及了 E_1 中的属性，而 F_2 涉及了 E_1 和 E_2 中的属性，则：

$$\sigma_F(E_1 \times E_2) \equiv \sigma_{F_2}(\sigma_{F_2}(E_1) \times E_2)$$

（7）选择对并的分配律

设 E_1 和 E_2 有相同的属性名，或者 E_1 和 E_2 表达的关系的属性有对应性，则：

$$\sigma_F(E_1 \cup E_2) \equiv \sigma_F(E_1) \cup \sigma_F(E_2)$$

（8）选择对差的分配律

设 E_1 和 E_2 有相同的属性名，或者 E_1 和 E_2 表达的关系的属性有对应性，则：

$$\sigma_F(E_1 - E_2) \equiv \sigma_F(E_1) - \sigma_F(E_2)$$

（9）投影对并的分配律

设 E_1 和 E_2 有相同的属性名，或者 E_1 和 E_2 表达的关系的属性有对应性，则：

$$\pi_L(E_1 \cup E_2) \equiv \pi_L(E_1) \cup \pi_L(E_2)$$

（10）投影对笛卡儿积的分配律

设 E_1 和 E_2 是两个关系代数表达式，L_1 是 E_1 的属性集，L_2 是 E_2 的属性集，则：

$$\pi_{L_1 \cup L_2}(E_1 \times E_2) \equiv \pi_{L_1}(E_1) \times \pi_{L_2}(E_2)$$

其他的等价关系变换规则请查阅相关文献，此处不一一列举。

2. 关系表达式的优化算法

关系代数表达式的优化由 DBMS 的 DML 编译器完成。对于给定的查询，根据关系代数等价规则，得到与之等价的优化关系表达式序列，其中每个表达式序列执行的代价有所不同。对于优化器而言，存在选择查询最佳策略问题。

等价规则变换优化关系表达式的算法（关系代数表达式的优化）。

输入：一个待优化的关系表达式的语法树。

输出：计算表达式的一个优化序列。

方法：

1）利用等价变换规则（4）将 $\sigma_{F_1 \wedge F_2 \cdots \wedge F_n}(E)$ 变换为 $\sigma_{F_1}(\sigma_{F_2}(\cdots \sigma_{F_n}(E)\cdots))$。

2）对每一个选择，利用等价变换（4）~（8），尽可能将它移动到树的叶端。

3）对每一个投影，利用等价变换规则（3）、（5）、（10）中的一般表达式，尽可能将它移动到树的叶端。

4）利用等价变换规则（3）~（5），将选择和投影的串接合并为单个选择、单个投影或一个选择后跟一个投影。使多个选择或投影能同时执行，或在一次扫描中全部完成。

5）将上述得到的语法树的内节点分组。每一个二元运算和它所有的直接祖先为一组。若其后代直到叶子全是一元运算，则也将它们并入该组，但当二元运算是广义笛卡儿积并且后面不是与它组成等值连接的选择时，则不能将选择与这个二元运算组成一组，而是将这些一元运算单独分为一组。

☺ 讨论思考：

1）什么是关系演算？在关系演算公式中，各运算符优先级是怎样的？

2）记录关系演算和域关系演算有何区别及联系？

3）进行查询优化的主要原因是什么？

4）试举例说明关系表达式优化的过程。

2.5　常量、变量、函数和表达式

微课视频
课程视频 2.5

在业务数据处理过程中，常用到标识符、常量、变量、函数和表达式，也可用操作语句构成函数、触发器或存储过程。

2.5.1　标识符及使用规则

标识符（Identifier）是指用于标识数据库对象名称的字符串，如服务器、数据库、表、视图、索引和存储过程等。操作数据库对象时需要标识符，如查询指定表的数据必须指定查询表的表名，也有一些对象是可选的标识符，如创建约束时的标识符由系统默认生成。按照其用法，标识符分为两类：常规标识符和界定标识符。

1. 常规标识符

常规标识符（Regular Identifier）又称规则标识符，其命名规则如下。

1）标识符由字母、数字、下画线、@符号、#和$符号组成，其中字母可以是大小写英文字母或其他语言的字符，如表名"商品信息 A_1"。📖

2）标识符的首字符不能是数字或"$"符号。

3）标识符不允许使用 SQL 保留字，如命令 sp_help 或函数名 max、desc、asc 等。

📖 知识拓展
@和#标识符及其用法

4）标识符内不允许有空格或特殊字符，如 ?、%、&、* 等。

5）标识符的长度不能超过 128 个字符。

2. 界定标识符

界定标识符又称分隔标识符，包括以下两种。

1）方括号或引号。对不符合标识符命名规则的标识符，如标识符中包含 SQL Server 关键字或内嵌的空格和其他不是规则规定的字符时，要用界定标识符[ ]或双引号将其括起来。

2）空格和保留字。例如，在标识符[product name]和"insert"中，分别将界定标识符用于带有空格和保留字 insert 的标识符中。

说明：

1）符合标识符格式的可用标识符分隔，也可不分隔。对于不符合格式规则的标识符，必须进行分隔。例如，对标识符 product Type Name 必须进行分隔，分隔后的标识符为［product Type Name］或"product Type Name"。

2）使用分隔标识符的两种情况：①对象名称中包含 SQL Server 保留关键字时需要使用界定标识符，如［select］；②对象名称中使用了未列入限定字符的字符，如［prodoct［1］table］。

3）引用标识符。默认情况下，只能使用括号作为界定标识符。如果使用引用标识符，则需要将 Quoted_Identifier 标志设为 ON。

> 【案例 2-23】常规标识符应用示例。规范的常规标识符应用如_Product、Company、课程数据表、Customer_01、Product_Type_Name 等，不规范的常规标识符应用如 tbl product、productName&123 等。

2.5.2 常用的数据类型

在 SQL Server 中，常用操作需要指定列、常量、变量、表达式和参数等对象的数据类型。指定对象的数据类型相当于定义该对象的以下特性。

1）对象所含的数据类型，如字符型、整数型、货币型。

2）每列所存储的数据项（字段）值的长度（宽度）或大小。

3）数值精度、小数位数（仅用于数值数据类型）。

SQL Server 提供的系统数据类型如表 2-23 所示。

表 2-23　SQL Server 系统数据类型

类　　别	数　据　类　型
整数型	bigint、int、smallint、tinyint、bit
字符型	char、varchar、text
精确数值型	decimal、numeric
近似数值型	float、real
货币型	money、smallmoney
二进制型	binary、varbinary、image
双字节型	nchar、nvarchar、ntext
日期时间型	datetime、smalldatetime
时间戳型	timestamp
其他	cursor、table、sql variant、uniqueidentifier

2.5.3 常量和变量及其用法

1. 常量的表示及用法

常量是指在程序运行过程中其值保持不变的量。常量是表示一个特定数据值的符号，也称为文字值或标量值。其格式取决于它所表示的值的数据类型，具体数据类型如表 2-23 所示。

根据不同的数据类型，常量可分为字符型常量、整型常量、日期时间型常量、实型常量、货币常量和全局唯一标识符。

（1）字符型常量

字符型常量由字母、数字字符（a~z、A~Z 及 0~9）和特殊字符（如!、@ 和#等字符）组成，通常放在单引号内。如果字符型常量中包含单引号字符，则需要使用两个单引号表示。例如，定义一个字符型常量 I'm a student，应写成 'I''m a student'。

字符型常量有两种：ASCII 和 Unicode 字符型常量。

1）ASCII 字符型常量。是由 ASCII 字符构成的字符串，应放在单引号内，如'abcd'。

> 📖 **知识拓展**
> Unicode 字符型常量的用法

2）Unicode 字符型常量。在常量前面加一个 N，如 N'abcd'（其中，N 必须大写，在 SQL92 标准中表示国际语言）。📖

（2）整型常量

整型常量通常表示整数，主要包括二进制整数、十进制整数和十六进制整数，如二进制 1100，十六进制 0x4b 等。

（3）日期时间型常量

日期时间型常量用于表示日期或时间，常用单引号将所表示的日期或时间括在其中，如'2019-08-09' 'July-10-1998' '08/24/1998'或'2020 年 8 月 9 日'等。

（4）实型常量

实型常量用于表示定点数或浮点数，如 126.35、5E10。

（5）货币常量

货币常量以货币符号开头，如¥600.45。SQL Server 不强制分组，每隔三个数字由一个逗号分隔。

（6）全局唯一标识符

全局唯一标识符（Globally Unique IDentification numbers，GUID）由一个 128 位的二进制数组成（16 字节），用于所有需要唯一标识的计算机和网址。

2. 变量的表示及用法

变量是指在程序运行过程中其值可以发生变化的量，包括局部变量和全局变量两种。

（1）局部变量

局部变量是由用户定义的其作用域局限在一定范围内的 SQL 对象。

作用域：若局部变量在一个批处理、存储过程、触发器中被定义，则其作用域就是此批处理、存储过程、触发器。

局部变量的声明语句格式如下。

> DECLARE@ 变量名 1［AS］数据类型,@ 变量名 2［AS］数据类型,…,@ 变量名 n［AS］数据类型

🔔 注意：

① 局部变量名必须以@ 开头。

② 局部变量必须先定义，然后在 SQL 语句中使用，默认值为 NULL。

③ 数据类型要求为系统提供的类型、用户定义的数据类型或
别名数据类型。变量不能是 text、ntext 或 image 数据类型。

局部变量的赋值语句的语法如下。

格式一：SET@ 变量名=表达式

格式二：SELECT@ 变量名=表达式

或 SELECT@ 变量名=输出值 FROM 表 WHERE 条件

或 SELECT@ 变量名 1=表达式 1[,@ 变量名 2=表达式 2,…,@ 变量 n=表达式 n]📖

> 📖 **知识拓展**
> 变量命名和 SET 变量
> 赋值

【案例 2-24】利用 SELECT 命令为变量@ bookName 赋值，并通过此命令使变量输
出结果（实际的具体书名）。

```
USE Library
GO
DECLARE @ bookName VARCHAR(64)
SELECT @ bookName =书名
FROM books
WHERE 馆藏号 ='WC13201'
SELECT @ bookName AS '书名'
```

执行结果：

	书名
1	青青子衿悠悠我心

【案例 2-25】利用 SELECT 命令查询变量返回多个结果，并将最后一个结果值赋
给变量。

```
USE Library
GO
DECLARE @ bookName VARCHAR(64)
SELECT @ bookName = 书名
FROM books
SELECT @ bookName AS '书名'
```

执行结果：

	书名
1	追忆似水年华

【案例 2-26】利用 SET 和 SELECT 语句给局部变量 no 赋值的实际用法，并利用
SELECT 语句显示变量 bookName 的结果。

```
                USE Library
                GO
                DECLARE @ no VARCHAR(18)
                SET @ no = 'WC13201'
                DECLARE @ bookName VARCHAR(64)
                SELECT @ bookName = 书名
                FROM books
                WHERE 馆藏号=@ no
                SELECT @ bookName AS '书名'
```

执行结果：

（2）全局变量

全局变量是 SQL Server 系统定义并提供信息的变量。用于检测服务器及系统的运行情况。用户不能定义全局变量，也不能使用 SET 语句对全局变量进行赋值。

定义全局变量的格式为：

@@ 变量名

SQL Server 系统提供了 33 个全局变量，方便用户掌握 SQL Server 服务器的运行情况。常用的系统全局变量如表 2-24 所示。

表 2-24　常用系统全局变量

全局变量名	说　明	全局变量名	说　明
@@ ERROR	返回最后执行的 Transact-SQL 语句的错误代码	@@ MAX_CONNECTIONS	返回 SQL 服务器上允许的用户同时连接的最大数
@@ IDENTITY	返回最后插入的标识值	@@ SERVERNAME	返回运行 SQL 服务器的名称
@@ CONNECTIONS	返回自上次 SQL 启动以来连接或试图连接的次数	@@ TOTAL_ERRORS	返回 SQL 服务器自启动后所遇到的磁盘读/写错误数
@@ IDLE	返回 SQL 自上次启动后闲置的时间，单位为毫秒	@@ TOTAL_READ	返回 SQL 服务器自启动后读取磁盘的次数

2.5.4　常用函数及其用法

函数是指具有完成某种特定功能的程序，在 SQL 编程中也可理解为具有一定功能的 SQL 语句集合，其处理结果称为返回值，处理过程称为函数体。

SQL Server 提供了丰富的内置函数，且允许用户自定义函数。利用这些函数可以方便地实现各种运算和操作，常用 SELECT 查看函数的返回值（结果）。

1. SQL Server 常用函数用法

SQL Server 提供的常用内置函数分为 14 类。每种类型的内置函数都可以完成某种类型的操作，其内置函数的分类如表 2-25 所示。

表 2-25　SQL Server 的内置函数的分类和功能

函 数 类 型	主 要 功 能
聚合函数	对一组值进行运算，但返回一个汇总值
配置函数	返回当前配置信息
加密函数	支持加解密、数字签名和签名验证等操作
游标函数	返回游标信息
日期时间函数	对日期和时间输入值执行运算，然后返回字符串、数字或日期和时间值
数学函数	基于作为函数的参数提供的输入值执行运算，然后返回数字值
元数据函数	返回有关数据库和数据库对象的信息
排名函数	对分区中的每一行均返回一个排名值
行集函数	返回可在 SQL 语句中像表引用一样使用的对象
安全函数	返回有关用户和角色的信息
字符串函数	对字符串（char 或 varchar）输入值执行运算，然后返回一个字符串或数字值
系统统计函数	返回系统的统计信息
系统函数	执行运算后返回 SQL Server 实例中有关值、对象和设置的信息
文本和图像函数	对文本、图像等输入值或列执行运算，然后返回有关值的信息

（1）聚合函数及其用法

聚合函数又称为统计函数。所有聚合函数均为确定性函数，只要使用一组特定输入值（数值型）调用聚合函数，该函数就会返回同类型的值，其名称和功能如表 2-26 所示。

表 2-26　常用聚合函数的名称及功能

函 数 名 称	功 能 描 述
AVG	返回指定组中的平均值，空值被忽略
COUNT	返回指定组中项目的数量
MAX	返回指定数据的最大值
MIN	返回指定数据的最小值
SUM	返回指定数据的和，只能用于数字列，空值被忽略
COUNT_BIG	返回指定组中的项目数量。与 COUNT 函数不同的是，COUNT_BIG 返回 bigint 值，而 COUNT 返回的是 int 值
GROUPING	产生一个附加的列，当用 CUBE 或 ROLLUP 运算符添加行时，输出值为 1；当所添加的行不由 CUBE 或 ROLLUP 产生时，输出值为 0
BINARY_CHECKSUM	返回对表中的行或表达式列表计算的二进制校验值，用于检测表中行的更改
CHECKSUM_AGG	返回指定数据的校验值，空值被忽略
STDEV	返回给定表达式中所有值的统计标准偏差
STDEVP	返回给定表达式中的所有值的填充的统计标准偏差
VAR	返回给定表达式中所有值的统计方差
VARP	返回给定表达式中所有值的填充的统计方差

🔔 注意：在聚合函数中，除了 COUNT 函数以外，聚合函数均忽略空值。

【案例 2-27】查询图书表中价格最高的图书。下面是聚合函数的应用实例，注意其具体用法。

```
USE Library
GO
SELECT * FROM books
WHERE 单价=(SELECT MAX(单价) FROM books)
```

执行结果：

	馆藏号	ISBN	书名	作者	出版社	出版时间	单价	版次
1	YG23425	9787805673202	追忆似水年华	普斯特	江苏译林出版社	2003-01-29 00:00:00.000	68.00	1

（2）数学函数及其用法

数学函数用于对数字表达式进行数学运算并返回计算结果。SQL Server 提供了 20 多个数学函数。常用的数学函数的名称及功能如表 2-27 所示。

表 2-27　常用数学函数的名称及功能

函 数 名 称	功 能 描 述
ABS	对一个数值表达式结果计算绝对值（bit 数据类型除外），返回整数
CEILING	返回大于或等于数值表达式（bit 数据类型除外）的最小整数值
FLOOR	返回小于或等于数值表达式（bit 数据类型除外）的最大整数值
RAND	返回随机的 0~1 之间的浮点数
ROUND	对数值表达式舍入到指定长度和精度
PI	返回圆周率 float
POWER	返回指定表达式的指定幂的值
SQUARE	返回指定浮点值的平方
SQRT	返回指定浮点值的平方根（开方）
EXP	返回指定表达式以 e 为底的指数
SIN	以近似数字（float）表达式返回指定角度（以弧度为单位）的三角正弦值
COS	以近似数字（float）表达式返回指定角度（以弧度为单位）的三角余弦值
SIGN	返回数值表达式的正号（+）、负号（-）或零
LOG10	返回数值表达式以 10 为底的对数
LOG	返回数值表达式的自然对数

（3）字符函数及其用法

字符函数也称为字符串函数，用于字符型数据的运算、格式化和处理字符型变量，或将对象转换为字符型。SQL Server 提供的常用字符型函数的名称及功能如表 2-28 所示。

由于字符函数在实际编程中的应用较为广泛，下面对表 2-28 中的每个函数给出相应的示例，示例如表 2-29 所示。

（4）日期时间函数及其用法

SQL Server 提供了 9 个常用日期时间函数，其名称及功能如表 2-30 所示。

表 2-28　常用字符函数的名称及功能

函 数 名 称	功 能 描 述
ASCII	返回字符表达式中最左侧的字符的 ASCII 码值
CHAR	获取 ASCII 码对应的字符
LEFT	LEFT 函数用于截取从左边第一个字符开始的指定长度的字符串
RIGHT	RIGHT 函数用于截取从右边第一个字符开始的指定长度的字符串
LEN	LEN 函数用于获取字符串的长度（字符数），但不包括右边的空格。左边的空格和右边的空格计算在内
LOWER	小写字母函数，将大写字符转换为小写字符并返回转换后的字符串
LTRIM	删除前导空格字符串，返回删除了前导空格之后的字符串
RTRIM	RTRIM 函数用于清空右边连续的空格
REPLACE(e1,e2,e3)	用 e3 表达式替换 e1 表达式中出现的 e2 表达式，并返回替换后的字符串
SPACE	SPACE 函数可以生成任意多个空格组成的字符串
STR	数字向字符转换函数
SUBSTRING	取子串函数
UPPER	大写函数，返回小写字符数据转换为大写字符的表达式

表 2-29　常用字符函数应用示例

函 数 名 称	示 例	结 果
ASCII	SELECT ASCII('f')	102
CHAR	SELECT CHAR（102）	f
LEFT	SELECT LEFT（'123456789', 3）	123
RIGHT	SELECT RIGHT（'123456789', 3）	789
LEN	SELECT LEN（'天下之大，无奇不有'）	9
LOWER	SELECT LOWER（'ABCDEFG'）	abcdefg
LTRIM	SELECT LTRIM（' 123456789'）	123456789
RTRIM	SELECT RTRIM（'123456789 '）	123456789
REPLACE（e1，e2，e3）	SELECT REPLACE（'abcde', 'abc', 'xxx'）	xxxde
SPACE	SELECT（'hello'+SPACE（5）+'world'）	hello world
STR	SELECT STR（123.456789）	123
STR	SELECT STR（123.456789, 7）	123（前面有 4 个空格）
STR	SELECT STR（123.456789, 7, 3）	123.457
SUBSTRING	SELECT SUBSTRING（'hello', 1, 2）	he
UPPER	SELECT UPPER（'abcdefg'）	ABCDEFG

表 2-30　常用日期时间函数的名称及功能

函 数 名 称	功 能 描 述
DATEADD	返回给定指定日期加上一个时间间隔后的新 datetime 值
DATEDIFF	返回跨两个指定日期的日期边界数和时间边界数
DATENAME	返回表示指定日期的部分的字符串
DATEPART	返回表示指定日期的部分的整数
DAY	返回一个整数，表示指定日期的天 datepart 部分
GETDATE	以 datetime 值的 SQL Server 标准内部格式返回当前系统日期和时间
GETUTCDATE	返回当前 UTC 时间（通用协调时间/格林尼治标准时间）的 datetime 值
MONTH	返回表示指定日期的"月"部分的整数
YEAR	返回表示指定日期的"年"部分的整数

在 SQL Server 提供的日期时间函数中，一些日期时间函数常量及含义如表 2-31 所示。

表 2-31　常用的日期时间函数常量及含义

常　　量	含　　义	常　　量	含　　义
yy 或 yyyy	年	dy 或 y	年日期（1-366）
qq 或 q	季	dd 或 d	日
mm 或 m	月	Hh	时
wk 或 ww	周	mi 或 n	分
dw 或 w	周日期	ss 或 s	秒
ms	毫秒		

【案例 2-28】　常用的日期时间函数实际应用格式和方法。下面介绍日期时间函数的应用示例，注意其具体用法。

1）DATEADD 函数示例。函数参数中，第一个参数是增加时间的类型，包括天、月、年等；第二个参数是增加数量；第三个参数是要增加的日期，返回值是增加日期后的时间。

```
SELECT GETDATE( ) as '当前日期'
SELECT DATEADD(day,1,getdate( )) as '当前日期加 1 天'
SELECT DATEADD(month,1,getdate( )) as '当前日期加 1 月'
SELECT DATEADD(year,1,getdate( )) as '当前日期加 1 年'
```

2）DATEDIFF 函数示例。

```
DECLARE @end datetime
DECLARE @start datetime
SET @end=GETDATE( )
SET @start=DATEADD(year, -2, @end)
SELECT @start as '开始时间'
SELECT @end as '结束时间'
SELECT DATEDIFF(year, @start, @end) '结束时间与开始时间的差'
```

3）DATENAME 函数示例

```
SELECT GETDATE( ) as '当前日期'
SELECT DATENAME(dw,GETDATE( )) as '当天星期几'
SELECT DATENAME(day,GETDATE( )) as '当月第几天'
SELECT DATENAME(month,GETDATE( )) as '当年第几月'
SELECT DATENAME(year,GETDATE( )) as '当前年'
```

*2. 自定义函数

SQL Server 为了扩展和方便用户，提供了自定义函数，返回值是一个临时表或数值。自定义函数不支持输出参数（可用存储过程）。根据函数返回值形式不同，可创建三类自定义函数。

（1）标量值自定义函数

标量值自定义函数的返回值是一个确定类型的标量值，其返回值类型为除 text、ntext、image、timestamp 和 table 类型之外的任意类型，即标量值自定义函数返回的是一个数值。

定义标量值自定义函数的语法结构如下。

```
CREATE FUNCTION 函数名称(@参数 1 类型 1,[@参数 2 类型 2,…,@参数 n 类型 n])
RETURNS 返回值类型
[WITH ENCRYPTION]
[AS]
BEGIN
    函数体语句序列
    RETURN 返回值
END
```

说明：

WITH 子句指出了创建函数的选项。如果 ENCRYPTION 参数被指定，则创建的函数是被加密的，函数定义的文本将以不可读的形式存储在 syscomments 表中，任何人都不可查看该函数的定义，包括函数的创建者和管理员。

【案例 2-29】 在 Library 示例数据库中创建函数，根据读者卡号查询该用户的借书数。

函数定义如下：

```
CREATE FUNCTION getBorrowBookCount(@cardno CHAR(10))
RETURNS int
AS
BEGIN
  DECLARE @bookCount int
  SET @bookCount = (select COUNT(卡号) FROM borrowing WHERE 卡号 = @cardno)
  RETURN @bookCount
END
```

创建函数后执行以下语句：

```
USE Library
GO
SELECT dbo.getBorrowBookCount('2008213124') as '借书数量'
```

执行结果：

	借书数量
1	3

（2）内联表值自定义函数

内联表值自定义函数以表形式返回一个值（表的数据）。内联表值自定义函数没有

BEGIN…END 语句中包含的函数体，而直接用 RETURNS 子句，其中包含 SELECT 语句将数据从数据库中筛选形成的表。使用内联表值自定义函数可提供参数化的视图功能。

内联表值自定义函数的语法结构如下。

CREATE FUNCTION 函数名称(@参数 1 类型 1,[@参数 2 类型 2,…,@参数 n 类型 n])
RETURNS TABLE
[WITH ENCRYPTION]
[AS]
RETURN (查询语句)

【案例 2-30】在 Library 示例数据库中，创建函数根据读者卡号，查询该用户所借的所有图书。

```
CREATE FUNCTION getBorrowBookList(@cardno CHAR(10))
RETURNS TABLE
AS
RETURN
(
    SELECT * FROM borrowing WHERE 卡号 = @cardno
)
```

执行语句：SELECT * FROM getBorrowBookList('2008213124')

执行结果：

	卡号	馆藏号	是否续…	借阅时间	归还时间
1	2008213124	DS63245	0	2015-12-11 12:36:00	2016-01-05 15:24:00
2	2008213124	SC12502	1	2012-12-18 13:57:00	2014-12-18 12:22:00
3	2008213124	WC17401	1	2014-12-11 18:43:00	2015-01-05 15:54:00

（3）多语句表值自定义函数

多语句表值自定义函数可看作标量值自定义函数和内联表值自定义函数的结合体。此类函数的返回值是一个表，但与标量值自定义函数一样，有一个 BEGIN…END 语句块中包含的函数体，返回值的表中的数据是由函数体中的语句插入的。因此，其可以进行多次查询，对数据进行多次筛选与合并，弥补了内联表值自定义函数的不足。

2.5.5　常用运算符及其用法

运算符是指具体的运算符号，用于算术运算、字符串连接、赋值，或在字段、常量和变量之间进行比较。主要有六大类运算符：算术运算符、比较运算符、逻辑运算符、连接运算符、按位运算符、赋值运算符。在表达式中连接常量、变量和函数，需注意连接过程的优先级。

1. 运算符的种类

1）算术运算符。可以在两个表达式上执行数学运算，这两个表达式可以是任何数值数据类型。SQL Server 主要的算术运算符如表 2-32 所示。

2）比较运算符。用于比较两个同类表达式的大小，表达式可以是字符、数字或日期型数据，其比较结果是 boolean 值。SQL Server 主要的比较运算符如表 2-33 所示。

表 2-32　主要的算术运算符

运算符	作　用
+	加法运算
−	减法运算
*	乘法运算
/	除法运算，返回商
%	求余运算，返回余数

表 2-33　主要的比较运算符

运算符	含　义
=	等于
>	大于
<	小于
>=	大于或等于
<=	小于或等于
<>	不等于

3）逻辑运算符。可将多个逻辑表达式连接运算，返回 TRUE、FALSE 或 UNKNOWN 的 boolean 数据类型值。SQL Server 的常用逻辑运算符如表 2-34 所示。

表 2-34　常用逻辑运算符

运　算　符	含　义
ALL	如果一组的比较都为 TRUE，则返回 TRUE
AND	如果两个布尔表达式都为 TRUE，则返回 TRUE
ANY	如果一组的比较中任何一个为 TRUE，则返回 TRUE
BETWEEN	如果操作数在某个范围之内，则返回 TRUE
EXISTS	如果子查询包含一些行，则返回 TRUE
IN	如果操作数等于表达式列表中的一个，则返回 TRUE
LIKE	如果操作数与一种模式相匹配，则返回 TRUE
NOT	对任何其他布尔运算符的值取反
OR	如果两个布尔表达式中的一个为 TRUE，则返回 TRUE
SOME	如果在一组比较中，有些为 TRUE，则返回 TRUE

4）连接运算符。连接运算符（+）是字符串串联运算符，可以将多个字符串连接合并成一个新字符串。

5）按位运算符。按位运算符在两个表达式之间执行位操作，其中的两个表达式可以是整数数据类型中的任何数据类型。SQL Server 主要的按位运算符如表 2-35 所示。

此外，还有赋值运算符（=）和一元运算符（+（取正）、−（取负）、~（按位取反））。

2. 运算符的优先级

运算符的优先级用于确定运算符与变量、常量、函数的运算顺序，其优先级从高到低如表 2-36 所示。若两个运算符的优先级相同，则按照从左到右的顺序进行运算。

表 2-35　主要的按位运算符

运算符	含　义
&	位与
|	位或
^	位异或
~	数字非

表 2-36　运算符的优先级

优先级	运　算　符
1	~（位非）
2	*（乘）、/（除）、%（取模）
3	+（正）、-（负）、+（加）、+（连接）、-（减）、&（位与）、^（位异或）、|（位或）
4	=、>、<、>=、<=、<>、!=、!>、!<（比较运算符）
5	NOT
6	AND
7	ALL、ANY、BETWEEN、IN、LIKE、OR、SOME
8	=（赋值）

2.5.6　常用表达式及其用法

表达式是指由常量、变量或函数等利用运算符按规则连接的式子，常用于"列"或"变量"运算。表达式分为四类：数学表达式、字符串表达式、比较表达式和逻辑表达式。

1. 数学表达式

数学表达式用于各种数字变量运算。常用的数据类型有 int、smallint、tinyint、float、real、money 和 smallmoney。数学表达式符号主要是算术运算符（见表 2-32）。 📖

2. 字符串表达式

📖 知识拓展
数学表达式适用的数据类型

字符串表达式由字母、符号或数字组成。常用"+"实现字符或字符串的连接。在数据类型中，常用的数据类型有 char、varchar、nvarchar、text，以及可以转换为 char 或 varchar 的数据类型。例如，在查询中执行以下代码，则变量 str 值为"Jsp&Oracle"。

【案例 2-31】 三个字符串连接方法的实际应用。

```
DECLARE @str AS varchar(128)
SET @str='JSP'+ '&' +'Oracle'
SELECT @str as '字符串连接'
```

执行结果：

	字符串连接
1	JSP&Oracle

3. 比较表达式

比较表达式用于两个表达式的比较。常用的比较运算符如表 2-33 所示。需要指出的

是，比较表达式的运算优先级和数学表达式一样，并可使用"（）"。📖

4. 逻辑表达式

📖 **知识拓展**
常用运算符的优先级

逻辑表达式有三种连接符：AND、OR、NOT。

1）AND 表达式。当所有子表达式的值为真时，其逻辑表达式的值（结果）才为真，否则表达式的值为"假"。

2）OR 表达式。只要有一个子表达式的返回值是"真"，其逻辑运算值即返回"真"。

3）NOT 表达式。表达式的值为"真"并进行 NOT 运算后，其表达式的值为"假"，反之亦然。

表达式运算的优先级按照运算符的优先级，从高到低依次为 NOT、AND、OR。逻辑表达式常用的数值型数据类型为 binary、varbinary、int smallint、tinyint、bit 等，也可用于多个逻辑表达式的运算，只需要各个表达式的结果为"TRUE"或"FALSE"。

比较运算符或逻辑运算符组合成的多个表达式，其结果的数据类型为 boolean，且值只能是三种情况之一：TRUE、FALSE 或 UNKNOWN。

☺ 讨论思考：

1）标识符有哪几种？其命名和使用规则分别是什么？

2）什么是常量、变量？它们之间的区别是什么？它们具体有哪些种类？

3）什么是函数？常用函数分为哪几类？功能分别是什么？

4）SQL Server 提供哪些种类的运算符？其优先级如何排列？

2.6 实验 2 常量、变量、函数和表达式的应用🖧

2.6.1 实验目的

1）掌握常量、变量的命名规则，以及变量的定义、赋值和运算。

2）理解并掌握 SQL Server 各种常用的数据类型和用法。

3）掌握 SQL Server 常用函数和用法，了解自定义函数用法。

4）掌握常用运算符和表达式的用法，并写出表达式计算结果。

2.6.2 实验内容

🖧 **实验视频**
实验视频 2 讲解及演示

1）在新建查询窗口中输入并执行 SQL 语句。

2）检验标识符命名标识是否合法。

3）通过新建查询窗口定义 SQL Server 支持的各种数据类型变量，并对变量赋值，使用运算符建立算术表达式、逻辑表达式。

4）使用 SQL Server 内置函数进行应用操作。

2.6.3　实验练习

1）使用 SQL Server Management Studio（SMSS）新建查询和执行 SQL 脚本。

① 在 SMSS 中单击 ![新建查询(N)] 按钮，并在弹出的窗口中输入以下内容：

```
DECLARE @x int, @y int
SET @x = 10
SET @y = 10
PRINT @x * @y
```

② 单击 ![执行(X)] ✓ 按钮，即可看到输出结果为"100"。

2）标识符命名是否合法。

① 在 SMSS 中单击 ![新建查询(N)] 按钮，并在弹出的窗口中输入以下内容：

```
DECLARE @_Product varchar(64), @Company varchar(128)
DECLARE @课程数据表 char(128), @Customer_01 char(128)
DECLARE @Product_Type_Name varchar(128)
```

② 单击 ![执行(X)] ✓ 按钮，查看输出结果。

③ 将步骤①中的输入内容清空，然后输入以下内容：

```
DECLARE @tbl product varchar(128)
DECLARE @productName&123 varchar(128)
```

④ 单击 ![执行(X)] ✓ 按钮，查看输出结果。

3）通过新建查询窗口定义 SQL Server 2022 支持的各种数据类型变量，并对变量进行赋值，使用运算符定义算术表达式、逻辑表达式。

① 在新建的查询窗口中定义以下类型的变量并赋值。

a. 字符串常量。

```
DECLARE @studentName char(18), @major char(15)
SELECT @studentName = '周一山', @major = '软件技术'
SELECT @studentName AS '学生姓名',@major as '专业'
```

b. 数据常量。

```
DECLARE @i int, @j smallint, @x float, @y real
SELECT @i = 10, @j = 10, @x = 0.689, @y = 3.1415926
SELECT @i,@j,@x,@y
```

c. 日期类型。

```
DECLARE @birthday datetime
SET @birthday = '2023-09-09 08:12:00'
SELECT @birthday
```

② 在上述变量定义的基础上计算表达式的值。

a. 算术表达式。

```
SELECT @i * @j,@x * @y
```

b. 字符表达式。

```
SELECT @major+convert( varchar,@x)
```

③ 计算，按位运算表达式。

```
SELECT 128&129,128|129,128^129
```

④ 单击 ▮ 执行(X) ✓ 按钮，执行结果如图 2-4 所示。

图 2-4 执行结果

4）使用 SQL Server 2022 内置函数进行计算。

① 进行聚合函数练习，将图书馆数据库导入 SQL Server，基于 Library 数据库练习表 2-26 中的函数，并查看输出结果。

② 基于表 2-27 练习常用数学函数，并查看输出结果。

③ 对表 2-29 及表 2-30 练习字符、日期时间函数，并查看结果。

2.7 本章小结

本章系统讲解了关系数据库的有关概念和重要基础知识，包括关系模型的数据结构、关系完整性、关系代数、关系演算、查询优化。其中，关系模型及完整性是整个关系数据的基础，对后续知识的学习有重要的作用；关系代数是以集合代数为基础的抽象查询语言，是关系操作的一种传统表达方式，是 SQL 查询和操纵语言的基础，学习该内容可以加深对后续 SQL 语句的理解；关系演算是以数理逻辑中的谓词演算为基础的运算，是非过程化的，分为记录关系演算和域关系演算；查询优化是数据库管理工作中不可或缺的一个重要环节，理解查询优化的理论和算法，有助于后续 SQL Server 管理优化工作。

最后，结合案例详细讲解了 SQL Server 的常量、变量、函数和表达式的使用方法与注意事项，并在实验环节介绍了使用 SSMS 进行 SQL 脚本的编写和调试方法。

2.8　练习与实践 2

1. 选择题

（1）对关系模型叙述错误的是（　　　）。

    A. 建立在严格的数学理论、集合论和谓词演算公式的基础之上

    B. 微机 DBMS 绝大部分采取关系数据模型

    C. 用二维表表示关系模型是其一大特点

    D. 不具有连接操作的 DBMS 也可以是关系数据库系统

（2）关系数据库管理系统应能实现的专门关系运算包括（　　　）。

    A. 排序、索引、统计　　　　　　B. 选择、投影、连接

    C. 关联、更新、排序　　　　　　D. 显示、打印、制表

（3）笛卡儿积是（　　）进行运算。

    A. 向关系的垂直方向

    B. 向关系的水平方向

    C. 既向关系的水平方向，也向关系的垂直方向

    D. 先向关系的垂直方向，再向关系的水平方向

（4）关系模型中，一个关键字是（　　　）。

    A. 可由多个任意属性组成

    B. 至多由一个属性组成

    C. 可由一个或多个其值能唯一标识该关系模式中任何记录的属性组成

    D. 以上都不是

（5）自然连接是构成新关系的有效方法。一般情况下，当对关系 R 和 S 使用自然连接时，要求 R 和 S 含有一个或多个共有的（　　　）。

    A. 记录　　　　　　B. 行　　　　　　C. 数据　　　　　　D. 属性

（6）关系运算中花费时间可能最长的运算是（　　　）。

    A. 投影　　　　　　B. 选择　　　　　　C. 笛卡儿积　　　　　　D. 除法

（7）关系模式的任何属性（　　　）。

    A. 不可再分　　　　　　　　　　B. 可再分

    C. 命名在该关系模式中可以不唯一　　D. 以上都不是

（8）在关系代数的传统集合运算中，假定有关系 R 和 S，运算结果为 W。如果 W 中的记录属于 R，并且属于 S，则 W 为（　　　）运算的结果。

    A. 笛卡儿积　　　　B. 并　　　　　　C. 差　　　　　　D. 交

（9）数据完整性约束条件主要指（　　　）。

    A. 用户操作权限的约束　　　　　B. 用户口令校对

    C. 值的约束和结构的约束　　　　D. 并发控制的约束

（10）关系代数的五个基本操作是（　　　）。

    A. 并、交、差、笛卡儿积、除法

    B. 并、交、选择、笛卡儿积、除法

  C. 并、交、选择、投影、除法

  D. 并、选择、差、笛卡儿积、投影

（11）以下有关空值的叙述中不正确的是（   ）。

  A. 用=NULL 查询指定列为空值的记录

  B. 包含空值的表达式的计算结果为空值

  C. 聚合函数通常忽略空值

  D. 对允许空值的列排序时，包含空值的记录总是排在最前面

（12）自然连接是（   ）进行运算。

  A. 向关系的垂直方向

  B. 向关系的水平方向

  C. 既向关系的水平方向，也向关系的垂直方向

  D. 先向关系的垂直方向，再向关系的水平方向

2. 填空题

（1）一个关系模式的定义格式为_____。

（2）一个关系模式的定义主要包括_____、_____、_____、_____和_____。

（3）关系代数运算中，传统的集合运算有_____、_____、_____和_____。

（4）关系代数运算中，基本的运算有_____、_____、_____、_____和_____。

（5）关系代数运算中，专门的关系运算有_____、_____和_____。

（6）关系数据库中基于数学上的两类运算是_____和_____。

（7）已知系（系编号，系名称，系主任，电话，地点）和学生（学号，姓名，性别，入学日期，专业，系编号）两个关系，系关系的主关键字是_____，外关键字是_____，学生关系的主关键字是_____，外关键字是_____。

（8）完整性约束条件所用的对象有_____、_____和_____。

（9）关系代数是用对关系的运算来表达查询的，而关系演算是用_____查询的，它又分为_____演算和_____演算两种。

（10）传统的集合"交、并、差"运算施加于两个关系时，这两个关系的_____必须相等，_____必须取自同一个域。

（11）在一个实体表示的信息中，称_____为关键字。

3. 简答题

（1）简述等值连接与自然连接的区别。

（2）设有关系 S（S#,SNAME,AGE,SEX）、C（C#,CNAME,TEACHER）和 SC（S#,C#,GRADE），试用关系代数表达式表示下列查询语句。

1）检索"王丽"老师所授课程的课程号（C#）和课程名（CNAME）。

2）检索年龄大于 21 岁的男学生学号（S#）和姓名（SNAME）。

3）检索至少选修"王丽"老师所授全部课程的学生姓名（SNAME）。

4）检索"李涛"同学未选修课程的课程号（C#）。

5）检索至少选修两门课程的学生学号（S#）。

6）检索全部学生都选修课程的课程号（C#）和课程名（CNAME）。

7）检索选修课程包含"王丽"老师所授课程之一的学生学号（S#）。

8）检索选修课程号为 k1 和 k5 的学生学号（S#）。

9）检索选修全部课程的学生姓名（SNAME）。

10）检索选修课程包含学号为 2 的学生所选修课程的学生学号（S#）。

11）检索选修课程名为"C 语言"的学生学号（S#）和姓名（SNAME）。

（3）设有表 2-37、表 2-38 所示的关系 R 和关系 S。

表 2-37　关系 R

A	B	C
a	b	c
b	a	f
c	b	c

表 2-38　关系 S

A	B	C
b	a	f
d	a	c

计算下列运算的值。

1）$R-S$

2）$\pi_{A,B}(S)$

（4）设有关系 R、关系 S，如表 2-39、表 2-40 所示，求 $R \bowtie S$。

表 2-39　关系 R

学号	姓名	年龄
001	张三	18
002	李四	20

表 2-40　关系 S

学号	课程名	成绩
001	数据库	68
002	数据库	80
002	英语	89

（5）设关系 R、关系 S 分别如表 2-41、表 2-42 所示，求 $R \div S$ 的结果。

表 2-41　关系 R

A	B	C
a1	b1	c2
a2	b3	c7
a3	b4	c6
a1	b2	c3
a4	b6	c6
a2	b2	c3
a1	b2	c1

表 2-42　关系 S

B	C	D
b1	c2	d1
b2	c1	d1
b2	c3	d2

（6）设有如表 2-43～表 2-45 所示的关系 R、S、T，计算 $R \cup T$、$\sigma_{C<A}(R)$、$\pi_{F,E}(S)$、$R \bowtie S$、$R \div S$。

表 2-43 关系 R

A	B	C
3	6	7
2	5	7
7	2	3
7	6	7
4	4	3

表 2-44 关系 S

A	E	F
3	4	5
7	2	3

表 2-45 关系 T

A	B	C
1	5	3
3	6	7

4. 实践题

（1）设某商业集团数据库中有三个实体集。①"公司"实体集，属性有公司编号、公司名、地址等；②"仓库"实体集，属性有仓库编号、仓库名、地址等；③"职工"实体集，属性有职工编号、姓名、性别等。公司与仓库间存在"隶属"联系，每个公司管辖若干个仓库，每个仓库只能属于一个公司管辖；仓库与职工间存在"聘用"联系，每个仓库可聘用多个职工，每个职工只能在一个仓库工作，仓库聘用职工有聘期和工资。

试画出 E-R 图，并在图上注明属性、联系的类型。再转换成关系模式集，并指出每个关系模式的主键和外键。

（2）使用 SMSS 完成程序。编写函数，实现一元二次方程 $ax^2+bx+c=0$ 求解。为了简化问题，假设 $b^2-4ac>0$，即方程有两个不同根的情况。

第3章 SQL Server 2022 基础

SQL Server 是微软发布的适用于大型网络企业级关系数据库的管理系统，一经推出便得到了广大用户的积极响应，成为数据库市场上的一个常用重要产品。学习 SQL Server 2022 相关基础知识，可以更好地为 SQL Server 2022 后续业务数据处理的实际操作和应用奠定重要基础。📖

教学目标
- 了解 SQL Server 相关的发展、功能和体系
- 理解 SQL Server 2022 的数据库结构和文件
- 掌握数据库命令语法常用规则、特点和用法
- 掌握 SQL Server 2022 界面及常用基本操作

知识拓展
学习 SQL Server 2022 的重大意义

3.1 SQL Server 2022 概述

微课视频
课程视频 3.1

【案例 3-1】SQL Server 数据库的应用广泛，SQL Server 2022 代表了微软数据库的最新技术和发展。在 2023 年 1 月的 DB-Engines 排名中，SQL Server 稳居榜单前三名。

3.1.1 SQL Server 的发展

SQL Server 最初由 Microsoft、Sybase 和 Ashton-Tate 三家公司共同研发。从 SQL Server 6.0 开始由 Microsoft 公司独立研发，并于 1996 年推出了 6.5 版本，1998 年又推出了 7.0 版本。而 2000 年 9 月发布的 SQL Server 2000 具有里程碑意义，正式进入企业数据库的行列。SQL Server 2005 则真正走向了成熟，与 Oracle、IBM DB2 形成了三足鼎立之势。SQL Server 经历了 2008、2008 R2、2012、2014、2016、2017、2019、2022 版本的持续投入和不断进化，各种业务数据处理新技术得到了广泛应用且不断快速发展和完善，其版本的发布时间和开发代号如表 3-1 所示。

表 3-1 SQL Server 版本发布时间和开发代号

发布时间	产品名称	开发代号	内核版本
1995 年	SQL Server 6.0	SQL 95	6.x
1996 年	SQL Server 6.5	Hydra	6.5
1998 年	SQL Server 7.0	Sphinx	7.x
2000 年	SQL Server 2000	Shiloh	8.x
2003 年	SQL Server 2000 Enterprise 64 位版	Liberty	8.x
2005 年	SQL Server 2005	Yukon	9.x

（续）

发布时间	产品名称	开发代号	内核版本
2008 年	SQL Server 2008	Katmai	10. x
2010 年	SQL Server 2008 R2	Kilimanjaro	10.5
2012 年	SQL Server 2012	Denali	11. x
2014 年	SQL Server 2014	Hekaton	12. x
2016 年	SQL Server 2016	Data Explorer	13. x
2017 年	SQL Server 2017	—	14. x
2019 年	SQL Server 2019	—	15. x
2022 年	SQL Server 2022	—	16. x

3.1.2 SQL Server 2022 的版本及功能

SQL Server 2022（16. x）是微软开发的新一代旗舰级数据库和分析平台，旨在提供开发语言、数据类型、本地或云以及操作系统选项，在分析、可用性、安全性、性能、查询存储和智能查询处理、管理、平台、语言等方面引入了新增功能或更新。

SQL Server 2022 共有五个版本，主要包括 Enterprise（企业版）、Standard（标准版）、Web（网站版）、Developer（开发人员版）和 Express（精简版），后两个版本可免费下载使用。其版本及对应功能如表 3-2 所示。

表 3-2 SQL Server 2022 的主要版本及功能

版 本	主要功能说明
Enterprise	作为高级产品/服务，提供全面的高端数据中心功能，具有极高的性能和无限虚拟化，还具有端到端商业智能，可以为关键任务工作负载提供高服务级别，并支持最终用户访问数据
Standard	提供基本数据管理和商业智能数据库，供部门和小型组织运行其应用程序，并支持将常用开发工具用于本地和云，有助于以最少的 IT 资源进行有效的数据库管理
Web	对于 Web 主机托管服务提供商和 Web VAP 而言，Web 版本是一项总拥有成本较低的选择，它可针对从小规模到大规模 Web 资产等内容提供可伸缩性、经济性和可管理性能力
Developer	支持开发人员基于 SQL Server 构建任意类型的应用程序。它包括 Enterprise 版本的所有功能，但有许可限制，只能用作开发和测试系统，而不能用作生产服务器。Developer 版本是构建和测试应用程序人员的理想选择
Express	是入门级免费数据库，是学习和生成桌面及小型服务器数据驱动应用程序的理想选择。也是独立软件供应商、开发人员和热衷于构建客户端应用程序的人员的最佳选择。如果需要使用更高级的数据库功能，则可以将 Express 无缝升级到其他更高端的 SQL Server 版本。SQL Server Express LocalDB 是 Express 的一种轻型版本。该版本具备所有可编程性功能，在用户模式下运行，并具有快速的零配置安装和必备组件要求较少的特点

3.1.3 SQL Server 2022 体系结构

SQL Server 2022 的客户机/服务器（C/S）体系结构主要体现在：由客户机负责与用户的交互和数据显示，服务器负责数据的存取、调用和管理，客户机向服务器发出各种操作请求（语句命令或界面菜单操作指令），服务器验证权限后根据用户请求处理数据，并将结果返回客户机，如图 3-1 所示。

SQL Server 2022 同样支持数据库共有的三级模式结构，其中外模式对应视图，模式对应基本表，内模式对应存储文件，如图 3-2 所示。

图 3-1　客户机/服务器结构

图 3-2　三级模式结构

1. 主要服务器组件

SQL Server 2022 服务器组件主要包括数据库引擎（Database Engine）、分析服务（Analysis Services）、集成服务（Integration Services）、报表服务（Reporting Services）以及主数据服务（Master Data Services，MDS）等。其中，用于操作、管理和控制的数据库引擎是整个系统的核心，其他所有组件都与其有着密不可分的联系。

使用 SQL Server 2022 安装向导的"功能选择"页面，可以选择安装 SQL Server 服务器组件，如表 3-3 所示。

表 3-3　SQL Server 2022 服务器组件

服务器组件	主要功能说明
SQL Server 数据库引擎	SQL Server 数据库引擎包括引擎、部分工具和"数据库引擎服务"（DQS）服务器。其中，引擎是用于存储、处理和保护数据的核心服务；工具用于管理数据库分析集成中和可访问 Hadoop 及其他异类数据源的 Polybase 集成中的关系数据与 XML 数据
分析服务	分析服务包括一些工具，可用于创建和管理联机分析处理（OLAP）以及数据挖掘应用程序
报表服务	报表服务包括用于创建、管理和部署表格报表、矩阵报表、图形报表以及自由格式报表的服务器和客户端组件。报表服务还是一个可用于开发报表应用程序的可扩展平台
集成服务	集成服务是一组图形工具和可编程对象，用于移动、复制和转换数据。它还包括"数据库引擎服务"的集成服务（DQS）组件
主数据服务	主数据服务（MDS）是针对主数据管理的 SQL Server 解决方案。可以配置 MDS 来管理任何领域（产品、客户、账户）；MDS 中可包括层次结构、各种级别的安全性、事务、数据版本控制和业务规则，以及可用于管理数据的用于 Excel 的外接程序

(续)

服务器组件	主要功能说明
机器学习服务 （数据库内）	机器学习服务（数据库内）支持使用企业数据源的分布式、可缩放的机器学习解决方案，支持 R 和 Python
机器学习服务器 （独立）	机器学习服务器（独立）支持在多个平台上部署分布式、可缩放机器学习解决方案，并可使用多个企业数据源，包括 Linux 和 Hadoop，支持 R 和 Python

2. 主要管理工具

在实际应用中，经常使用 SQL Server 2022 的主要管理工具，如表 3-4 所示。

表 3-4　SQL Server 2022 主要管理工具

管理工具	主要功能说明
SQL Server Management Studio（SSMS）	是用于访问、配置、管理和开发 SQL Server 组件的集成环境。Management Studio 使各种技术水平的开发人员和管理员都能使用 SQL Server。需单独下载并安装
SQL Server 配置管理器	为 SQL Server 服务、服务器协议、客户端协议和客户端别名提供基本配置管理
SQL Server Profiler	提供了一个图形用户界面，用于监视数据库引擎实例或 Analysis Services 实例
数据库引擎优化顾问	可以协助创建索引、索引视图和分区的最佳组合
数据质量客户端	提供了一个非常简单和直观的图形用户界面，用于连接到 DQS 数据库并执行数据清理操作。它还允许集中监视数据清理操作过程中执行的各项活动
SQL Server Data Tools	主要提供 IDE 以便为以下商业智能组件生成解决方案：分析服务、报表服务和集成服务。此工具还包含"数据库项目"，可为开发人员提供集成环境，以便在 Visual Studio 内为任何 SQL Server 平台执行其所有数据库设计工作。数据库开发人员可以使用 Visual Studio 中功能增强的服务器资源管理器，轻松创建或编辑数据库对象和数据或执行查询
连接组件	安装用于客户端和服务器之间通信的组件，并用于 DB-Library、ODBC 和 OLE DB

☺ 讨论思考：

1）SQL Server 经历了哪些版本迭代？具有里程碑意义的是哪个产品？

2）SQL Server 2022 的功能版本分为几种？试比较各版本功能差异。

3）请说明 SQL Server 2022 的体系结构。

3.2　SQL Server 数据库基础

微课视频

课程视频 3.2

3.2.1　SQL Server 数据库的类型

在 SQL Server 实例中，数据库被分为三大类：系统数据库、用户数据库和示例数据库。

1. 系统数据库

系统数据库是指随着安装程序一起安装的用于协助 SQL Server 2022 系统共同完成管理操作的数据库，是 SQL Server 2022 运行的基础。系统数据库存储有关 SQL Server 的系统信息，是 SQL Server 2022 管理数据库的依据。如果系统数据库遭到破坏，那么 SQL Server 2022 将不能正常启动。

SQL Server 2022 在安装时，将创建五个系统数据库：master 数据库、model 数据库、msdb 数据库、resource 数据库和 tempdb 数据库。这些数据库各司其职，如表 3-5 所示。

表 3-5 SQL Server 2022 的系统数据库

系统数据库	主要功能说明
master 数据库	记录 SQL Server 实例的所有系统级信息
model 数据库	用于 SQL Server 实例上创建的所有数据库的模板
msdb 数据库	用于 SQL Server 代理计划警报和作业
resource 数据库	一个只读数据库,包含 SQL Server 包括的系统对象。系统对象在物理上保留在 resource 数据库中,但在逻辑上显示在每个数据库的 sys 架构中
tempdb 数据库	一个工作空间,用于保存临时对象或中间结果集

2. 用户数据库

用户数据库指由用户建立并使用的数据库,用于存储用户使用的数据信息。

用户数据库由用户建立,且由永久存储表和索引等数据库对象的磁盘空间构成,空间被分配在操作系统文件上。系统数据库与用户数据库的结构如图 3-3 所示。用户数据库和系统数据库一样,也被划分成许多逻辑页,通过指定数据库 ID、文件 ID 和页号来引用任何一页。当扩大文件时,新空间被追加到文件末尾。

图 3-3 系统数据库与用户数据库的结构

3. 示例数据库

示例数据库是一种实用的学习数据库的范例。SQL Server 2022 安装时,默认情况下不会自动安装示例数据库,需要单独下载安装和设置。

3.2.2 SQL Server 数据库的存储结构

数据库是存放各种对象(表、视图、约束、规则、索引等)的逻辑实体,逻辑上表现为数据库对象(界面中看到的),物理上表现为数据库文件(主数据文件、次要数据文件或事务日志文件)。所以 SQL Server 数据库的存储结构包括两种:数据库的逻辑结构和数据库的物理结构。

1)数据库的逻辑结构。表示数据库中各数据之间的逻辑关系,数据库由多个用户界面可视对象构成,主要包括数据表、视图、约束、规则、默认、索引等,数据库对象如图 3-4 所示。

2)数据库的物理结构。数据库中数据的存储方式和方法(如存储路径及索引方式)主要描述数据存储的实际位置,对应一系列的物理文件,一个数据库由一个或多个文件组成。

数据库(空间)的存储(安排),实际上是按物理方式在磁盘上以多个文件方式进行实现的。而用户

图 3-4 SQL Server 2022 数据库对象

使用数据库时调用的主要是逻辑组件，它们之间的关系如图 3-5 所示。

图 3-5 SQL Server 数据库的存储结构

3.2.3 SQL Server 数据库的文件

SQL Server 数据库文件主要有三种，包括主数据文件、次要数据文件、事务日志文件。

1）主数据文件。数据库的起点，指向数据库中文件的其他部分，记录数据库所拥有的文件指针。每个数据库有且只有一个主数据文件，默认扩展名为 .mdf。

2）次要数据文件。也称为辅助数据文件，包含除主要数据文件以外的所有数据文件。有些数据库可能无次要数据文件，而有些数据库可能有多个，它不是数据库必需的文件，默认扩展名是 .ndf。

3）事务日志文件。简称日志文件，是包含用于恢复数据库所需的所有操作日志信息的文件。每个数据库必须至少有一个日志文件，默认扩展名是 .ldf。

使用这些扩展名有助于标识文件的用途，但 SQL Server 不强制使用 .mdf、.ndf 和 .ldf 作为文件扩展名。一个数据库文件组织的案例如图 3-6 所示。

为了便于管理和分配数据，SQL Server 将多个数据库文件组成一个组。数据库文件组是数据文件的逻辑组合，主要包括以下三类。

MyDB_primary
c:\Program Files\Microsoft SQL Server\MSSQL\Data\MyData1.mdf
主数据文件

MyDB_secondary1
c:\Program Files\Microsoft SQL Server\MSSQL\Data\MyData2.ndf
次要数据文件

MyDB_secondary2
c:\Program Files\Microsoft SQL Server\MSSQL\Data\MyData3.ndf
次要数据文件

MyDB_log1
c:\Program Files\Microsoft SQL Server\MSSQL\Data\MyLog4.ldf
日志文件

MyDB_log2
c:\Program Files\Microsoft SQL Server\MSSQL\Data\MyLog5.ldf
日志文件

图 3-6 一个数据库文件组织案例

1）主文件组。包含主数据文件和未指明组的其他文件。例如，在创建数据库时，未指定其他数据文件所属的文件组。数据库的所有系统表都被分配到（包含在）主文件组中。当主文件组的存储空间用完之后，将无法向系统表中添加新的目录信息。一个数据库有一个主文件组。

2）次文件组。也称用户自定义文件组，是用户首次创建或修改数据库时自定义的。其作用在于数据分配，以提高数据表的读写效率。

3）默认文件组。各数据库都有一个被指定的默认文件组。若在数据库中创建对象时未指定其所属的文件组，则将被分配给默认文件组。

数据库文件和文件组遵循的规则：一个文件或文件组只能被一个数据库使用；一个文件只能属于一个文件组；日志文件不能属于任何文件组。

☐ 注意：为了提高使用效率，使用数据文件或文件组时应注意以下几点。

1）在创建数据库时，需要考虑数据文件可能会出现自动增长的情况，应当设置上限，以免占满磁盘。

2）主文件组可以容纳各系统表。当容量不足时，后更新的数据可能无法进行添加到系统表中，数据库也可能无法进行追加或修改等操作。

3）建议将频繁查询或频繁修改的文件分放在不同的文件组中。

4）将索引、大型的文本文件、图像文件放到专门的文件组中。

☺ 讨论思考：

1）SQL Server 系统数据库有哪些？有何作用？

2）SQL Server 数据库文件的种类具体有哪些？

微课视频

课程视频 3.3

3.3　数据库语句使用规则和特点

【案例 3-2】数据库语句使用规则特别重要。业务数据处理与管理等有两种常用的操作方式：一是通过 SSMS（SQL Server Management Studio）的界面菜单方式进行操作，二是利用 SQL 语句及扩展的事务-结构化查询语言（Transact Structured Query Language，Transact-SQL，T-SQL）方式。T-SQL 是 SQL Server 的核心组件，在数据处理与管理等常用操作语句中的使用规则极为重要，特别是在动态数据处理及系统运行中更为常用。

3.3.1　数据库语句的种类及特点

1974 年，IBM 圣约瑟实验室的 Boyce 和 Chamberlin 为关系数据库管理系统设计了一种查询语言，当时称为 SEQUEL 语言，后简称为结构化查询语言（Structured Query Language，SQL）。其率先在 IBM 公司的关系数据库系统 System R 上实现，是用于访问和处理数据的标准计算机语言。1986 年，美国国家标准局 ANSI（American Natural Standard Institute）正式批准为关系数据库语言的国家标准。1987 年，获得国际标准化组织（International Organization for Standardization，ISO）的通过，成为国际通用标准。

T-SQL 是微软在 SQL Server 系统中使用的事务-结构化查询语言，是 SQL Server 的核心组件，也是对 SQL 的一种扩展形式。

1. 数据库语句的种类及功能

T-SQL 操作命令语句主要分为五类：数据定义语言（Data Definition Language，DDL）、数据操作语言（Data Manipulation Language，DML）、数据控制语言（Data Control Language，

DCL)、事务管理语言（Transact Management Language，TML）和其他附加的语言。

1）数据定义语言（DDL）。SQL Server 的功能非常强大且性能优异、高效，其中的数据定义语言的功能包括对数据库、表（数据表）、视图、索引等操作对象的定义（建立）和删除（撤销）等，如表 3-6 所示。

表 3-6　SQL Server 常用的数据定义语言功能

操 作 对 象	操 作 方 式		
	创　　建	修　　改	删　　除
数据库	CREATE DATABASE	ALTER DATABASE	DROP DATABASE
表（数据表）	CREATE TABLE	ALTER TABLE	DROP TABLE
视图	CREATE VIEW	ALTER VIEW	DROP VIEW
索引	CREATE INDEX		DROP INDEX

2）数据操作语言（DML）。主要功能包括插入（INSERT）数据、更新修改（UPDATE）数据、删除（DELETE）数据和查询（SELECT）数据等。

3）数据控制语言（DCL）。为了确保数据库的安全，需要对用户使用表中的数据的权限进行管理和控制。数据控制语言（DCL）主要实现对数据库进行安全管理和权限管理等控制，如 GRANT（赋予权限）、DENY（禁止赋予的权限）、REVOKE（收回权限）等语句。

4）事务管理语言（TML）。主要用于事务管理操作，如将资金从一个账户转账到另一个账户。可用 COMMIT 语句提交事务，也可用 ROLLBACK 语句撤销。

5）其他附加的语言。主要用于辅助命令语句的操作、标识、理解和使用，主要包括标识符、变量、常量、运算符、表达式、数据类型、函数、流程控制、错误处理、注释等。

2. 数据库 T-SQL 的主要特点

T-SQL 实际是 SQL 在 Microsoft SQL Server 上的扩展，是数据处理应用程序与 SQL Server 交互的主要语言。

T-SQL 语言的主要特点可以概括如下。

1）多功能综合统一。交互式查询语言的功能强大，简单易学，而且集数据定义语言、数据操作语言、数据控制语言、事务管理语言和附加语言元素为一体。

2）高度非过程化。用 SQL 进行数据操作时，只要提出"做什么"即可，而无须指明具体"怎么做"。而选择存取路径和 SQL 语句的操作过程由系统自动完成，极大地减轻了用户负担，提高了数据独立性。

3）面向集合的操作方式。SQL 操作的对象和结果都是集合（关系），用关系（二维数据表结构方式）表示数据处理操作更快捷、方便。

4）一种语法，两种使用方式。SQL 既是自含式语言——在终端键盘上直接输入 SQL 命令对数据库进行操作，又是嵌入式语言——将 SQL 语句嵌入高级语言中进行数据处理，如在 C、C++、C#、Java、PHP 等编写的程序中使用 SQL 语句，且语法结构基本一致。

5）语言简洁，易学易用。SQL 极为接近人的思维习惯，而且常用操作核心功能（建立、插入、修改、更新、删除、查询和权限管理等）的语句比较少，易于理解和掌握。

3.3.2 数据库语法规则及注释语句

1. 命令语句使用的语法规则

SQL 是用于管理、控制和操作数据库的标准计算机语言，主要功能包括创建（定义）、修改、删除数据库及数据表，存取、插入、更新、删除数据，在数据库中创建索引及视图、设置表、建立存储过程，以及授予视图和存储过程的权限等。

SQL 及 T-SQL 主要用于 SQL Server 提供的数据定义和数据操作的具体应用、管理控制、调用数据库对象和数据处理等。

为了便于实际操作应用语句，书写使用中的语法规则如下。

1）"<>"（尖括号）中的内容为"必选项"，不可省略。

2）"［ ］"（方括号）中的内容为"可选项"，省略时系统取默认值。

3）"｜"表示相邻前后两项"二者选其一"，只能取一项。

4）"…"表示其中的内容可以重复书写，且各项之间须用逗号隔开。

5）一条较长的语句可以分成多行书写且以";"（称为换行符或改行符，也可以使用回车操作）结尾，但是在同一行不允许写多条语句。

6）在一个关键字的中间不能加入空格或换行符。

7）在 T-SQL 中，保留关键字是 SQL 中系统预留或事先定义好的关键字，命令和语句的书写不区分大小写。关键字不能被缩写，也不能分行。

8）在书写各种 SQL 命令时，所涉及的标点符号，如括号、逗号、分号、圆点（英文句号）等，都应是英文半角的。若写成中文符号或全角符号，则会在执行命令时出错。

说明：

1）上述语法规则 1)~4) 中的有关符号，只是用于与读者交流的书写"印刷符"。在实际的 SQL Server 系统操作中，这些符号不可输入。

2）SQL 语句不区分大小写，也可以用前四个字母的缩写，但是为了便于阅读和维护，不提倡缩写。在编写 SQL 时，应尽量统一保留关键字的大小写。例如，以大写字母的形式写保留关键字，以小写字母的形式写表或列名，这样查阅 SQL 语句也会更清晰。另外，根据使用的数据库的不同，可在部分数据库中区分表或列名的大小写。

2. 注释语句

在 T-SQL 程序中，注释语句主要用于对程序语句的解释说明并增加阅读性，有助于用户对源程序语句的理解和修改维护。系统对注释语句不予以执行。当在查询分析器中使用注释语句时，相应被注释的部分变为绿色。注释语句包括两种：多行注释语句和单行注释语句。

1）多行注释语句。多行注释语句也称为块注释语句，通常放在程序（块）的前面，用于对程序功能、特性和注意事项等方面的说明，以/＊开头，并以＊/结束。

例如：

```
/＊以下为数据修改程序
请注意修改的具体条件＊/
```

2）单行注释语句。单行注释语句也称为行注释语句，通常放在一行语句的后面，用于对本行语句的具体说明,是以两个--开始的若干字符。

例如:

```
--定义(声明)局部变量
--为局部变量赋初始值
```

☺ 讨论思考:

1)T-SQL 常用的主要语法规则是什么?
2)T-SQL 常用的操作语言种类有哪些?
3)T-SQL 语言的特点及注释语句是什么?

3.4 实验3 SQL Server 2022 界面及功能

SQL Server 2022 提供了图形用户窗口的数据库开发和管理工具。该工具就是 SQL Server Management Studio(SSMS),是 SQL Server 提供的一种集成开发环境。SSMS 工具简易直观。用户可以使用该工具访问、配置、控制、管理和开发 SQL Server 的所有组件,极大地方便了开发人员和管理人员对 SQL Server 的访问。

实验视频
实验视频3 讲解及演示

在 SQL Server 2022 实例安装完成后,默认情况下并没有安装 SSMS 工具,需单独下载安装。在"安装中心"界面中单击"安装"选项页里的"安装 SQL Server 管理工具"项,即可下载安装最新的管理工具。📖

3.4.1 实验目的

1)理解和掌握 SSMS 工具的基本功能和特点。
2)掌握 SSMS 工具的主要界面和主要基本操作。

📖 知识拓展
SQL Server 2022 的安装和配置

3.4.2 实验要求及安排

1)运行环境:SQL Server 2022 RTM 正式版。
2)学时安排:建议 2 或 3 学时。

3.4.3 实验内容及步骤

SQL Server Management Studio(SSMS)是一种集成环境,用于管理从 SQL Server 到 Azure SQL 数据库的任何 SQL 基础结构,提供用于配置、监视与管理 SQL Server 和数据库实例的工具。用户可以利用它部署、监视和升级应用程序使用的数据层组件,以及生成查询和脚本。掌握 SSMS 的基本操作是 SQL Server 数据库管理员和开发者的必备技能。

1. SSMS 的启动与连接

SQL Server 实例安装到系统中之后,将作为一个服务由操作系统监控,而 SSMS 是作为一个单独的进程运行的。安装好 SQL Server 2022 服务器实例之后,即可打开 SSMS 并连接到 SQL Server 服务器进行数据库的相关操作,具体操作步骤如下。

1）选择 Windows "开始" 菜单中的 "Microsoft SQL Server Tools 19" 文件夹下的 "Microsoft SQL Server Management Studio 19" 命令，打开 SQL Server 的 "连接到服务器" 对话框，选择相关信息之后，单击 "连接" 按钮，如图 3-7 所示。

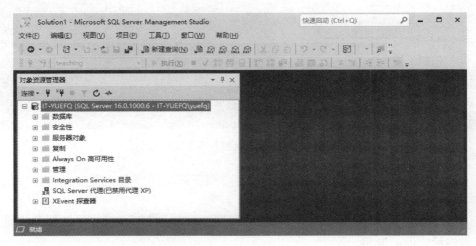

图 3-7　"连接到服务器" 对话框

在 "连接到服务器" 对话框中有如下几项内容。

服务器类型：根据安装的 SQL Server 2022 版本功能，选择不同的服务器类型。这里选择默认的 "数据库引擎" 服务。

服务器名称：该下拉列表框中列出了所有已经成功连接的数据库服务器实例的名称，IT-YUEFQ 表示连接到一个本地主机上的命令实例。如果要连接到远程数据服务器，则需要输入该服务器的 IP 地址（如果是命名实例，则必须包含实例名称）。

身份验证：如果设置了混合验证模式，则可以在下拉列表框中使用 "SQL Server 身份验证" 登录，此时需要输入用户名和密码；如果在安装过程中指定使用 Windows 身份验证，也可以选择 "Windows 身份验证" 进行登录。

2）连接成功后进入 SSMS 的主界面，该界面左侧显示了 "对象资源管理器" 窗口，如图 3-8 所示。

图 3-8　SSMS 的主界面

3）选择"视图"菜单下的"已注册的服务器"命令，为 SSMS 工具新增"已注册的服务器"窗口。该窗口中显示了所有已经注册的 SQL Server 服务器，如图 3-9 所示。

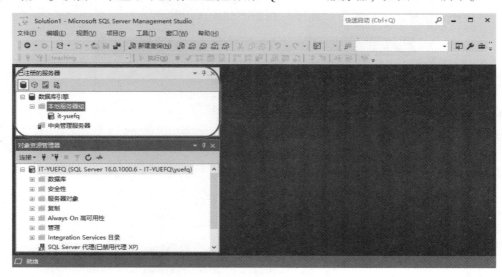

图 3-9 "已注册的服务器"窗口

4）如果需要注册另外一个 SQL Server 服务，则可以右击"本地服务器组"节点，在弹出的快捷菜单中选择"新建服务器注册"命令，如图 3-10 所示。

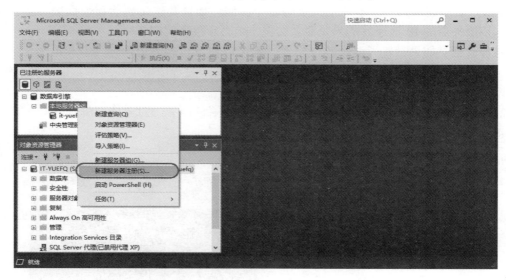

图 3-10 选择"新建服务器注册"命令

5）打开"新建服务器注册"对话框，选择"服务器名称"和"身份验证"，如图 3-11 所示。

6）单击"测试"按钮通过后，再单击"保存"按钮，完成 SQL Server 服务注册。

2. 查询编辑器的使用

通过 SSMS 图形用户界面的工具可以轻松完成数据库及其对象的管理操作，同样也可以

图 3-11　"新建服务器注册"对话框

使用 T-SQL 语句编写程序代码来完成。SSMS 中的查询编辑器就是用来帮助用户编写 T-SQL 语句的工具。这些语句可以直接在编辑器中执行，用于查询、操作数据等。即使用户未连接到服务器，也可以用它来编写程序代码。用查询编辑器编写和执行代码的操作步骤如下。

1）连接并进入 SSMS 的主界面。

2）在工具栏中单击"新建查询"按钮，在查询编辑器中打开一个扩展名为 .sql 的文件，其中没有任何代码，如图 3-12 所示。

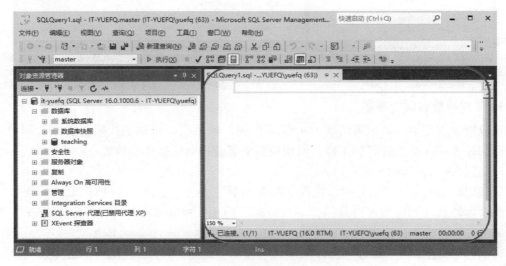

图 3-12　"查询编辑器"窗口

3) 在"查询编辑器"窗口中输入下面的 T-SQL 语句。

```
USEmaster
GO
IFDB_ID('db_Test')IS NOT NULL
DROP DATABASE db_test
GO
CREATE DATABASE db_test
GO
```

4) 输入完成之后,选择"文件"菜单下的"保存 SQLQuery1. sql"命令或"SQLQuery1. sql 另存为"命令,也可以单击工具栏上的"保存"按钮或直接按〈Ctrl+S〉组合键,打开 "文件另存为"对话框。

5) 设置完保存的路径和文件名之后,单击"保存"按钮。

6) 单击工具栏中的"执行"按钮,或者直接按〈F5〉键,将会执行该.sql 文件中的代码。执行成功之后,消息窗口中会提示命令已成功执行。同时,在"对象资源管理器"窗口中的"数据库"节点下会出现新建的"db_test"数据库,如图 3-13 所示。

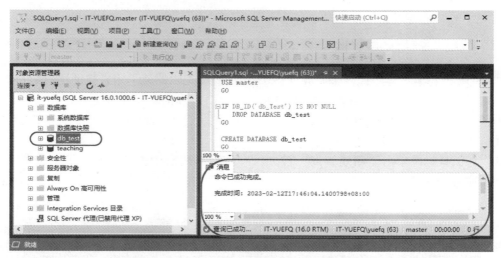

图 3-13 "查询编辑器"执行结果窗口

3. 使用模板资源管理器

模板资源管理器可以用来访问 SQL 代码模板。使用模板提供的代码,省去了用户在开发时每次都要输入基本代码的工作。使用模板资源管理器的操作步骤如下。

1) 连接并进入 SSMS 的主界面。

2) 选择"视图"菜单下的"模板资源管理器"命令,打开"模板浏览器"窗口。模板资源管理器按代码类型进行分组,如对数据库的相关操作都放在 Database 目录下,双击 Database 目录下的 Create Database 模板,如图 3-14 所示。

3) 将光标定位到左侧的"查询编辑器"窗口,此时,SSMS 的菜单中会多出一个"查询"菜单。选择"查询"菜单下的"指定模板参数的值"命令,打开"指定模板参数的值"对话框,在"值"文本框中输入"test",如图 3-15 所示。

图 3-14　"模板浏览器"窗口

4）单击"确定"按钮，返回代码模板
的"查询编辑器"窗口。此时，模板中的代
码发生了变化，此前代码中的 Database_
Name 值都被 test 值所取代。然后，选择"查
询"菜单下的"执行"命令，SSMS 将根据
刚才修改过的代码创建一个新的名称为 test
的数据库，如图 3-16 所示。

4. 配置 SQL Server 服务器的属性

对服务器进行优化配置可以保证 SQL

图 3-15　"指定模板参数的值"对话框

Server 2022 服务器安全、稳定、高效地运行。配置 SQL Server 服务器属性的操作步骤如下。

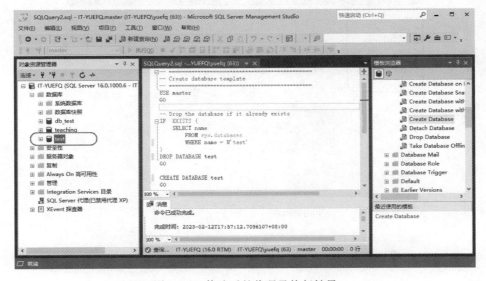

图 3-16　修改后的代码及执行结果

1）连接并进入 SSMS 的主界面。

2）在"对象资源管理器"窗口中选择当前登录的服务器，右击并在弹出的快捷菜单中选择"属性"命令，如图 3-17 所示。

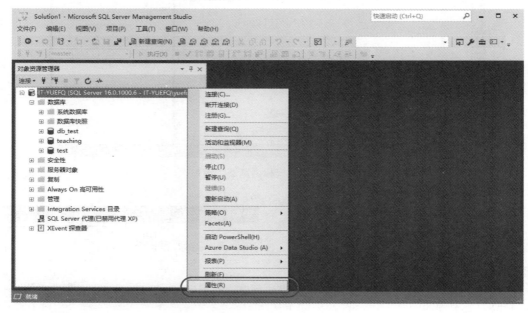

图 3-17　选择"属性"命令

3）打开"服务器属性"对话框，在该对话框左侧的"选择页"中可以看到当前服务器的所有选项：常规、内存、处理器、安全性、连接、数据库设置、高级和权限，如图 3-18 所示。

图 3-18　"服务器属性"对话框

①**"常规"选项卡**。该选项卡中的内容不能修改，列出了服务器名称、产品信息、操作系统、平台、版本、语言、内存、处理器、根目录等固有属性信息，而其他七个选项则包含了服务器端的可配置信息。

②**"内存"选项卡**。该选项卡主要用来根据实际要求对服务器内存大小进行配置与更改，包含服务器内存选项、其他内存选项等配置选项。

③**"处理器"选项卡**。该选项卡主要用来查看或修改 CPU 选项，包含自动设置所有处理器的关联掩码、自动设置所有处理器的 I/O 关联掩码、处理器关联、I/O 关联和最大工作线程数等配置选项。一般来说，只有安装了多个处理器才需要配置此项。

④**"安全性"选项卡**。该选项卡主要用来确保服务器的安全运行，包含服务器身份验证、登录审核、服务器代理账户和选项等配置选项。请注意：更改安全性配置之后需要重新启动服务。

⑤**"连接"选项卡**。该选项卡包含最大并发连接数、使用查询调控器防止查询长时间运行、默认连接选项、允许远程连接到此服务器和需要将分布式事务用于服务器到服务器的通信等配置选项。

⑥**"数据库设置"选项卡**。该选项卡可以设置针对该服务器上的全部数据库的一些选项，包含默认索引填充因子、默认备份介质保留期（天）、备份和还原及恢复、数据库默认位置等配置选项。

⑦**"高级"选项卡**。该选项卡包含众多配置选项，主要从并行的开销阈值、查询等待值、锁、最大并行度、网络数据包大小、远程登录超时值、两位数年份截止、默认全文语言、默认语言、启动时扫描存储过程等方面来进行配置。

⑧**"权限"选项卡**。该选项卡主要用于授予或撤销账户对服务器的操作权限。"登录名或角色"列表框中显示的是多个可以设置权限的对象。在"显式"列表框中，可以看到"登录名或角色"列表框中对象的权限。在"登录名或角色"列表框中选择不同的对象，在"显式"列表框中会有不同的权限显示，还可以为"登录名或角色"列表框中的对象设置权限。

4）设置好 SQL Server 服务器的各种属性后，单击"确定"按钮即可保存配置信息。

5. SSMS 自定义设置与升级

微软为 SSMS 提供了统一的界面风格。所有连接的数据库服务器及其对象都以树状结构显示在左侧的"对象资源管理器"窗口中。中间的"文档窗口"是 SSMS 的主要工作区域，SQL 语句的编写、表的创建、数据表的展示和报表展示等都在该区域完成，采用选项卡方式在同一区域实现这些功能。另外，右侧的属性区域自动隐藏到窗口最右侧，将鼠标指针移动到属性选项卡上则会自动显示出来，主要用于查看和修改某对象的属性。SSMS 中各窗口和工具栏的位置并非固定不变，可以根据个人的需要和喜好来对其进行自定义设置。

（1）在"查询编辑器"窗口中显示行号以及自动换行

为了方便调试以及排除错误，往往需要在"查询编辑器"窗口中显示代码行号及对较长的代码或注释进行自动换行设置，其方法如下。

首先，在 SSMS 主界面中单击"工具"菜单下的"选项"命令，打开"选项"对话框；然后，选择"文本编辑器"下的"所有语言"项，再在右侧勾选"自动换行"和"行号"复选框；最后，单击"确定"按钮即可。"选项"对话框如图 3-19 所示。

图 3-19　"选项"对话框

（2）在"查询编辑器"窗口中对代码进行显示比例缩放操作

根据需要，可以在"查询编辑器"窗口中对代码进行显示比例缩放操作，其方法如下。

在"查询编辑器"窗口中，单击左下角的"缩放比例"下拉按钮进行选择比例，或者输入想要的比例数值，但要注意其范围为 20%～400%，如图 3-20 所示。或者按住〈Ctrl〉键不放，直接向上或向下滚动鼠标滚轮，也可以完成同样的操作。

图 3-20　"缩放比例"下拉列表

（3）升级 SSMS 到最新版本

微软会不定期地对 SSMS 进行更新发布，用户可自行到官网进行下载和安装最新版本。最简单的方法是，在 SSMS 主界面中选择"工具"菜单下的"检查更新"命令。若在"SQL Server Management Studio 更新"对话框中选中"自动检查 SQL Server Management Studio 更新"复选框（如图 3-21 所示），一旦微软发布更新后，启动 SSMS 工具时会自动提醒可以更新到更高版本的信息，以供用户选择是否更新。

图 3-21　选中"自动检查 SQL Server Management Studio 更新"复选框

🔊 注意：利用 U 盘操作数据库数据，需要进行分离/附加操作。📖

📖 知识拓展
数据库 U 盘操作需要分离/附加

3.5　本章小结

　　一般的结构化查询语言（SQL）具有语言简洁、易学易用、高度非过程化、一体化等特点，是目前广泛使用的数据库标准语言。本章概述了 SQL 和 T-SQL 语言的基本概念、SQL Server 的发展概况、SQL Server 2022 的功能特性及版本、SQL Server 2022 的体系结构及文件类型、SQL Server 2022 的系统数据库及作用、T-SQL 数据库的命令语法规则及特点和用法。最后通过实验重点介绍了 SQL Server 2022 服务器实例的安装与配置及 SQL Server Management Studio 管理工具的基本操作。

3.6　练习与实践 3

1. 选择题

（1）SQL 是（　　）语言。
　　A. 关系数据库　　　　　　　　　　　B. 网状数据库
　　C. 层次数据库　　　　　　　　　　　D. 非数据库

（2）SQL Server 2022 是一个基于（　　）的关系数据库管理系统。
　　A. B/S 模式　　　　　　　　　　　　B. C/S 模式
　　C. SQL 模　　　　　　　　　　　　　D. 以上都不是

（3）SQL Server 采用的身份验证模式主要有（　　）。
　　A. 仅 Windows 身份验证模式　　　　 B. 仅 SQL Server 身份验证模式
　　C. 仅混合模式　　　　　　　　　　　D. Windows 身份验证模式和混合模式

（4）SQL Server 的文件包括主数据文件、次要（辅助）数据文件和（　　）。
　　A. 索引文件　　　　　　　　　　　　B. 备份文件
　　C. 日志文件　　　　　　　　　　　　D. 程序文件

（5）下面（　　）不属于 SQL Server 的 master 数据库所包含的信息。

A．登录账号 　　　　　　　　　　　B．SQL Server 初始化及系统配置

C．其他数据库的相关信息　　　　　D．系统对象

2．填空题

（1）SQL Server 2022 安装后，系统将创建 4 个可见的系统数据库，分别是_____、_____、_____和_____，还会创建一个只读数据库_____。

（2）SQL Server 2022 中主要有_____、_____和_____类型的数据库。

（3）SQL Server 中的编程语言是_____，是一种非过程化的高级语言，其基本成分是_____。

（4）"<>"（尖括号）中的内容为"_____项"，不可省略。

（5）SQL 既是_____语言——在终端键盘上直接输入 SQL 命令对数据库进行操作，又是_____语言——将 SQL 语句嵌入高级语言中进行数据处理。

（6）多行注释语句也称为块注释语句，通常放在_____的前面，用于对程序功能、特性和注意事项等方面进行说明，以 /＊开头，并以_____结束。

3．简答题

（1）SQL Server 2022 提供了哪些版本？

（2）SQL Server 2022 的服务器组件有哪些？

（3）SQL Server 2022 的管理工具有哪些？

（4）怎样理解数据库的体系结构？

（5）数据库文件类型主要有哪些？

4．实践题

任务描述：

某企业拟开发一个在线销售管理系统，决定采用 SQL Server 2022 作为其数据库平台。为了满足网络安全法的要求，需要安装最新的、能提供服务和维护功能的操作系统及相应软件。

（1）现有两台高性能硬件服务器，一台作为数据库服务器（Data Server），另外一台作为 Web 应用服务器（Web Server）。

（2）两台服务器都安装了微软的 Windows Server 2022 操作系统。现在，数据库服务器需要安装 SQL Server 2022 数据库软件和 SSMS 管理工具，而 Web 应用服务器需要安装 SSMS 管理工具。

（3）需要配置服务器，设置 sa 账户和 TCP/IP，确保数据库服务器和 Web 应用服务器之间的联通。

解决思路：

（1）在数据库服务器（Data Server）中安装 SQL Server 2022 的相应版本和最新的 SSMS 管理工具。

（2）在 Web 应用服务器（Web Server）中安装最新的 SSMS 管理工具。

（3）配置数据库服务器和 Web 应用服务器，使 Web 应用服务器（Web Server）中的 SSMS 管理工具能访问数据库服务器的 SQL Server 2022 数据库服务。

第4章 数据库、表和数据操作

进入现代数据时代，利用计算机代替人的脑力劳动，将各种业务处理转换为数据处理的应用非常广泛。特别是对数据库、数据表和数据的各种操作，包括对于有关业务数据的增删改和查询、统计等，已经成为网络业务数据处理中最常用的实际应用。📖

💻 教学目标

- 掌握数据库的建立（定义）、修改和删除操作
- 熟练掌握常用数据表的建立、修改和删除方法
- 熟悉常用数据查询的各种方式方法及实际应用
- 熟练掌握数据输入、修改、插入、删除等操作
- 掌握数据库、表及数据的常用操作实验和应用

📖 知识拓展

业务处理转换为数据处理的目的

4.1 数据库的常用操作🖐

【案例4-1】常见的网上购书，数据库系统需要建立一个售书数据库，在其内建立客户、图书、销售、库存等数据表并输入相应的数据，便于客户查询、订书及增删改等操作。可见，数据库是存储和处理数据的重要基础和条件，数据库的建立实际上是在指定位置构建一个存储空间，用于在数据库内建立数据表（结构）并输入、存储、处理和传输相关的图书数据。

4.1.1 数据库的建立（定义）方法

1. 数据库建立的策划设计

建立（定义）数据库之前应先进行策划设计，主要考虑以下几点。

 微课视频

课程视频 4.1

1）数据库拥有者/创建者、存取路径及位置和数据库文件名。

2）相关的数据文件和事务日志文件的逻辑名、物理名、初始大小、增长方式及幅度和最大容量（存储空间大小）等。

3）准备建立的数据库实际使用的用户数及其使用权限。

4）数据库存储空间与存储设备配置的匹配和文件组的存放。

5）偶然突发意外故障时，可以进行数据库备份和恢复。

说明：为了避免建立数据库时出现疏忽，需要先策划。建立数据库是为后续存放同类相关的多个业务数据表（及数据）准备一个存储空间。数据库主要由数据库名、拥有者的

用户名或账号、存储路径和位置等确定。📖

2. 数据库建立的常用方法

数据库建立（定义）的操作方法有两种：利用 SSMS 的界面和菜单操作方法、使用 SQL 命令语句的操作方法。

📖 知识拓展
建立数据库前的准备工作

（1）数据库建立的 SSMS 菜单操作

登录 SQL Server 2022 之后，打开 SSMS（SQL Server Management Studio）界面，利用鼠标点击操作建立（定义）数据库的过程，可以通过如下实例说明。

【案例4-2】建立一个存放某高等院校二级学院基本信息的数据库 School。在 SSMS 的可视化界面下，利用菜单操作的步骤为：先启动 SQL Server 并连接，在"对象资源管理器"窗口选中"数据库"项并右击，出现快捷菜单，如图4-1所示。在快捷菜单中选择"新建数据库"命令之后，出现"新建数据库"对话框，如图4-2所示，然后按照要求进行填写。

图4-1　数据库的快捷菜单　　　　图4-2　"新建数据库"对话框

在"新建数据库"对话框中，输入数据库名称 School，其他参数默认。最后单击"确定"按钮，返回"对象资源管理器"窗口，刷新后即可看到新建的数据库 School。

（2）数据库建立的 SQL 语句操作

数据库建立（定义）的 SQL 命令语句的**语法格式**为：

CREATE DATABASE <数据库名> [AUTHORIZATION <用户名>]
　　　　[ON [PRIMARY] (路径/文件大小)]

说明：建立（定义）数据库操作需要考虑如下几个方面。

1）"数据库名"是用户准备建立的数据库文件名。

2）AUTHORIZATION 选项用于设定数据库拥有者（默认登录者），可授权给指定用户。

📖 知识拓展
建立数据库的完整语法格式

3）ON [PRIMARY] (路径/文件大小) 选项主要用于设定新建立数据库存放的位置及文件初始容量。📖

　　　🔈**注意**：新建数据库的拥有者系统默认（首次新建无指定）为登录的注册人，存储路径（位置）默认为当前盘及当前路径。

┌───┐
│　　**【案例 4-3】** 建立一个"图书销售"数据库，主要数据文件为图书销售。数据库拥│
│有者为李杰，存储位置为 F:\数据库\图书销售 .mdf。📖│
││
│　　　　　CREATE DATABASE 图书销售 AUTHORIZATION 李杰　　　┌┄┄┄┄┄┄┄┄┄┄┐│
│　　　　　ON　　　　　　　　　　　　　　　　　　　　　　　　│📖**知识拓展**　│
│　　　　　（NAME = 图书销售，　　　　　　　　　　　　　　　│完整语法格式具体细│
│　　　　　FILENAME = 'F:\数据库\图书销售 .mdf'）；　　　　　│节应用　　　　　│
│　　　　　　　　　　　　　　　　　　　　　　　　　　　　　　└┄┄┄┄┄┄┄┄┄┄┘│
└───┘

4.1.2　数据库的打开、切换和关闭

1. 数据库的打开

在实际应用中，当登录 SQL Server 服务器并连接后，需要先打开数据库，然后才能进行数据库及其中的数据表、数据、视图等操作。打开数据库的语法格式为：

　　　USE <数据库名>

说明：

1）必须打开指定的数据库，才能操作此数据库的对象（数据

┌┄┄┄┄┄┄┄┄┄┄┄┐
│📖**知识拓展**　│
│数据库信息查看方式│
└┄┄┄┄┄┄┄┄┄┄┄┘

表、视图、索引等）及其有关数据等。📖
2）"数据库名"为在指定位置打开的数据库（文件）名。
　　🔈**注意**：在后续案例中，限于篇幅，省略了 USE 语句。

2. 数据库的切换/关闭

数据库切换/关闭的 SQL 语句的语法格式为：

　　　USE［<数据库名>］

说明：

1）"数据库名"为所切换（另打开数据库）或关闭的数据库名。
2）切换是指在已经打开某个数据库的情况下，再打开另一个其他数据库时（当前打开的数据库），同时关闭原数据库的过程。一个工作区只能打开一个数据库。
3）若 USE 后面无"数据库名"选项，则关闭当前数据库。

4.1.3　数据库修改的操作

┌┄┄┄┄┄┄┄┄┄┄┄┐
│📖**知识拓展**　│
│数据库修改的两种│
│方式　　　　　　│
└┄┄┄┄┄┄┄┄┄┄┄┘

数据库修改有两种操作：利用 SSMS 修改、利用 SQL 语句修改。📖

1. 数据库修改的 SSMS 菜单操作

用 SSMS 界面菜单修改数据库的方法：
启动 SSMS，在"对象资源管理器"窗口中展开"数据库"，选择拟修改的数据库，右

击，在弹出的快捷菜单中选择"编写数据库脚本为"，然后点击"ALTER 到（A）"命令，即可进行修改，如图 4-3 所示。

图 4-3　利用 SSMS 修改数据库界面

2. 数据库修改的 SQL 语句方法

通过 SQL 语句修改数据库的**基本语法格式**为：

> ALTER DATABASE <数据库名>
> MODIFY NAME | FILE = <新数据库名/文件名>

⌨ **注意**：数据库修改方法及注意问题。📖

1）修改数据库名称的操作方法。
修改数据库名称的**基本语法格式**为：

> ALTER DATABASE <原数据库名>
> MODIFY NAME = <新数据库名>

📖 **知识拓展**
修改数据库时需要注意的问题

> 【案例 4-4】将数据库"图书销售"的文件名更改为"商品销售"。
>
> > ALTER DATABASE 图书销售　（存储位置略）
> > MODIFY NAME ＝商品销售

2）修改数据库容量的操作方法。实际上是修改数据库中具体
数据文件的大小，常用操作的基本语法格式如下。📖

📖 知识拓展
修改数据库的扩展
用法

```
ALTER DATABASE <数据库名>
MODIFY FILE
(
    name = '逻辑名',
    size = 修改后的大小,
    maxsize = 修改后的最大容量(大小),
    filegrowth =新的增长方式
)
```

🔔 注意：修改数据库容量的操作需要注意以下几点。

1）具有建立数据库的权限者才能执行修改命令。此命令可更改数据库名称、增加或删除数据库中的文件（组），也可修改文件（组）属性。

2）为了防止文件中的信息被损坏，文件容量只能增加。

3）主要用于修改 .mdf、.ndf、.ldf 文件的容量，修改后的容量应当大于初始容量，否则无法保存数据。若超过最大容量，将会更新为修改后的容量。

4.1.4　数据库删除的操作

当指定的数据库及其中的表和数据等废弃时，应进行删除。

数据库删除的方法有两种：利用 SSMS 删除或使用 SQL 语句删除。

1. 数据库删除的 SSMS 菜单操作

利用 SSMS 界面菜单删除数据库的步骤如下。

在"对象资源管理器"窗口中展开"数据库"，选择数据库并右击，在弹出的快捷菜单中选择"删除"命令，打开"删除对象"窗口，如图 4-4 所示。

图 4-4　利用 SSMS 删除数据库的界面

在"删除对象"窗口中确认要删除的数据库，可选择"关闭现有连接"复选框来决定删除备份及关闭已存在的数据库连接。

2. 数据库删除的 SQL 语句方法

利用 SQL 语句删除数据库的基本语法格式为：

DROP DATABASE <数据库名>

说明：

1）使用 DROP 语句删除数据库的前提条件：

数据库只有处于正常关闭情况下，才可使用 DROP 语句进行删除。当数据库处于正在打开、正在运行使用或正在恢复等状态时不可被删除。

2）执行删除数据库的 SQL 命令后，数据库及其数据表、视图等对象将全部被删除。

🔔 **注意**：删除数据库一定要慎重。删除前请做好备份，以免误删除。

【案例 4-5】删除"图书销售"数据库。

DROP DATABASE 图书销售 　（此后存储位置略）

😊 讨论思考：

1）数据库建立和修改的 SQL 命令有哪些？
2）数据库的打开、切换和关闭命令及用法有哪些？
3）数据库删除的命令及方式具体有哪几种？

4.2 常用的数据表操作

在业务数据处理时，常用的数据表（结构）操作主要有三种：建立（定义）数据表、修改数据表和删除数据表。

4.2.1 数据表建立的操作方法

数据库中的数据表主要用于存取数据。通常可以根据需要建立几个相关的数据表（结构），以便于用表输入、存储和处理相关数据。在建立表（结构）前需要先策划（设计）表（结构）的列（属性）及名称、存放数据的类型、宽度、小数位数、主键和外键等。

数据表建立（定义）的操作方法有两种：SSMS 界面菜单方法和 SQL 命令语句方法。

1. 数据表建立的菜单操作方法

下面介绍用 SSMS 界面菜单建立数据表（结构）的方法。这里结合实例说明，主要概述具体的操作方法和步骤。鉴于菜单操作的方法同之前类似，并且将语句操作方式作为重点，后续尽量将"菜单操作方法"的内容略去。

【案例 4-6】 在 School 数据库中建立可以存取学生数据的表（结构）Student。在可视化界面 SSMS 下，右击表，出现快捷菜单，选择"新建表"命令，如图 4-5 所示。

图 4-5　利用 SSMS 建立表的界面

此时出现图 4-6 所示的"设计表结构"界面，可依据实际业务数据需求考虑（设计），输入列名（属性名，即字段名）及拟存放数据的类型、宽度、小数位数等即可完成表（结构）的设计。

在数据表建立后，右击"Id"项，将其设置为主键，用于唯一确定指定记录，并可快速查询，对以后的数据操作很重要。设置主键的界面如图 4-7 所示。

图 4-6　设计表结构的界面　　　　图 4-7　设置主键的界面

🔔注意：设置主键后，Id 前面会出现小钥匙图标。在"标识规范"中，"标识"选择"是"，可以设置主键自增长方法。

2. 数据表建立的命令语句方法

数据表建立（定义）操作主要用于构建数据表的结构（属性列），使用 SQL 语言建立

数据表结构的语句格式为:

```
CREATE TABLE <数据表名>
    (<列名1>  <列数据类型> [列完整性约束],
     <列名2>  <列数据类型> [列完整性约束],
     ……
    [表级完整性约束])
```

说明:

1)"数据表名"是指定新建的数据表名。注意,在同一个数据库中不允许有两个表同名。

2)"列名"是指该列(属性)名称。一个表中不可有两列同名。

3)"列数据类型"指该列将存储数据的类型,如单价为数值型。

4)"列完整性约束"指对数据表的列(属性)设定的约束条件。

常用的列(级)完整性约束条件有以下五种。

① PRIMARY KEY。即主键约束,用于唯一地标识表中的各行,主键约束列值不能为NULL,同时也不能与其他行的列值有重复,以免造成无法唯一地标识行。实际上是非空约束与唯一性约束的合并。

② UNIQUE 约束。设置该列只存放唯一(不重复)的属性值。📖

③ NOT NULL 约束与 NULL 约束。分别确定该列值不为空或为空。

④ DEFAULT 约束。即默认约束,指该列在未定义时的默认取值。

> 📖 **知识拓展**
> 主键约束和唯一一约束的主要区别

⑤ CHECK 约束。即检查约束,可以通过约束条件表达式设置其列值应当满足的具体条件(要求),如只能输入正数等。

5)"表级完整性约束"主要用于规定数据表的主键、外键和用户自定义完整性约束(具体要求及条件)。

【案例4-7】 在"图书销售"数据库中,用SQL语言建立(定义)三个表,三个数据表的关系模式为:

图书(图书编号,图书名,出版社,价格,出版时间);

售书网站(网站编号,名称,所在城市,成立时间);

售书(图书编号,网站编号,数量)。

```
CREATE TABLE 图书
    (图书编号     CHAR(4) NOT NULL UNIQUE,
     图书名       VARCHAR(50) NOT NULL,
     出版社       VARCHAR(50) NULL,
     价格         DECIMAL(6,2)NOT NULL,
     出版时间     VARCHAR(20)NULL,);
CREATE TABLE 售书网站
```

```
        (网站编号 CHAR(6),
         名称       VARCHAR(50) NOT NULL,
         所在城市   CHAR(8) NOT NULL,
         成立时间   DATETIME,
         PRIMARY KEY(网站编号));
      CREATE TABLE 售书
        (图书编号   CHAR(4),
         网站编号   CHAR(6),
         数量 INT,
         PRIMARY KEY(图书编号,网站编号),
         FOREIGN KEY (图书编号) REFERENCES 图书(图书编号),
         FOREIGN KEY (网站编号) REFERENCES 售书网站(网站编号),
        );
```

说明：当数据表建立（定义）完成后，可在"对象资源管理器"窗口的具体数据库中进行查看，或用快捷菜单中的"编辑"命令输入或编辑数据。□

> 📖 **知识拓展**
> 查看表/输入/编辑数据

4.2.2　数据表的修改和删除

1. 数据表修改的操作方法

在数据库建立数据表之后，可能出现业务及数据需要变更的情况，应对数据表（结构）及时修改，操作方法有三种：增加新的列、删除原来某列、修改原来某列的数据类型。修改表结构的**语法格式**为：

```
ALTER TABLE <基本表名>
    [ADD <新列名> <列数据类型> [列完整性约束]]
    [DROP COLUMN <列名>]
    [ALTER COLUMN <列名> <列数据类型>]
```

说明：修改数据表结构（列）的操作应当注意以下几点。

1）ADD 选项可在指定的数据表中增加新的列（属性），要求满足指定的"列数据类型"和"列完整性约束"的具体条件。

2）DROP COLUMN 选项用于删除指定原数据表的列。

3）ALTER 选项用于修改原有列，应满足"列数据类型"等要求。

> 📖 **知识拓展**
> 修改表结构的其他操作方法

在常用操作中，还可以使用修改表结构的其他方法。□

【案例 4-8】 在售书网站的数据表中对图书增加一个评价列。

ALTER TABLE 售书网站 ADD 评价 VARCHAR(50)；

🔔 注意：新增加的列（属性）不可定义为"NOT NULL"。不管原来的数据表中是否已有数据，新增加的列一定为空值（NULL）。

【案例 4-9】在图书数据表中删除出版时间列。

ALTER TABLE 图书 DROP COLUMN 出版时间；

【案例 4-10】 在图书数据表中修改数据表的"出版社地址"列的数据类型为 VAR-CHAR（22）。

ALTER TALBE 图书
ALTER COLUMN 出版社地址 VARCHAR(22)

🔔 注意：一定要慎重修改，修改原有列（含数据类型）之后，可能改变原有约束条件或破坏原有数据类型等。

2. 数据表删除的操作方法

当企事业的业务发生变化或数据表过时，不再需要保留某个数据表时，可以根据实际需要备份后将其删除。

常用的数据表删除的**语法格式**为：

DROP TABLE <数据表名>

说明：删除数据表的操作应慎重，以防误删，最好留有备份。

删除指定数据表的同时，表中的所有数据及建立的索引都将一起被删除，而系统将保留该表上的视图定义，但不可使用。

【案例 4-11】 删除图书数据库中的计算机表，并同时删除相关的视图和索引等相关对象。

DROP TABLE 计算机

说明：上述各种操作都以 SQL 的命令语句方式为重点。采用 SSMS 界面菜单方式打开、修改或删除表的操作与前述基本类似。

☺ 讨论思考：

1）数据表的定义（建立）有哪两种方法？

2）数据表结构修改的四种方法的语句分别是什么？

3）举例说明怎样具体删除一个指定的数据表。

4.3　数据查询常用操作

数据查询是计算机管理数据库的重要应用之一，是数据库应用的核心功能。**数据查询或查询数据是指从指定数据表中通过筛选得到满足条件的数据（记录）的过程**。下面介绍语句查询方法。

下述应用案例中使用的"图书销售"数据库的三个表为：

图书(<u>图书编号</u>,书名,出版社,价格,出版时间)；
售书网站(<u>网站编号</u>,名称,所在城市,成立时间)；
售书(<u>图书编号</u>,<u>网站编号</u>,数量)。

4.3.1　数据查询语句及用法

数据查询常用的 SQL 语句的语法格式为：

SELECT [ALL | DISTINCT] 表的列名或列表达式 [,表的列名或列表达式] …
　　FROM <表名或视图名> [, <表名或视图名>] …
　　[WHERE <条件表达式>]
　　[GROUP BY 列名 [HAVING 组条件表达式]]
　　[ORDER BY 列名 [ASC | DESC] , …]

说明：在数据查询过程中，需要准确运用有关的操作语句。

1）ALL 选项（为默认选项）可以显示满足查询条件的全部记录，DISTINCT 选项使查询的结果只含不同的记录，取消后面其他相同的记录。

2）使用"＊"选项将显示数据表中全部字段满足查询条件的所有查询记录。

3）从 FROM 子句指定的表或视图中筛选出满足"条件表达式"的记录，再依据 SELECT 子句中表的列名或列表达式，选取出记录中的列（属性）值，形成最后的结果。

4）WHERE 子句中用"条件表达式"确定查询的条件，常用的查询条件和谓词如表 4-1 所示。

> 📖**知识拓展**
> 条件查询及组合查询的区别

WHERE 子句中的条件表达式作用于数据表中的记录，不同于 HAVING 子句中的条件表达式。HAVING 子句中的条件表达式作用于分组后的查询结果。

表 4-1　WHERE 子句常用的查询条件及谓词

查询条件	谓　词
比较（比较运算符）	=、>、<、>=、<=、!=、<>、!>、!<，NOT+比较运算符
确定范围	BETWEEN AND、NOT BETWEEN AND
确定集合	IN、NOT IN
字符匹配	LIKE、NOT LIKE
空值	IS NULL、IS NOT NULL
多重条件（逻辑谓词）	AND、OR

5) GROUP BY 子句将查询结果按指定选取列（名）值分组。该属性列值相同的记录为一组，各组产生结果表中的一条记录。

6) HAVING 子句出现在 GROUP BY 子句之后，它的作用是将分组后的查询结果中不满足"组条件表达式"的记录去掉。常在每组中用聚合函数完成计算个数、求和或求平均等统计任务。

7) ORDER BY 子句能使查询结果对指定的列值按升降次序排列，其中，ASC（或默认无选项）选项为升序，DESC 选项为降序。

【案例 4-12】查询出版"数据库原理及应用"图书的出版社。

```
SELECT DISTINCT 出版社
    FROM 图书
    WHERE 书名='数据库原理及应用'
```

数据查询结果等价于关系代数中按照条件选择运算后的投影。

> 📁 **特别理解**
> 查询为筛选后的投影

4.3.2　条件查询和模糊查询

在使用 SELECT 语句进行查询操作时，应注意一些条件限定。

1. 输出查询结果的数据

输出查询（筛选）结果的表结构和数据的方法如下。

1) 在指定表的列名或列表达式前加 DISTINCT 选项时，在输出满足"条件"的查询结果表中只出现重复（相同）记录的首记录。

2) "列表达式"可指定单列求聚合值的表达式，或加减乘除及列名、常数等算术表达式。在 2.5.4 节中介绍过聚合函数，常用的聚合函数如表 4-2 所示，利用 GROUP BY 子句可对查询结果数据分组。

表 4-2　常用的聚合函数

聚合函数	功能说明
COUNT(＊)	计算记录的个数，如人数等
COUNT(列名)	对一列中的值计算个数，如货物件数等
SUM(列名)	求某一列值的总和（此列必须是数值型）
AVG(列名)	求某一列值的平均值（此列必须是数值型）
MAX(列名)	求某一列值的最大值
MIN(列名)	求某一列值的最小值

3) "＊"号用于输出 FROM 子句中表或视图的所有列的查询数据。

4) 当查询结果中输出的列（属性）名同原表或视图的列名不一致时，可用"旧名 AS 新名"的形式更改新列名。使用时，AS 也可省略。

【案例4-13】查询所有售书网站的编号、名称和成立年限。📖

📖 知识拓展
新列（字段）数据获取

```
SELECT 售书网站编号,名称, 2023-成立时间
AS 成立年限
FROM 售书网站
```

🔈 注意：如果在 FROM 子句中多次引用同一个数据表，则可用 AS 增加别名进行区分，具体使用格式为"AS 别名"。

【案例4-14】在图书销售数据库中查询各售书网站销售图书的数量。在查询结果表中，图书数量显示的列名为"数量"。

```
USE 图书销售　（后续案例中此语句省略）
SELECT 售书网站编号,COUNT（＊）AS 数量
FROM 售书
GROUP BY 售书网站编号
```

2. 条件查询方法

条件查询是指在 SELECT 语句中使用 WHERE<条件表达式>子句的查询方式。常见的条件查询方法有比较条件查询、谓词条件查询、统计查询和其他条件查询。

（1）比较条件查询

比较条件查询方法主要在 WHERE<条件表达式>子句的"条件表达式"中使用，比较运算符包括＝、＜、＞、＞＝、＜＝、！＝、＜＞、！＞、！＜等。

例如：WHERE 专业 ＝ '网络工程'；

WHERE 年龄>20 AND 年龄 <=25。

【案例4-15】查询价格小于86元的《数据库原理及应用》图书的基本信息。

```
SELECT ＊
FROM 图书
WHERE 书名='数据库原理及应用'AND 价格< 86；
```

（2）谓词条件查询

通常，谓词条件查询方法主要有以下三种。

1）指定范围查询。"条件表达式"使用谓词 BETWEEN…AND…，在指定范围内筛选出使"表达式值"为真的数据（记录）。

常用语法格式：<表达式> [NOT] BETWEEN A AND B。

其中，A 是范围的下限（即低值），B 是范围的上限（即高值）。

例如：WHERE 年龄 BETWEEN 20 AND 25；

WHERE 任职时间 NOT BETWEEN 10 AND 15；

【案例4-16】查询价格在68~86元之间的《网络安全技术及应用》图书的有关基本信息。

```
SELECT *
FROM 图书
WHERE 价格 BETWEEN 68 AND 86
       AND 书名='网络安全技术及应用'
```

注意：谓词 BETWEEN…AND…常用于数值型数据和日期型数据的范围表示。

2）属于（包含）查询。指"条件表达式"中用特殊运算符 IN 判断属性值是否属于（包含）某个集合（为其中的元素），也可用 NOT IN 判断属性值不属于某个集合（不是其中的元素）。

例如：WHERE 专业 IN ('财务管理','物联网','金融工程')

3）空值数据查询。指定条件为 IS NULL 和 IS NOT NULL 查询。

空值表示没有（暂时没定或没填写）其值，以符号 NULL 表示，既不是零，也不是长度为零的字符串。例如，在图书表中，某些图书的出版社不详，暂时没填写就是空值 NULL。

常用的空值数据查询语句格式：<表达式> IS [NOT] NULL。

【案例4-17】查询售书网站所在地为上海或广东的信息。

```
SELECT *
FROM    售书网站
WHERE   所在城市 IN ('上海','广东')
```

注意：NULL 前面的"IS"不可用等号"="进行代替，如写为"出版社= NULL"，则会出现错误，将无法得到结果。

【案例4-18】对图书数据表查询没有填写作者信息的具体数据（记录）。

```
SELECT *
FROM 图书
WHERE 作者 IS NULL
```

【案例4-19】查询已经填写出版社信息的图书信息。

```
SELECT *
FROM 图书
WHERE 出版社 IS NOT NULL
```

（3）统计查询

在对数据库进行查询时，人们经常会碰到需要对数据表中的数据进行分组统计的任务。解决分组统计问题需要在查询语句中加入 GROUP BY 子句，并辅以聚合函数和 HAVING 子句。

【案例 4-20】 查询售书数据表，统计图书销售总量大于或等于 200 的售书网站编号及其销售图书的总数量。

```
SELECT  售书网站编号,SUM(数量)  AS 销售总量
FROM  售书
GROUP BY  售书网站编号
HAVING SUM(数量)>=200;
```

注意：在带 GROUP BY 子句的 SQL 查询中，SELECT 语句中的目标列表达式必须包含出现在聚合函数以及 GROUP BY 子句中的属性列，即 SELECT 语句中的目标列表达式必须包含分组标签。

3. 模糊查询方法

模糊查询是指对只满足局部条件的查询操作，是一种对匹配部分条件的查询，主要利用字符串匹配比较方式筛选数据结果。

在"条件表达式"中，字符串匹配采用 LIKE 操作符的语法格式为：

<列名> [NOT] LIKE <字符串常数>[ESCAPE <转义字符>]

说明：格式中的<字符串常数>主要使用以下通配符。

1）%（百分号）。用于表示任意长度（含长度为 0）的字符串。例如，a%b 表示以 a 开头且以 b 结尾的任意长度的字符串。如 ab、akb、akdcgb 等，都满足该匹配字符串。

2）_（下画线）。表示任意一个单字符。如 a_b 表示以 a 开头以 b 结尾的长度为 3 的任意字符串。如 acb，afb 等，都满足该匹配字符串。

【案例 4-21】 查询所有销售《大学英语》图书的售书网站编号和图书书名的信息。

```
SELECT 售书网站编号,书名
FROM 售书,图书
WHERE 售书.图书编号=图书.图书编号 AND 图书.书名 LIKE '%大学英语%'
```

注意：ESCAPE'\'短语中的"\"表示换码字符。此时，匹配串中紧跟在"\"后面的字符"_"不再具有通配符的含义，转义为原"_"字符。

4.3.3 排序查询、连接查询和嵌套查询

在具体应用中，灵活运用 SELECT 语句可以进行多种查询操作。下面结合案例说明数据排序查询、连接查询和嵌套查询的方法。

1. 排序查询

排序查询主要是指在查询语句中利用 ORDER BY 排序子句对查询结果的数据（记录）进行排序后输出。

【案例 4-22】 查询销售过图书编号为"T006"的售书网站的编号和销售数量,并按其数量降序排列。

```
SELECT 售书网站编号,数量
FROM 售书
WHERE 图书编号 = 'T006' ORDER BY 数量 DESC
```

2. 连接查询和其他用法

连接查询是指同时涉及两个以上的表的查询。连接查询是数据库高级查询中常见的操作。这类查询有两类:自身连接查询和多表连接查询。自身连接查询是指要通过表中相关联字段之间的联系进行的查询。多表连接查询需要几个表连接后进行数据查询(筛选),适用于数据分散在几个表的情况,其语句格式要求如下。

1) SELECT 子句中应指定各表查询的结果将出现的列名。

2) FROM 子句要指定进行连接的各表名,当有多张表时,表名间用","隔开。

3) WHERE 子句应指定连接的"表名.列名"及连接条件。🗁

连接查询中常用子句的**语法格式**为:

[<表名 1>.]<列名 1> <比较运算符> [<表名 2>.]<列名 2>
[<表名 1>.]<列名 1> BETWEEN [<表名 2>.]<列名 2> AND [<表名 3>.]<列名 3>

说明:使用多表连接列(字段)时需要注意以下几点。

1) 连接字段指连接谓词中的"列名"(即属性名)。

2) 连接条件中只有各连接列(值)的数据类型相同才可连接。

3) "比较运算符"只对相同数据类型的列值比较。

4) 注意 BETWEEN…AND…、AND 运算符及谓词等的用法。

> 🗁 **特别理解**
> 指定数据表的指定列问题

【案例 4-23】 查询上海售书网站卖出图书的数量。

```
SELECT 售书.数量
FROM 售书网站,售书
WHERE 售书网站.售书网站编号=售书.售书网站编号 AND 售书网站.所在城市='上海'
```

【案例 4-24】 在售书网站上,查询中国图书网站所销售过的图书的图书名和数量。

```
SELECT 图书.书名,售书.数量
FROM 图书,售书,售书网站
WHERE 图书.图书编号=售书.图书编号 AND 售书网站.售书网站编号=售书.网站编号 AND 售书网站.名称='中国图书'
```

 注意：在此案例中，由于多表连接中的"图书"和"售书"两个表内均有图书编号属性（列），为了明确表示属性的来源，应在属性前面加上属性所属的基本表名，如图书.图书编号。

进行表的自身连接查询时，需要对 WHERE 子句中的两个表起别名以进行区分。

【案例 4-25】在图书数据表中，查询机械工业出版社出版图书《数据库系统》的作者的其他图书名称和出版社信息。

```
SELECT  TWO.书名,TWO.出版社,ONE.作者
FROM 图书 ONE,图书 TWO
WHERE ONE.作者=TWO.作者 AND ONE.书名='数据库系统'
        AND ONE.出版社='机械工业出版社'
```

【案例 4-26】查询曾经销售过编号为 T001 或 T002 图书的售书网站的编号。

```
SELECT 售书网站编号
FROM 售书
WHERE 图书编号='T001'
UNION
SELECT 售书网站编号
FROM 售书
WHERE 图书编号='T002'
```

 注意：查询结果的结构完全一致时的两个查询，可以进行并（UNION）、交（INTERSECT）、差（EXCPT）操作。实际上，两个查询的 WHERE 子句也可合并为 IN('E001','E002')。

3. 嵌套查询

嵌套查询是指在一个 SELECT 查询语句的 WHERE 条件中，嵌入另一个 SELECT 语句的查询方式。其中的外层查询称为父查询，内层查询称为子查询。运行时从里到外，先运行最里面的子查询。

【案例 4-27】查询销售《网络安全技术及应用》的售书网站的编号和相应的销售数量。

```
SELECT 售书网站编号,数量
FROM 售书
WHERE 图书编号 =(SELETE 图书编号
        FROM 图书
        WHERE 书名='网络安全技术及应用')
```

说明：此应用案例也可用多表连接查询方式。

```
SELECT 售书网站.网站编号,售书.数量
    FROM 图书,售书
```

WHERE 图书.图书编号=售书.图书编号 AND 图书.书名='网络安全技术及应用'

【案例 4-28】查询至少比某一个售书网站销售 G009 图书的销售数量多的售书网站的编号。

SELECT 售书网站编号
FROM 售书
WHERE 数量 > SOME(SELECT 数量
  FROM 售书
  WHERE 图书编号 ='G009')

【案例 4-29】查询销售数量多于所有 G008 图书的售书网站的编号。

SELECT 售书网站编号
FROM 售书
WHERE 数量 > ALL(SELECT 数量
FROM 售书　WHERE 图书编号 ='G008')

说明：在上述两个应用案例中，通常使用 SOME 运算符表示"某一（个）"，使用 ALL 运算符表示"所有"或"每个"。

【案例 4-30】查询销售过图书《航天》的售书网站的编号。

SELECT 售书网站编号
FROM 售书
WHERE EXISTS(SELECT *
      FROM 图书
      WHERE 图书.图书编号=售书.图书编号 AND 书名='航天')

【案例 4-31】查询没有销售图书《航天》的售书网站的编号。

SELECT 售书网站编号
FROM 售书
WHERE NOT EXISTS(SELECT *
  FROM 图书
  WHERE 图书.图书编号=售书.图书编号 AND 书名='航天')

说明：系统运行 EXISTS 谓词作为存在量词的子查询时，只得到"真"或"假"。利用 EXISTS 后，若内层查询结果非空，则外层 WHERE 子句返回真，否则返回假；用存在量词 NOT EXISTS 后，若内层查询结果为空，则外层的 WHERE 子句返回真，否则返回假。

☺ 讨论思考：
1）SELECT 语句的语法格式和方法是什么？
2）SQL 提供了哪些聚合函数？怎样进行应用？
3）举出一个多表查询的具体应用实例。

4.4 数据更新常用方法

数据更新的常用操作主要包括插入数据、修改数据和删除数据。具体有两种操作方式：利用 SSMS 界面菜单、利用 SQL 语句。鉴于教学重点及篇幅，本节主要介绍利用 SQL 语句的操作方法。

4.4.1 数据插入的操作

微课视频
课程视频 4.4

当数据表（结构）建立之后，可以根据实际业务需要向指定的数据表中插入数据。利用 SQL 语句插入数据的操作有两种形式：插入单个数据（记录）和插入成批查询结果。

1. 插入单个数据的操作方法

对指定的数据表插入单个记录操作的语法格式为：

INSERT INTO <数据表名> [(<列名 1>,<列名 2>,…,<列名 n>)]
    VALUES(<列值 1>,<列值 2>,…,<列值 n>)
      [,(<列值 1>,<列值 2>,…,<列值 n>),…];

说明：在指定表中插入单个新记录应注意以下几点。

1) "数据表名"为指定插入的表名。若某些列（属性）在 INTO 子句中没有出现，则新记录在未出现的对应列上取空值。若没有指明（缺省）任何列名，则插入的新记录须在指定表名的对应列上都有值。

2) 当 VALUES 子句的列值为新插入的列值时，要求其前后顺序同原数据表的列名一一对应，否则插入的值不一致（列相同）或无法操作。

3) 列名序列中应包含所有不可取空值的列，以免操作受限。

【案例 4-32】 向图书数据表中插入一个记录（'J006','网络安全','高等教育','2017/05/18'）

    INSERT INTO 图书(图书编号,书名,出版社,出版时间)
      VALUES('J006','网络安全','高等教育',' 2017/05/18');

【案例 4-33】 向售书网站数据表中插入三个记录(' N05','1 号店','上海',' 2008/07/11'),('N06','亚马逊', '西雅图','1995/07/28'),('N07','淘宝','杭州','2003/05/10/')。

    INSERT INTO 售书网站 VALUES ('N05', '1 号店', '上海', '2008/07/11');
    INSERT INTO 售书网站 VALUES('N06', '亚马逊', '西雅图', '1995/07/28');
    INSERT INTO 售书网站 VALUES ('N07','淘宝','杭州','2003/05/10/');

在数据表中插入单个新数据后，可以通过查看当前数据表中新插入的数据（记录）进行检验。📁

🗁 **特别理解**

数据表中插入数据后的查看

2. 插入成批查询结果的方法

利用 SELECT 语句得到的查询结果（筛选数据），可以成批地插入指定表中，常用的操作语法格式为：

> INSERET INTO <表名> [(<列名 1>,<列名 2>,…,<列名 n>)]
>
>   <子查询>;

说明：将查询结果（筛选数据）成批插入表应注意以下几点。

1）格式中的<表名>为当前准备插入的"数据表名"。

2）<列名>为拟插入的数据表的"列名"。若指定"列名"序列，则要求<子查询>的结果与这些列名序列（列名及顺序）一一对应。若省略"列名"序列，则子查询所得到的数据列应同指定数据表的数据列完全对应且一致，以免无法操作（列数不同）或混乱。

3）"子查询"为指定的 SELECT 语句确定的查询（筛选）。

【案例4-34】 若已建立"销售_统计（售书网站编号，销售总量)"的销售统计表，其中的"销售总量"表示每个售书网站销售图书的总数量，向销售_统计表中插入各售书网站的销售总量。

> INSERT INTO 销售_统计(售书网站编号,销售总量)
>   SELECT 售书网站编号,SUM(数量)
>   FROM 售书
>   GROUP BY 售书网站编号

4.4.2 数据修改的方法

当企事业机构的业务数据发生变更时，需要及时对有关数据（记录）进行修改，常用命令语句操作的语法格式为：

> UPDATE <数据表名>
> SET <列名> = <表达式> [,<列名> = <表达式>]…
> [WHERE <条件表达式>]

说明：修改（替换）指定数据应注意以下几点。

1）"数据表名"为拟修改数据（记录）所在的数据表名。

2）SET 子句主要用于指定修改（替换）的结果，即用"表达式"的结果值修改（替换）对应列（指定"列名"）的值。

3）WHERE 语句用于修改指定表中满足条件（"条件表达式"）的记录。如果省略 WHERE 子句，则表示要修改表中的所有记录。

4）常用的修改方法：修改某个或多个（满足条件）记录的值、批量修改带子查询（筛选）的满足条件的记录的值。

【案例 4-35】将图书编号为 T002 的图书价格提高 2%。

```
UPDATE 图书
SET 价格＝价格+价格 * 0.02
WHERE 图书编号='T002';
```

【案例 4-36】将数据表 Student 中学生姓名（SName）为李四的记录的家庭地址 Address 的值改为 BBBBB。

```
UPDATE Student
SET Address = 'BBBBB'
WHERE SName = '李四';
```

🔔 注意：在利用 UPDATE 进行批量更新（替换）时，需要特别注意后面 WHERE 语句（筛选条件）的具体应用。🗁

> 🗁 **特别理解**
> 对数据直接进行编辑修改

4.4.3　数据删除的方法

在业务数据处理中，当数据表中的数据不再需要时，可以从指定的数据表中删除。常用删除数据操作的**语法格式**为：

```
DELETE FROM <数据表名>
    [ WHERE <条件表达式>]
```

说明：删除数据的操作一定要慎重。

1）<数据表名>为拟删除的数据（记录）所在的数据表名。

2）WHERE 子句用于指定删除满足"条件"的数据（记录）。如果省略 WHERE 子句，则删除表中的全部记录（只留表结构）。

3）一次只能对一个表中的数据进行删除，不能一次从多个表中删除记录。若删除多表记录，则需要多次使用 DELETE 语句操作。

【案例 4-37】删除售书网站数据表中，售书网站编号为 G003 的售书记录。

```
DELETE FROM 售书
WHERE 售书网站编号='G003';
```

🔔 注意：在删除数据时，应当注意 WHERE 条件，以免误删。

【案例 4-38】删除数据库原数据表 Student 中的第 5 条记录，即 Id 为 5 的记录，如图 4-8 所示。

```
DELETE FROM Student
WHERE Id = 5
```

	Id	SName	Phone	Address
1	1	张三	123456	ABCDEF
2	2	李四	654321	BBBBB
3	6	马八	88889999	AAAAA

图 4-8　删除数据的界面

☺ 讨论思考：

1）怎样将查询结果插入指定的数据表中？

2）SQL 中的数据修改包括哪些具体操作语句？

3）举例说明用 DELETE 语句删除一条记录。

4.5 实验 4 数据库、表及数据操作

4.5.1 实验目的

1）熟悉常用数据库的建立（定义）、修改和删除操作。

2）熟练掌握数据表的建立（定义）、修改和删除方法。

3）熟悉业务数据查询的各种方法及其实际应用。

4）熟练掌握数据的输入、修改、插入、删除等操作。

🔲 实验视频

实验视频 4 讲解及演示

4.5.2 实验内容

主要实验内容包括：

1）数据库的建立（定义）、修改和删除操作。

2）数据表的建立（定义）、修改和删除操作。

3）输入、编辑、插入和修改数据库记录的操作。

4）数据各种查询的常用具体方法。

4.5.3 实验步骤

1. 建立、修改和删除数据库

1）建立数据库。建立一个"教学"数据库 teachingDB，该数据库的主数据文件逻辑名为 teachingDB，物理文件名为 teachingDB. mdf，初始大小为 10MB，最大容量无限制，增长速度为 10%；数据库的日志文件逻辑名为 teachingDB_log，物理文件名为 teachingDB_log. ldf，初始大小为 1MB，最大容量为 5MB，增长速度为 1MB。

🔈注意：系统默认数据库（首次新建没有具体指定时）的拥有者为登录的注册人，存储路径（位置）为当前盘（公用机房 C 盘有保护）及当前路径。

建立数据库有两种方法：通过 SSMS 界面菜单操作或使用 T-SQL 语句。

下面主要介绍第二种操作方法。单击 SSMS 工具栏中的"新建查询"按钮，打开查询窗口，输入下列 SQL 语句，并在工具栏上单击"执行"按钮，即可建立指定的数据库。

```
CREATE DATABASE teachingDB              --注意建立数据库所在的盘及目录
    ON PRIMARY                          --建立主数据文件
    （ NAME = 'teachingDB',              --逻辑文件名
      FILENAME ='E：\teachingDB. mdf',    --物理文件路径和名字
```

```
        SIZE = 10240KB,                      --初始大小
        MAXSIZE = UNLIMITED,                 --最大尺寸为无限大
        FILEGROWTH = 10%）                   --增长速度
    LOG ON
      （NAME = 'teachingDB_log',             --建立日志文件
        FILENAME = 'E:\teachingDB_log.ldf', --物理文件路径和名字
        SIZE = 1024KB,
        MAXSIZE = 5120KB,
        FILEGROWTH = 1024KB
      ）
```

2）用 SSMS 查看或修改数据库设置。

启动 SSMS，在"对象资源管理器"窗口中选中所要修改的"数据库"后右击，从弹出的快捷菜单中选择"属性"命令，出现"数据库属性设置"对话框。可以看到，修改或查看数据库属性时，其属性对话框中比建立数据库时多了一些选项，如文件、更改数据跟踪、权限等。可以分别在"常规""文件""文件组""选项"和"权限"选项卡里，根据要求查看或修改数据库的相应设置。

3）添加数据库。将两个数据文件添加到 teachingDB 数据库中。

```
    ALTER DATABASE teachingDB    --注意建立数据库所在的盘及目录
    ADD FILE                     --添加两个次要数据文件
    （NAME = teachingDB1,
    FILENAME = 'E:\ teachingDB1.ndf ', SIZE = 5MB,
    MAXSIZE = 100MB,
    FILEGROWTH = 5MB),
    （NAME = teachingDB2,
    FILENAME = 'E:\ teachingDB2.ndf ', SIZE = 3MB,
    MAXSIZE = 10MB,
    FILEGROWTH = 1MB)
    GO
```

4）删除数据库。

● 用 T-SQL 语句删除数据库：DROP DATABASE teachingDB（注意所在的盘及目录）。

● 在"对象资源管理器"窗口中选定"数据库"后右击，弹出快捷菜单，选择"删除"命令。出现"删除对象"窗口，确认是否为目标数据库，并通过选择复选框决定是否要删除备份以及关闭已存在的数据库连接，单击"确定"按钮，完成数据库删除操作。

2. 建立和修改数据表

在"教学"teaching 数据库中建立系部表（department）、课程表（course）、学生表（student）、教师表（teacher）、教师开课表（teacher_c）、学生选课表（student_c）。

教务管理系统的数据表：

● 系部表（系部编号，系部名称，系部领导，系部电话，系部地址）。主键：系部编号。

- 课程表（<u>课程编号</u>，<u>系部编号</u>，课程名称）。主键：课程编号；外键：系部编号。
- 学生表（<u>学生编号</u>，<u>系部编号</u>，名称，性别，出生日期，地址，总分，民族，年级，学院，专业）。主键：学生编号；外键：系部编号。
- 教师表（<u>教师编号</u>，<u>系部编号</u>，教师名称，职称）。主键：教师编号；外键：系部编号。
- 教师开课表（<u>教师编号</u>，<u>课程编号</u>，学期）。主键：教师编号；外键：课程编号。
- 学生选课表（<u>学生编号</u>，<u>课程编号</u>，<u>教师编号</u>，学期，成绩）。主键：学生编号；外键：课程编号和教师编号。

（1）建立数据表操作

1）使用 SSMS 图形界面方法：在"对象资源管理器"窗口中右击指定数据库 teachingDB 的"表"文件夹，从弹出的快捷菜单中选择"新建表"命令，依次输入字段名称和该字段的数据类型，以及允许空或非空的设置，即可建立数据库表。

2）使用命令语句方法：选择 teachingDB 数据库，在"新建查询"窗口中输入下列 SQL 语句（列名即"属性名"，采用英文），每输入一条 SQL 命令，单击一次"执行"按钮即可。

```
CREATE TABLE department (
    dept_id          char(6)          not null,
    dept_name        char(20)         null,
    dept_head        char(6)          null,
    dept_phone       char(12)         null,
    dept_addr        char(40)         null,
    CONSTRAINT PK_DEPARTMENT PRIMARY KEY NONCLUSTERED (dept_id)
    )
GO
CREATE TABLE course (
    course_id        char(6)          not null,
    dept_id          char(6)          not null,
    course_name      char(20)         null,
    CONSTRAINT PK_COURSE PRIMARY KEY NONCLUSTERED (course_id)
    )
GO
CREATE TABLE student (
    stu_id           char(6)          not null,
    dept_id          char(6)          not null,
    name             char(8)          null,
    sex              char(2)          null,
    birthday         datetime         null,
    address          char(40)         null,
    totalscore       int              null,
    nationality      char(8)          null,
    grade            char(2)          null,
```

```
    school          char(20)          null,
    class           char(16)          null,
    major           char(30)          null,
    CONSTRAINT PK_STUDENT PRIMARY KEY NONCLUSTERED (stu_id)
    )
GO
CREATE TABLE teacher (
    teacher_id      char(6)           not null,
    dept_id         char(6)           not null,
    teacher_name    char(8)           null,
    rank            char(6)           null,
    CONSTRAINT PK_TEACHER PRIMARY KEY NONCLUSTERED (teacher_id)
    )
    ...                       --此处省略,同上类似
```

（2）修改表操作

将表 student_c 中的 term 列删除，并将 score 的数据类型改为 float。

实验操作步骤：在"新建查询"窗口中输入下列 SQL 语句。

```
USE teachingDB
GO
ALTER TABLE student_c
    DROP COLUMN term
GO
ALTER TABLE student_c
    ALTER COLUMN score float
GO
    /*修改表结构,添加一个外键*/
ALTER TABLE course
    ADD CONSTRAINT FK_COURSE_DEPARTMENT FOREIGN KEY (dept_id)
        REFERENCES department (dept_id)
GO
ALTER TABLE course
    ADD CONSTRAINT FK_COURSE_DEPARTMEN_DEPARTME FOREIGN KEY (dept_id)
        REFERENCES department (dept_id)
GO
ALTER TABLE student
    ADD CONSTRAINT FK_STUDENT_DEPARTMEN_DEPARTME FOREIGN KEY (dept_id)
        REFERENCES department (dept_id)
GO
ALTER TABLE student_c
    ADD CONSTRAINT FK_STUDENT__STUDENT_T_COURSE FOREIGN KEY (course_id)
        REFERENCES course (course_id)
    ...                       --此处省略,同上类似
```

（3）删除表操作

1）使用 SSMS 删除表。在"对象资源管理器"窗口中展开"数据库"结点，再展开所选择的具体"表"，右键单击要删除的表，选择"删除"命令或按下〈Delete〉键。

2）使用 T-SQL 语句删除表。在数据库 teachingDB 中建立一个表 Test1，然后删除。

```
USE teachingDB
GO
DROP TABLE Test1
```

说明：在删除表时可能会出现"删除对象"窗口，如删除 department 表。这是因为所删除的表中拥有被其他表设置了外键约束的字段，如果删除了该表，则必然会对其他表的外键约束造成影响，数据库系统禁止删除被设置了外键的表。

3. 插入或修改数据库记录

（1）使用 SSMS 和 T-SQL 添加记录

在系部表（department）、课程表（course）、学生表（student）、教师表（teacher）、教师开课表（teacher_c）、学生选课表（student_ c）中添加适当的记录。添加记录时应注意先后次序，先给无外键约束的表添加记录，再给有外键的表添加记录，否则无法添加。

1）使用 SSMS 添加记录。在"对象资源管理器"窗口中展开"数据库"结点，再展开所选择的具体数据库结点，展开"表"结点，右击要插入记录的表，选择"编辑前 200 行"命令，即可输入记录值和修改记录。

2）使用 T-SQL 添加记录。例如，给教务管理系统数据库的表添加指定的记录。

```
USE teachingDB
GO
/*添加课程表记录*/
INSERT course（course_id,dept_id,course_name）VALUES（'100001', '1001 ', '网络安全'）
INSERT course（course_id,dept_id,course_name）VALUES（N'100002', N'1001 ', N'数据结构'）
/*添加系部表记录*/
INSERT department(dept_id, dept_name, dept_head, dept_phone, dept_addr) VALUES（'1001 ', '信息学院', '张老师', '1391001011', '图书馆7楼'）
INSERT department(dept_id, dept_name, dept_head, dept_phone, dept_addr) VALUES（'1002 ', '机械学院', '李老师', '1891020202', '文理楼2楼'）
INSERT department(dept_id, dept_name, dept_head, dept_phone, dept_addr) VALUES（'1003 ', '电气学院', '王老师', '1893774737', '东华路16号'）
/*添加学生表记录*/
INSERT student(stu_id, dept_id, name,sex, birthday, address,totalscore, nationality, grade, school, class, major) VALUES（'1201', N'1001', '周敏', '女', CAST( 0x0000806800000000 AS DateTime）, '上海', NULL, '汉族', '1 ', '信息', '1001', '计算机'）
INSERT student(stu_id, dept_id, name,sex, birthday, address,totalscore, nationality, grade, school, class, major) VALUES（'1202', '1001', '赵凯', '男', CAST( 0x000081F400000000 AS DateTime）, '北京', NULL, '汉族', '1 ', '信息', '1001', '计算机'）
/*添加教师表记录同上,略*/
/*添加教师开课表记录同上,略*/
```

/∗添加学生选课表记录同上,略∗/
GO

说明：INSERT course（course_id,dept_id,course_name）VALUES（N'100002', N'1001 ',
N'数据结构'）中的"N"表示采用 UNICODE 编码方式。若有 N,插入数据库时用 UNICODE
编码格式（无论是汉字，还是字母，统一用两个字节表示）存放数据，这一规则只对字段
类型是 nvarchar/ntext/nchar 的字段有效。若无 N,则按非 UNICODE 编码来存储，即汉字是
双字节存储，字母是单字节存储。N' string' 表示 string 在数据库中以 UNICODE 编码格式
存放。

（2）数据库及表的常用操作

在"新建查询"窗口中输入下列 SQL 语句，并另存为 test. sql 文件，单击"执行"按
钮即自动运行该脚本程序，实现数据库及相关表和记录的建立操作。

```
USE master
GO
IF EXISTS (SELECT ∗ FROM sysdatabases WHERE name='teachingDB')
DROP DATABASE teachingDB
GO
CREATE DATABASE teachingDB                --建立数据库
ON PRIMARY
(
name='teachingDB',                        --主数据文件的逻辑名
fileName='D:\teachingDB. mdf',            --主数据文件的物理名
size=10MB,                                --初始大小
filegrowth=10%                            --增长率
)
LOG ON
(
name= 'teachingDB_log',                   --日志文件的逻辑名
fileName='D:\teachingDB. ldf',            --日志文件的物理名
size=1MB,
maxsize=20MB,                             --最大上限
filegrowth=10%
)
GO
USE teachingDB
GO
IF EXISTS (SELECT ∗ FROM sysobjects WHERE name='department')
DROP TABLE department
GO
CREATE TABLE department
( …                                       --此处省略,同上
)
```

```
GO
IF EXISTS (SELECT * FROM sysobjects WHERE name = 'course')
DROP TABLE course
GO
CREATE TABLE course
( …                                          --此处省略,同上
)
GO
/*注:此处省略另外4个表的建立代码*/
INSERT course (course_id,dept_id,course_name) VALUES ('100001', '1001 ', '网络安全')
…                                          --省略建立其他数据
INSERT department(dept_id, dept_name, dept_head, dept_phone, dept_addr) VALUES ('1001 ', '信
息学院', '王老师', '1391001011', '图书馆 7 楼')
INSERT student(stu_id, dept_id, name,sex, birthday, address,totalscore, nationality, grade, school,
class, major) VALUES ('1201', N'1001', '李丽', '女', CAST(0x0000806800000000 AS DateTime),
'上海', NULL, '汉族', '1 ', '信息', '1001', '计算机')
GO
```

4. 数据查询方法

本实验主要验证怎样从数据库中检索出所需要的数据和实现方法。例如,使用 SQL 的 SELECT 语句的 WHERE 子句进行比较,使用 BETWEEN、LIKE 关键字进行查询,使用 ORDER BY 子句对 SELECT 语句检索出来的数据进行排序,以及使用 GROUP BY、HAVING 子句和聚合函数进行分组汇总。

首先启动 SSMS,并在"树"窗格中展开"表"结点,数据库中的所有表对象将显示在内容窗格中。右击"对象资源管理器"窗口的"数据库"中的某一表,在快捷菜单中选择"打开表"命令。

1) 投影(显示)部分列数据。从教务(最好选用专业相关的业务数据)管理数据库 teachingDB 的学生表 student 中,查询出学生的编号、名称和地址是"上海"的前三列记录。

具体实验操作步骤:在 SSMS 中执行 SELECT 查询语句。

```
USE teachingDB
GO
SELECT stu_id, name,address FROM student
WHERE address ='上海'
```

从教务管理数据库 teachingDB 的学生表 student 中查询出前五条记录。

```
USE teachingDB
GO
SELECT TOP 5 *
FROM student
GO
```

从教务管理数据库 teachingDB 的学生表 student 中查询出班级的名称。

```
USE teachingDB
GO
SELECT DISTINCT Class
FROM student
GO
```

2）投影（显示）所有列的数据。从教务管理数据库 teachingDB 的学生表 student 中查询所有数据情况。

```
USE teachingDB
SELECT * FROM student
```

3）字段函数（列函数）运用：从教务管理数据库 teachingDB 的学生选课表 student_c 中查询出成绩的最高分、最低分、平均分和总分。

```
USE teachingDB
GO
SELECT MAX(score) AS 最高分,MIN(score) AS 最低分,AVG(score) AS 平均分,SUM(score) AS 总分
FROM student_c
GO
```

查询学生选课表中最低分的学生编号和课程编号（提示：用子查询结构）。

```
USE teachingDB
GO
SELECT stu_id AS 学生编号,course_id AS 课程编号
FROM student_c
WHERE score=(SELECT MIN(score) FROM student_c)
GO
```

4）FROM 子句连接查询。从教务管理数据库 teachingDB 的教师表 teacher 中，可以查询出教师的编号、名称和系部名称信息。

```
USE teachingDB
GO
SELECT teacher_id,teacher_name,dept_name
FROM   teacher,department
WHERE teacher.dept_id=department.dept_id
```

另外，也可以采用表的别名：

```
USE teachingDB
GO
SELECT teacher_id,teacher_name,dept_name
FROM teacher X ,department Y
WHERE Y.dept_id==Y.dept_id
```

5）比较及模糊查询。查找学生表中不满 25 岁且专业名称带有"计算机"字样（如计

算机科学与技术专业等）的学生信息。

```
USE teachingDB
GO
SELECT * FROM student
WHERE not(year(getdate())-year(birthday)+1>25) and major LIKE '%计算机%'
GO
```

6）分组查询学生表中每个系部的平均总分大于 550 的系部编号、平均总分。

```
USE teachingDB
GO
SELECT dept_id, AVG(totalscore) as '平均总分'
FROM student
GROUP BY dept_id
HAVING AVG(totalscore)>550
GO
```

4.6　本章小结

　　本章介绍的数据库、数据表、数据查询与更新等的实际操作及应用极为常用且非常重要，读者应当将学到的知识和技术应用方法与具体实验操作过程结合并融会贯通。本章主要通过实际的大量典型案例介绍了数据库及表的建立、修改、删除和数据库的使用等实际操作，同时介绍了各种常用的数据查询的方法。

　　应达到本章教学目标的实际要求。
- 熟悉常用数据库的建立（定义）、修改和删除操作。
- 熟练掌握数据表的建立（定义）、修改和删除方法。
- 熟悉业务数据查询的各种方法及实际应用。
- 熟练掌握数据的输入、修改、插入、删除等操作。
- 熟悉数据库、表及数据常用操作实验和应用。

4.7　练习与实践 4

1. 选择题

（1）删除数据库的操作命令语句是（　　　）。
　　A. DELETE　　　　　　　　　B. INSERT
　　C. UPDATE　　　　　　　　　D. DROP

（2）修改数据表的操作命令语句是（　　　）。
　　A. UPDATE　　　　　　　　　B. INSERT
　　C. ALTER　　　　　　　　　　D. DELETE

（3）SQL 语言中，实现数据查询的语句是（　　　）。

  A．SELECT   B．INSERT

  C．UPDATE   D．DELETE

（4）数据库创建完毕后，在此数据库中可以存放（　　　）业务相近的数据表。

  A．0 个   B．仅一个

  C．任意多个   D．多个

（5）SQL 语言中，实现数据删除的语句是（　　　）。

  A．SELECT   B．INSERT

  C．UPDATE   D．DELETE

（6）SQL 语言具有两种使用方式，分别是交互式 SQL 和（　　　）。

  A．编译式 SQL   B．分离式 SQL

  C．嵌入式 SQL   D．解释式 SQL

（7）SELECT 语句执行的结果是（　　　）。

  A．数据项   B．元组

  C．表   D．视图

2．填空题

（1）SQL 的中文全称是 _____。

（2）在 SQL 语句中，定义数据库的语句是 _____。

（3）在 SQL 语句中，建立表结构的语句是 _____。

（4）在 SQL 语句中，修改表结构的语句是 _____。

（5）在 SELECT 语句中，表示条件表达式用_____ 子句，分组用_____ 子句，排序用_____ 子句。

（6）删除数据库操作的命令语句是_____ ，删除数据表中数据操作的命令语句是 _____ 。

（7）SQL 用 INSERT 语句来插入数据。INSERT 语句有两种形式：_____ 和 _____。

3．简答题

（1）数据库在什么情况下不允许进行删除操作？

（2）数据表在什么情况下不允许进行更新操作？

（3）安装 SQL Server 2022 的主要步骤有哪些？

（4）怎样配置和登录 SQL Server 2022？

（5）SSMS 主界面主要包括哪几个操作区域？

（6）写出数据库的定义、打开和删除操作的 SQL 语句。

（7）用 SQL 语句怎样进行数据表的定义？

（8）举例说明如何修改、删除一个基本表。

（9）SELECT 语句的语法格式和含义是什么？

（10）SQL 提供了哪些聚合函数？怎样进行应用？

（11）举出一个多表查询的实例。

（12）如何将查询结果插入基本表中？

（13）SQL 中的数据修改包括哪些操作语句？

（14）举例说明如何使用 DELETE 语句删除一个记录。

4. 实践题

设职工-工会数据库具有三个基本表：

职工(职工号,名称,入会时间,性别)；

工会(编号,名称,负责人职工号,活动地点)；

参加(职工号,编号,参加日期)。

其中，职工表的主键是职工号，工会表的主键是编号，参加表的主键是职工号和编号。
试用 SQL 语句完成下列操作：

（1）定义职工表，其中职工号、名称、性别为字符型，入会时间为整型，职工号为
主键；

（2）查询负责人职工号是"001"的会员的编号和名称；

（3）查询姓张的女职工的信息；

（4）将职工表中李四的入会时间增加 1。

（5）查询入会时间在 20~30 岁之间的职工的职工号、名称和入会时间，并将入会时间
加上 1 后输出；

（6）查询参加工会编号为"T1"的职工号。

第5章 索引及视图应用

数据查询是用户最常用的操作，在大量繁杂数据中快速找到满足条件的数据极为重要，对数据表建立索引就是为了加快数据查询。索引的实现技术是 DBMS 实现中的一个核心问题。视图可以通过一定的界面格式导出数据，便于简化用户对数据的理解和操作。限制查询或修改视图，有利于数据安全。📖

📁 教学目标
- 理解索引的相关概念、作用和应用
- 了解索引的基本结构以及主要原理
- 理解视图的相关概念和重要的作用
- 掌握视图的定义、查询和更新等操作

📖 知识拓展
索引和视图的重要作用

5.1 索引基本概述🎞

【**案例 5-1**】 在学生表中查询学号为 "BX22736" 的学生，查询语句为：

    SELECT * FROM 学生 WHERE 学号='BX22736'

查询的最基本方式是逐一顺序比较表中的全部记录，筛选 WHERE 子句中满足指定 "学号" 的记录。这种查询方式非常耗时、占用存储空间。如果在学生表的 "学号" 属性列上建立索引，则无须对整个表逐一比较，可直接定位到查询记录，快速检索出需要的信息。

5.1.1 索引的相关概念和特点

1. 索引的相关概念

索引（Index）是数据表中数据（记录）序号的逻辑指针清单。在数据库中，索引是表中数据和相应存储位置的列表，是加快检索表中指定数据的方法，主要用于数据的快速查询。在 SQL Server 数据库中，在数据表上建立索引，提供多种存取路径，快速定位数据的存储位置。

🎬 微课视频
课程视频 5.1

索引是表中记录的顺序与实际存储位置的对应链接清单。索引对表中的记录建立逻辑顺序。查询数据时先查询索引，直接定位到表对应的记录，从而提高查询指定数据的速度。

索引的建立依赖于数据表，每个表的存储都由数据页面和索引页面两部分组成。通常，数据检索时，系统先搜索索引页面，从中找到数据的指针，再直接通过指针从数据页面中

读取数据。📖

2. 索引的主要特点

使用索引可以提高系统性能，主要特点包括五个方面。

📖 知识拓展
索引的内涵及主要用途

1）加快数据检索的速度。创建索引后，可直接按照索引中的位置确定表中记录，这是最主要的优点。

2）保证数据记录的唯一性。唯一性索引可以保证表中的数据记录不重复。

3）加快表与表之间的连接速度，有助于更好地实现数据的参照完整性。

4）在使用分组和排序子句检索数据时，可以显著减少分组和排序时间。

5）通过索引能够在查询过程中使用优化隐藏器，提高系统的性能。

📖 知识拓展
索引的缺点和主要问题

使用索引可以提高检索效率，同时会出现以下相关问题。📖

1）物理存储空间中除了存放数据表之外，还需要一定的额外空间存放索引。如果要建立聚集索引，则需要的空间将会增大。

2）索引和维护索引需要耗费时间，并且时间会随着数据量的增加而增加。

3）对数据表进行插入、修改和删除操作时，相应的索引也需要动态维护更新，消耗系统资源。

5.1.2 索引的常用种类

在数据库中，按照索引记录的结构和存放位置，索引有三种：聚集索引、非聚集索引和其他类型索引。前两类索引是数据库引擎中索引的基本类型，是理解其他类型索引的基础。

1. 聚集索引

聚集索引（Clustered Index）也称为聚类索引、簇集索引或物理索引等，可将数据行的键值在表内排序并存储对应的记录，使数据表的物理顺序（存储顺序）与索引顺序一致。当以某列（字段）为关键字建立聚集索引时，表中数据以该列作为排序依据。一个表只能建立一个聚集索引，该索引可以包含多个列（组合索引）。例如，英汉词典目录就是一个建立在英文字母顺序基础上的聚集索引。主键约束默认自动创建，创建在表中常被搜索到的列或按顺序访问的列上。

2. 非聚集索引

非聚集索引（Nonclustered Index）也称非聚类索引、非簇集索引，是数据行不按其主键的顺序排序和存储的索引。数据与索引分开存储，索引的逻辑顺序与磁盘上行的物理存储顺序不同。默认情况下建立的索引是非聚集索引。一个表可创建多个非聚集索引，最好在唯一值较多的列上创建。每个非聚集索引都提供访问数据的不同排序顺序。索引具有指针，可指向数据的存储位置。例如，字典的"偏旁部首"对应的为非聚集索引。

对经常需要联接和分组的查询，应在联接和分组操作中使用的列上创建多个非聚集索引，在外键列上创建一个聚集索引。

📖 知识拓展
聚集索引与非聚集索引区别

聚集索引和非聚集索引的主要区别如表 5-1 所示。📖

表 5-1 聚集索引和非聚集索引的主要区别

聚 集 索 引	非聚集索引
每个表只允许创建一个聚集索引	最多可以有 249 个非聚集索引
物理地重排表中的数据以符合索引约束	创建一个键值列表，键值指向数据在数据页中的位置
用于经常查找数据的列，如地址	用于从表中查找单个值的列

3. 其他类型索引

除了上述两类索引之外，还有以下其他索引。

1）唯一索引。创建唯一索引可以获取不同的索引键（值）。聚集索引和非聚集索引均可用于确保表内的唯一性，在现有表上创建索引时指定 UNIQUE 关键字，或用 UNIQUE 约束确保表内唯一性。

2）视图索引。提高视图查询效率，对可以视图的索引物理化，即将结果集永久存储在索引中，并可创建视图索引。

3）包含列索引。最大索引列的数量为 16，索引列的字节总数的最高值为 900。若多个列的字节总数超过 900 字节，则可用包含列索引。

4）全文索引。可以对存储在数据库中的文本数据快速检索，是一种特殊类型的基于标记的功能性索引，每个表只允许有一个，用于帮助在字符串中搜索赋值的词，由 SQL Server 全文引擎服务创建和维护。

5）XML 索引。XML（eXtensible Markup Language，可扩展标记语言）是相对非结构化的数据，利用标记标识数据，并可与模式关联，给基于 XML 的数据提供类型或验证信息，是与 XML 数据关联的索引形式。

SQL Server 2022 的索引类型如表 5-2 所示，并提供相关说明。如果表具有聚集索引，则该表称为聚集表。如果表没有聚集索引，则数据行存储在一个称为堆的无序结构中。从非聚集索引中的索引行指向数据行的指针称为行定位器，其结构取决于数据页存储在堆中还是聚集表中。

SQL Server 还提供了其他索引，其相关说明如表 5-2 所示。

表 5-2 SQL Server 索引类型及其简单说明

索 引 类 型	简 单 说 明
聚集索引	创建索引时，索引键值的逻辑顺序决定表中对应行的物理顺序。聚集索引的底层（或称为叶子）包含该表的实际数据行，因此要求数据库具有额外的可用工作空间来容纳数据的排序结果和原始表或现有聚集索引数据的临时副本。一个表或者视图只允许同时有一个聚集索引
非聚集索引	创建一个指定表的逻辑排序的索引。对于非聚集索引，数据行的物理排序独立于索引排序。一般来说，先创建聚集索引，后创建非聚集索引
唯一索引	唯一索引保证索引列中的全部数据是唯一的，不能包含重复数据。如果存在唯一索引，那么数据库引擎会在每次通过插入操作添加数据时检查重复值。可生成重复键值的插入操作将被回滚，同时数据库引擎显示错误消息

（续）

索引类型	简单说明
分区索引	为了改善大型表的可管理性和性能，常会对其进行分区。分区表在逻辑上是一个表，而物理上是多个表。对应地，可以为已分区表建立分区索引。但是有时亦可以在未分区的表中使用分区索引，为表创建一个使用分区方案的聚集索引后，一个普通表就变成了分区表
筛选索引	筛选索引是一种经过优化的非聚集索引，适用于从表中选择少数行的查询。筛选索引使用筛选谓词对表中的部分数据进行索引。与全表索引相比，设计良好的筛选索引可以提高查询性能、减少索引维护开销、降低索引存储开销
全文索引	此索引主要包含三种分析器：分词器、词干分析器和同义词分析器。生成全文索引指将表中的文本数据进行分词和提取词干，并转换同义词，过滤掉分词中的停用词，最后把处理之后的数据存储到全文索引中。全文索引中的存储分词及其位置等信息，由 SQL Server 全文引擎生成和维护。使用全文索引可以大大提高从长字符串数据中搜索复杂的词的性能
空间索引	这是一种扩展索引，允许对数据库中的空间数据类型（如 geometry 或 geography）列编制索引
XML 索引	可以对 XML 数据类型列创建 XML 索引。该索引可对列中 XML 实例的所有标记、值和路径进行索引，从而提高查询性能
计算列上的索引	从一个或多个其他列的值或某些确定的输入值派生的列上建立的索引
带有包含列的索引	可以将非键列（包含列）添加到非聚集索引的叶级别，从而通过涵盖查询来提高查询性能。也就是说，查询中引用的所有列都作为键列或非键列包含在索引中。这样，查询优化器可以通过索引扫描找到所需的全部信息，而无须访问表或聚集索引数据
列存储索引	在常规索引中，表中每一行的数据都会存储在一起，每列的数据在一个索引中是跨所有页保留的。而在列存储索引中，将数据按列来存储并压缩，每一列的数据存放在一起。这种将数据按列压缩存储的方式减少了查询磁盘 I/O 开销和 CPU 开销，最终达到提高查询效率、降低响应时间的目的

*5.1.3 索引的结构及原理

1. 索引的层次结构

实际上，索引的层次结构通常是一个单独的、物理的数据库结构。通过对索引结构及原理的学习，读者可以更好地理解索引的基本概念、相关知识和实际应用。

（1）B-树及索引结点

B-树也称为平衡树，是一种多路径搜索树。索引按照 B-树结构组织数据，B-树中的每页称为一个索引结点，顶端结点称为根结点，底层结点称为叶结点。根结点与叶结点之间的其他索引级别称为中间级。B-树在查找特定数据时，可提供一致性并节省查找时间。先从根结点开始，每次索引都按照一半或一少半的树枝进行。只有少量数据时，根结点可直指数据的实际位置。

知识拓展
聚集索引 B-树基本建立过程

（2）叶层结点及页拆分

叶层结点位于 B-树的最底层，是含有实际物理数据的参考点，如图 5-1 所示。在叶层得到数据的最终结果。根结点常指向很多数据，可指向中间结点（非-叶层结点，是根结点与数据物理存储的结点之间的交汇结点），可指向其他的非-叶层结点，或指向叶层结点。

对数据索引时，由根结点开始，移到等于或小于所查找的最高值的结点，并查找下一层，然后重复该处理过程，沿着树结构逐层向下查找，直到叶层。

当数据被添加到数据表中的树结构时，结点需要拆分。在 SQL 中，结点等同于页——称为页拆分，如图 5-2 所示。页拆分时，数据自动来回移动以保证树平衡。第一部分数据保留在旧页上，而其余数据则被移到新页中，且可以保持树平衡。

图 5-1　B-树的叶层结点　　　　　　　　图 5-2　页拆分保持树平衡

2. 索引的基本原理

SQL 检索有两种方法：对表逐行查询和索引。SQL 执行特定检索的方法取决于可用的索引、所需列、使用的连接和表的大小等。📖

> 📖 知识拓展
> 索引是随机检索的常用手段

表的存储由两部分组成：一是用于存放表的数据页面，二是存放索引的页面。索引比数据页面小很多，存放在索引页面。当数据检索时，系统先搜索索引页面，找到所需数据的指针，再直接通过指针从数据页面中读取对应的数据。📖

> 📖 知识拓展
> 查询优化问题及其索引应用

图 5-3 所示为数据表在列上的索引，employee 表的第一列有索引。显示索引存储每个 emp_id 值并指向表中含有各值的数据行。

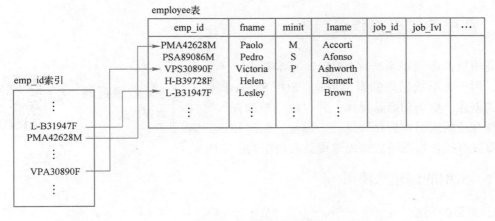

图 5-3　数据表在列上的索引

在表中执行索引，由指定的 emp_id 值查找数据时，可识别 emp_id 列的索引，并由此索引查找所需数据位置。若无此索引，那么将从表的第一行逐行搜索指定的 emp_id 值。📖

> 📖 **知识拓展**
> 基于索引的数据查找过程

5.1.4 创建索引的常用策略

索引可以提高数据的查询速度，而其时间效率的提高要付出代价。存放索引需要占用一定的数据库存储空间。而且，当对数据表进行插入、修改、删除操作时，需要维护索引，使其与新的数据保持一致，这在一定程度上增加了数据库的负担。所以应根据实际应用需要，有选择地建立索引，原则就是使得建立索引带来的性能提高大于系统在存储空间和处理时间方面所付出的代价。

通常，可以考虑在以下属性列上建立索引。

1）在查询条件中常用的列上建立索引，如商品名称列，可以加快查询速度。

2）在连接条件中常出现的列上（常为外键）建立索引，可以加快连接速度。

3）在经常使用排序的列上建立索引，利用索引的排序，可加快检索的速度。

4）在经常需要搜索连续范围值的列上建立聚集索引，找到第一个匹配行后，满足要求的后续行在物理上是连续且有序的，因此只要将数据值直接与查找的终止值进行比较即可连续提取后续行。

如果建立索引并没明显提高查询速度，却增加了系统负载的列，则不适合建立索引。

1）在查询中很少用到的列上不应该建立索引。

2）在只有很少数据值的列上不应建立索引。例如，在学生表中查询所有男生信息，结果集中的行占了所有行的很大比例，则在性别列上建立索引并不能明显提高查询速度。

3）在修改性能远远大于检索性能的列上不宜建立索引，由于增加索引将降低增加、删除和更新行的速度，即降低修改性能。

☺ 讨论思考：

1）【案例 5-1】中，在学号列上建立索引后如何提高查询效率？

2）在外键上建立索引后，怎样加快学生表和选课表的连接速度？

5.2 常用的索引操作🖱

商用数据库管理系统（DBMS）基本都提供了索引机制，用于关系数据库的索引创建。SQL Server 提供了索引的创建、更新和删除操作，并在执行查询操作时自动选择合适的索引作为存取路径。通常，创建和删除索引需要具有操作权限的数据库管理员或指定人员完成。

 微课视频
课程视频 5.2

5.2.1 索引的创建及使用

1. 索引的创建

在 T-SQL 语言中，使用 CREATE INDEX 语句创建索引，语法格式为：

CREATE［UNIQUE］［CLUSTERED｜NONCLUSTERED］INDEX <索引名> ON <表名>（<列名>［<次序>］［，<列名>［<次序>］］…）

主要参数说明如下。

1）UNIQUE 表明要为数据表或视图创建（定义）唯一索引。

💬注意：只有当数据本身具有唯一特征，建立唯一索引才有意义。如果必须要实施唯一性来确保数据的完整性，则应在列上建立唯一约束，而不要创建唯一索引。当在表上创建唯一约束时，系统将自动在该列建立唯一索引。

2）CLUSTERED 表示要创建聚集索引，若无显式声明，则默认创建的是非聚集索引。

3）<表名>表示正在准备创建索引（文件）使用的基本表的名称。

4）索引可以建立在一个/多个列上，各<列名>之间用逗号分隔开。建立在多个列上的索引称为复合索引。

5）<次序>指定索引值的排序方式，包括 ASC（升序）和 DESC（降序），默认为 ASC。下面通过几个案例介绍创建索引的具体操作和应用。

【案例 5-2】在选课表中按课程代码升序和按学号升序建立唯一索引。

CREATE UNIQUE INDEX SC_Index ON 选课(课程代码, 学号)

💬注意：复合索引中，系统按照索引列出现的先后顺序对索引项排序。例如【案例 5-2】中，先按照课程代码的值升序排列，课程代码相同时则按照学号升序排列。📖

📖知识拓展
建立在组合列上的唯一索引限制

2. 索引的查看及使用

（1）索引的查看

1）查看指定表的索引信息，可用下述语句执行存储过程操作：

EXEC SP_HELPINDEX <表名>

该语句的执行结果可返回指定表上所有索引的名称、类型和建立索引的列。

2）查看某个索引的具体统计信息，包括索引名称、统计密度和统计直方图信息等，可通过 SSMS（SQL Server Management Studio）在"对象资源管理器"窗口中展开指定表中的统计信息结点，右键单击指定索引，从弹出的快捷菜单中选择"属性"命令，从弹出的"统计信息属性"窗口中可查看该索引的统计信息，如图 5-4 所示。

3）查看指定表中某个索引的统计信息，可以执行下述语句：

DBCC SHOW_STATISTICS(表名, 索引名)

此命令也可以用于查看指定表中某个索引的统计信息。

【案例 5-3】在学生表的学号属性上建立非聚集索引和聚集索引后，分别插入新的记录（BX22236，测试，男，软件工程，null，null），对比学生表中新记录所在的位置，可更好地理解聚集索引。

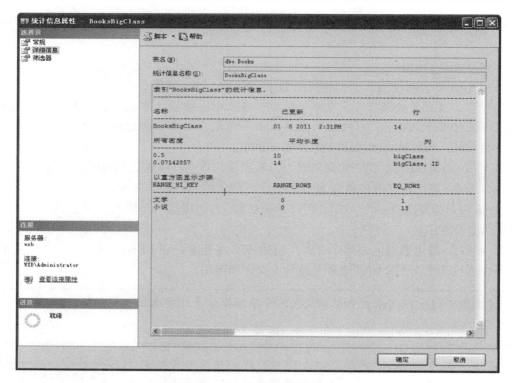

图5-4　"统计信息属性"窗口

（2）聚集索引与非聚集索引的比较

聚集索引可以决定数据的物理存储顺序，而非聚集索引则和数据的物理顺序无关。

【案例5-4】在教师表中按照姓名建立非聚集索引，按照姓名降序排列。

CREATE INDEX Tname_Index ON 教师（姓名 DESC）

如图5-5所示，学生表中原有三条记录，在学生表的学号属性上建立非聚集索引后，插入新记录（BX22236，测试，男，软件工程，null，null），新记录在学生表中最后一行。

图5-5　在非聚集索引的表中插入数据

　　当在学生表的学号属性上建立的是聚集索引时，表中原有记录以及插入的新记录都自动按照学号的大小顺序重新排序，其结果如图 5-6 所示。

图 5-6　在聚集索引的表中插入数据

　　△注意：为了避免导致数据重新排序和移动，在频繁更新的列上不适合于创建聚集索引。

5.2.2　索引的更新与删除

1. 索引的更新

由于数据库中各种数据的不断插入、修改、删除，以及数据表

> 📖知识拓展
> 对索引的表操作将影响操作性能

的变化，数据库系统运行一段时间后，索引对系统的优化性能将会降低，需要对索引进行分析和更新（重建）。📖

　　用命令语句确定更新索引，语句格式为：

```
USE <数据库名>
DECLARE @table_id int          --定义局部变量 table_id
SET @table_id=object_id ('Employee')
DBCC SHOWCONTIG (@table_id)
```

　　在命令返回的参数中，Scan Density 是索引性能的关键指示器，其值越接近 100% 越好，当低于 90% 时，就应更新（重建）索引。可用命令语句为：

```
DBCC DBREINDEX ('表名', 索引名, 填充因子)
```

其中，第一个参数通常是表名，也可以是表 ID。第二个参数可通过索引名指定某个索引，也可省去索引名，用 "代替，表示重建所有索引。填充因子是指索引页的数据填充程度，通常为 90%。如果填充因子为 100%，则表示每个索引页全部填满，此时查询效率最高，当插入新索引值时，就要移动后面的所有页且效率很低。

　　若更新（重建）后 Scan Density 还没有达到 100%，则可更新该表的所有索引：

```
DBCC DBREINDEX ('表名', '  ', 填充因子)
```

　　在高质量的数据库系统设计基础上，有效地使用索引是数据库应用系统取得高性能的

基础。需要注意，不适当的索引也有不利的影响。

2. 索引的删除

在索引建立后，将由系统操作并维护。建立索引是为了快速查询，但如果数据增删改频繁，系统将花费很多时间维护索引，从而会降低查询效率。为此，可以删除一些不必要的索引。SQL Server 提供了索引的删除功能。删除索引的命令语法格式为：

DROP INDEX <索引名> ON <表名或视图名>

或者

DROP INDEX <表名或视图名>.<索引名>

⚠ 注意：DROP INDEX 语句不能删除通过 PRINARY KEY 约束和 UNIQUE KEY 约束创建的索引。

【案例 5-5】 删除教师表中教师姓名列上的 Tname_Index 索引。

DROP INDEX Tname_Index ON 教师

删除索引时，系统会同时从数据字典中删除该索引的相关描述。

☺ 讨论思考：
1）在数据表的唯一索引列上能插入空值吗？
2）说明聚集索引与非聚集索引有哪些区别？

5.3 视图基本概述

视图是系统提供给用户查看数据的重要机制和形式，可以看成网页窗口。构建视图的数据表称为该视图的基表。在关系数据库的三级模式结构中，模式对应数据库中的基表，外模式对应视图。模式是数据库中全体数据逻辑结构和特征的描述。不同的用户或应用调用基表中的不同数据或经过计算的值时，可以为其建立外模式。外模式中的数据来自模式中部分数据或重构的数据。

微课视频
课程视频 5.3

5.3.1 视图的相关概念及作用

1. 视图的相关概念

视图（View）是一个由表或其他视图导出的虚拟表，是通过查询（筛选）指定格式和数据的一种特殊表，如购物网页中某个商品的展示图或界面。视图只存放其定义及其关联的基表信息，而不存放具体数据。图 5-7 所示为视图和基本表的对应关系。视图是数据库基本表中的部分行和部分列数据的组合。

在视图中，被查询的表称为基表。建立（定义）视图的筛选可以来自当前或其他数据库的一个或多个表或其他视图。视图与基本表的区别为：表中的数据是物理存储的，数据库中并不存储视图所包含的数据，这些数据仍然存在于原来的基本表中。因此，视图就像一个窗口，为用户提供以多角度观察数据库中数据的一种机制（形式）。

图 5-7　视图与基本表的对应关系

可以通过以下几个方面理解视图的概念。

1）视图是查看数据库中数据的一种机制，如包含某个研究生导师信息的界面。

2）数据库中只存放视图定义，不存放视图包含的数据，视图不占用物理空间。

3）视图中引用的表（可能多个）称为视图的基表，是筛选部分数据的来源。

4）对视图的操作转换为对其基表的操作。操作的是视图（格式）对应基表的数据。

5）基于视图仍然可以创建视图。实际是调用（借用）视图基表数据。

2. 视图的作用

实际应用中，合理地使用视图机制具有很多优点。

1）方便用户使用数据。视图注重对用户感兴趣的某些指定数据及特定任务，可以省略无用或敏感数据，便于提高数据的操作效率。相关数据来自于多个表或视图，当查询条件比较复杂时，可以通过建立视图将表与表之间复杂的连接操作和搜索条件对用户隐藏，只简单查询视图便可获取所需数据。

2）提供数据安全保护机制。通过视图可以限定用户的查询权限，使部分用户只能查看或修改特定的数据。在设计数据库应用系统时，可为不同的用户定制不同的视图，使机密数据只出现在指定的用户视图中，而不出现在权限受限的用户视图中，便于保护数据安全。📖

📖 **知识拓展**
视图机制实现数据安全保护

3）多用户多角度共享数据。当多位不同种类的异地用户通过网络等方式共享数据时，非常需要共享的灵活性，如网银或网购。

4）简化数据操作。在对数据库操作时，可以将经常使用的连接、投影、联合查询等定义为视图。在每次执行相同查询时，直接在视图中查询，极大地简化了对数据的操作。

5) 数据具有逻辑独立性。用户利用应用系统的视图（外模式）操作数据库。当数据库逻辑结构更新时，只需要修改视图定义，便可保证用户外模式不变，对应的应用程序也无须修改。

5.3.2　视图的常用种类

SQL Server 提供了以下四种常用类型的视图。

1. 标准视图

标准视图通过指定格式组合一个或多个基表中的数据，用户可以获得使用视图的便利，充分体现了视图机制的优点。例如，简化数据查询语句，方便使用感兴趣数据等。

2. 索引视图

索引视图是指常用的从数据库中定期进行构建并存储的视图。索引视图在创建唯一的聚集索引之后，视图就固化了原始表的结果集。同普通视图的最大区别是：索引视图中直接存储数据本身，并非查询，可以显著提高某些类型查询的性能，特别适合于聚合多行的查询。

3. 分区视图

分区视图在一台或多台服务器之间水平连接一组成员表中的分区数据。分区视图允许将大型表中的数据拆分成较小的成员表。根据其中一列的数据值范围，在各个成员表之间对数据进行分区。每个成员表的数据范围都在为分区依据列指定的 CHECK 约束中定义。然后定义一个分区视图，使用 UNION ALL 将选定的所有成员表组合成单个结果集，从而在逻辑上统一使用某个视图对表进行查询管理。

4. 系统视图

系统视图存放 SQL Server 系统的部分信息。可用系统视图返回 SQL Server 实例或在该实例中定义的对象有关的信息。例如，可查询 sys. database 目录视图以便返回实例中用户定义数据库的有关信息。

☺ 讨论思考：

1) 采用视图模式查看数据有什么好处？

2) 视图的种类有哪些？各有什么特点？

5.4　视图的基本操作

微课视频
课程视频 5.4

5.4.1　视图的策划和创建

1. 视图构建的策划

构建（定义）数据库视图时主要从系统的时间效率、空间效率、易维护等方面考虑。构建更符合局部用户需要的视图非常重要。构建视图主要考虑以下三点。

1) 可对不同级别的用户定义不同的视图，以权限管理保证系统的安全性。

2) 使用更符合用户习惯的别名。在设计数据库总体结构时，同一关系（表）和属性（列）具有唯一的名字，但在局部应用中，同一关系或属性有各自习惯使用的名字，可使用视图机制在设计用户视图时重新定义某些属性名，使其与用户习惯一致，方便使用。

3）简化用户对系统的应用。若某些局部应用中经常使用某些很复杂的查询，为了方便用户，则可以将其查询建立为视图。用户每次只对此视图查询，可极大地简化应用。

⌂ 注意：在创建（定义）视图前还应该注意相关的操作细节。

2. 视图的建立

使用命令语句定义视图的语法格式为：

> CREATE VIEW <视图名> [（<列名>[,<列名>]…）]
> AS　<子查询>
> [WITH CHECK OPTION]

说明："列名"可以全部省略或全部指定。如果全部省略，则表明该视图由子查询中 SELECT 语句目标列中的各字段构成。下列情况必须明确指定组成视图的列名：子查询 SELECT 语句中的目标列不是单纯的属性名，而是聚集函数或表达式；子查询进行多表连接操作时，选出几个同名的列作为视图的属性列；需要为视图中的某些列重新命名成更适合的别名。视图的定义存放在数据字典中。

子查询可以是任意的 SELECT 语句，但是不允许使用 DISTINCT 短语和 ORDER BY 子句。如果需要排序，则可在视图建立后对视图查询时再排序。

WITH CHECK OPTION 子句表示对视图进行 UPDATE、INSERT 和 DELETE 操作时要保证所操作的行满足视图定义中的谓词条件，即子查询中的条件表达式。

【案例 5-6】创建视图"professor"，要求视图中体现教师的工号、系部编号、姓名、性别、年龄和职称，并保证进行修改和插入操作时仍保持视图中只有教授。

> CREATE VIEW professor AS
> SELECT 工号,系部编号,姓名,性别,年龄,职称
> FROM 教师 WHERE 职称='教授'WITH CHECK OPTION

说明：本例中省略了视图的列名，该视图的属性列由子查询中的属性列组成。从单个基表导出，并且只是去掉基表的某些行和某些列，但保留了主键，则称这类视图为行列子集视图。WITH CHECK OPTION 子句确保对该视图进行插入、修改和删除操作时自动加上职称="教授"的条件。

【案例 5-7】创建视图"V_STU"，其中包含学生的学号、姓名、选修课名称和选修课成绩。

> CREATE VIEW V_STU(学号,姓名,课程名称,成绩) AS
> SELECT 学生.学号,姓名,课程名称,成绩
> FROM 学生,课程,选课
> WHERE 学生.学号=选课.学号 AND 课程.课程编号=选课.课程编号

说明：本例中的视图建立在多个表上。由于学生表和选课表中有同名的列"学号"，所以必须在视图名后面显式说明视图的各属性列名称。

【案例 5-8】利用【案例 5-6】的视图，创建年龄小于 46 岁的教授的视图 "professor_young"。

```
CREATE VIEW professor_young AS
SELECT 工号,系部编号,姓名,性别,年龄,职称
FROM professor WHERE 年龄<46
```

【案例 5-9】创建视图 "GRADE_AVG"，包括学生的学号及其选修课成绩的平均成绩。

```
CREATE VIEW GRADE_AVG(学号,平均成绩) AS
SELECT 学号, avg（成绩）
FROM 选课
GROUP BY 学号
```

说明：本例表示可以在已有视图上定义新视图。此时，作为数据源的视图必须是已经建立好的视图。

此外，为了减少数据库中的冗余数据，定义基本表时，表中只存放基本数据，而可由基本数据经过计算派生出的数据通常并不存储。由于视图中的数据不进行实际存储，所以定义视图时可根据需要定义一些派生属性列，也称为虚拟列，此列通常包含表达式或聚集函数。

5.4.2　视图重命名、修改及删除

1. 视图的重命名

在实际应用中，如果对于视图（文件）进行重命名，则依赖于该视图的代码和应用程序可能出错。所以重命名视图之前，首先需要获取视图的所有依赖关系的列表，必须修改引用视图的所有对象、脚本或应用程序，以反映出新的视图名称。

使用 SQL 命令对视图重命名的语法格式为：

```
SP_RENAME old_name, new_name
```

说明：old_name 为原视图名称，new_name 为新视图名称。

使用 SSMS 重命名视图时，在"对象资源管理器"窗口中展开包含要重命名的视图的数据库，展开"视图"文件夹。右键单击要重命名的视图，选择"重命名"命令后输入新视图名称。

注意：尽管 SQL Server 支持视图重命名，但通常不建议执行此操作。最好先删除视图，然后使用新名称重新创建，以便于更新视图中引用的对象的依赖关系信息。

2. 视图的修改

视图修改指修改视图的定义。修改视图的 SQL 语句为 ALTER VIEW，其具体语法格式为：

```
ALTER VIEW <视图名>
AS  <子查询>
```

【案例 5-10】将视图 "professor" 修改为显示年龄大于 42 岁的教授的信息。

```
ALTER VIEW professor
  AS
  SELECT 工号,系部编号,姓名,性别,年龄,职称
  FROM 教师
  WHERE 职称= '教授' AND 年龄>42
```

3. 视图的删除

视图删除实际上是从数据字典中删除视图的定义和有关该视图的其他信息,还将删除视图的所有权限,所以删除操作必须慎重。

视图删除的 SQL 命令为 DROP VIEW,其具体语法格式为:

```
DROP VIEW <视图名>
```

注意:视图删除只是从数据字典中删除该视图的定义,由该视图导出的其他视图定义仍然在数据字典中,但已经失效。为避免用户使用时出错,需要用 DROP VIEW 语句逐一删除。

*5.4.3 查询视图及有关信息

1. 视图的查询

视图建立完成后,便可对视图进行查询操作。系统执行对视图的查询操作时,首先进行有效性检查,检查查询中涉及的表、视图是否存在。如果通过检查,则从数据字典中取出视图的定义,将定义中的子查询和用户查询结合,转换成等价的对基表的查询,再执行修正的查询,此过程称为视图消解(View Resolution)。

【案例 5-11】利用【案例 5-6】中创建的视图 "professor" 查询男教授的相关信息。

```
SELECT 工号,系部编号,姓名,性别,年龄,职称
FROM professor WHERE 性别= '男'
```

本例中对视图的查询经过视图消解,最终转换的实际查询为:

```
SELECT 工号,系部编号,姓名,性别,年龄,职称
FROM 教师 Where 职称= '教授'AND 性别= '男'
```

【案例 5-12】利用【案例 5-9】中创建好的视图 "GRADE_AVG",查询选修课平均成绩大于 80 的学生学号和平均成绩。

```
SELECT 学号,平均成绩
From GRADE_AVG WHERE 平均成绩>80
```

注意：若将本例的查询与【案例 5-9】中定义视图的子查询直接结合，将形成下列查询语句：

```
SELECT 学号, avg（成绩）
FROM 选课
WHERE avg（成绩）>80
GROUP BY 学号
```

这个转换很明显是错误的，因为 WHERE 子句中的条件表达式不能使用聚集函数。正确转换后的查询语句应该是：

```
SELECT 学号,avg（成绩）
FROM 选课
GROUP BY 学号
HAVING avg（成绩）>80
```

目前，多数 DBMS 能够对行列子集视图的查询进行正确转换，对包含聚集函数的查询则不一定。因此，这类查询最好直接对基本表进行操作。

2. 获取视图相关信息

在 SQL Server 2022 中，通过使用 SSMS 或 SQL 语句获取有关视图的定义或属性的信息。用户可通过查看视图定义来了解数据从源表中的提取方式，或者查看视图所定义的数据。

（1）使用 SSMS 获取视图属性

在"对象资源管理器"窗口中展开包含该视图的数据库，再展开其中的"视图"文件夹。右键单击要查看其属性的视图并选择"属性"命令，弹出的"视图属性"对话框中"常规"页显示的属性如表 5-3 所示。

表 5-3 "视图属性"对话框中"常规"页显示的属性

属 性	含 义
服务器	当前服务器实例的名称
数据库	包含此视图的当前数据库名称
用户	当前连接的用户
Schema	当前视图所属的架构
创建日期	视图创建的日期
名称	当前视图的名称
系统对象	指示视图是否为系统对象，值为 True 或 False
ANSI NULLs	指示创建对象时是否选择了 ANSI NULLs 选项，值为 True 或 False
带引号的标识符	指示创建对象时是否选择了"带引号的标识符"选项
架构已绑定	指示视图是否绑定到架构，值为 True 或 False
已加密	指示视图是否已加密，值为 True 或 False

（2）使用视图设计器获取视图属性

在"对象资源管理器"窗口中展开包含要查看属性的视图的数据库，然后展开"视图"文件夹。右键单击要查看其属性的视图，选择"设计"命令，在弹出的"关系图"窗格空白区域处单击鼠标右键，再选择"属性"命令，则显示"属性"窗格，其中显示该视图的属性信息如表 5-4 所示。

表 5-4　视图"属性"窗格中显示的属性

属　　性	含　　义
名称	当前视图的名称
服务器名称	当前服务器实例的名称
架构	当前视图所属的架构
数据库名称	包含此视图的当前数据库名称
GROUP BY 扩展	指定基于聚合查询的视图，附加选项可用
SQL 注释	显示 SQL 语句的说明
TOP 规范	可显示 TOP、百分比、表达式或等同值。主要用于控制返回结果集中行的数量
绑定到架构	防止用户以使视图定义失效的任何方式修改影响此视图的基础对象
非重复值	指定查询将在视图中筛选出重复值。当只使用表中的部分列且这些列可能包含重复值时，或者当连接两个或更多表的过程在结果集中产生重复行时，此选项非常有用。选择该选项等效于向 SQL 窗格内的语句中插入关键字 DISTINCT
更新规范	展开此项可显示"使用视图规则更新"和"Check 选项"属性，用于对视图更新操作时采用不同的策略
是确定的	显示是否可以明确地确定所选列的数据类型
输出所有列	显示所有列是否都由所选视图返回。这是在创建视图时设置的

（3）查看创建视图的 SQL 语句

对于存在的视图，查看创建该视图 SQL 的语句为：

```
EXEC sp_helptext  <视图名>
```

结果中可返回创建该视图的 SQL 语句，方便用户查看。

5.4.4　视图的更新

视图更新是指通过视图更新基表中的数据。视图的更新操作包括插入（INSERT）、删除（DELETE）和修改（UPDATE），其更新操作将转换为对基表中数据的相应操作。对于简单视图，如行列子集视图，系统将对视图的更新操作通过视图转换成等价的对基表的更新操作；而对于复杂视图，则不能唯一地转换成对相应基表的更新。

视图定义时，加入 WITH CHECK OPTION 可选子句，可防止用户通过视图更新数据时有意或无意地对不属于视图范围内的基表数据进行操作。对于在视图上进行的增删改数据的操作，DBMS 将自动检查视图定义中的条件，若不满足则拒绝执行。此外，因为更新视图操作最终转换为对基表的操作，所以需要对目标表的 UPDATE、INSERT 或 DELETE 操作具有相应的权限。

用 SQL 语句更新视图时，其语法格式同表的更新操作，只是用视图名代替了表名。

【案例 5-13】向视图"professor"中插入数据（C002，E2450，刘红，女，48，教授）。

```
INSETR INTO professor
VALUES('C002','E2450','刘红','女', 48,'教授')
```

【案例 5-14】 修改视图"professor_young"中工号为 E168 的教师系部编号为 K4638。

```
UPDATE professor_young
SET 系部编号 ='K4638'
WHERE 工号 ='E168'
```

该操作执行时将自动转换为对基表的更新：

```
UPDATE 教师
SET 系部编号 ='K4638'
WHERE 工号 ='E168'AND 职称 ='教授'AND 年龄 <42
```

⚠注意：视图更新的限制：由两个以上基表导出的视图不允许更新；若视图的属性列来自聚集函数，则此视图不允许更新。需要特别注意：有些更新视图的操作不能直接转换为对基表的操作。例如，【案例 5-9】中创建的视图"GRADE_AVG"中包含学号和平均成绩两个属性列，其中"平均成绩"是该学生多门选修课的平均分。如果要把视图中学号为"BX22120"的学生的平均成绩修改为 90，则 SQL 语句应为：

```
UPDATE GRADE_AVG
SET 平均成绩 =90
WHERE 学号 ='BX22120'
```

但是对该视图的更新无法直接转换为对基表"选课"的更新操作，因为系统没有确定的可执行操作来修改多门课程成绩，使得其平均分等于 90，所以视图"GRADE_AVG"无法更新。

对视图更新的规定，主要包括以下几点。

1) 对于数据表的行列子集视图，可以进行更新操作。

2) 若视图由两个以上的基表导出，则视图的修改不能同时影响两个及两个以上的基表。也就是说，可以修改两个或多个基表组成的视图，但是一次修改只能完成一个基表。

3) 被修改的列必须直接引用表列中的基础数据，即这些列不能由聚集函数或表达式计算得到。

4) 被修改的列不受 GROUP BY、HAVING 或 DISTINCT 子句影响。

5) 在不允许更新的视图上，建立的视图也不允许更新。

⚠注意：如果出现上述的一些限制情况，则无法利用 INSERT、DELETE 和 UPDATE 命令直接通过视图修改数据，但可以通过替换触发器将视图上的更新转换为对基表的操作。使用这种方式可强制对任何要求更新的视图进行操作。在视图上建立一个替换（INSTEAD OF）触发器，当一个事件激活触发器时，触发器的操作将取代事件本身被执行。即替换触发器将拦截任何试图对视图进行修改的操作，并且将代替它们执行数据库设计者认为的合适的操作。

☺讨论思考：

1) 举例说明利用视图机制如何实现数据的保护。

2) 如何利用视图简化"查询至少选修了某课程的学号"？

实验视频

实验视频 5　讲解及演示

5.5　实验 5　索引及视图操作

5.5.1　实验目的

1）理解索引的相关概念、主要类型及其重要作用。
2）掌握在 SQL Server 2022 中创建索引和删除索引的操作。
3）熟悉视图的创建、删除等常用的基本操作。
4）熟悉使用视图查询数据和更新数据的操作。

5.5.2　实验内容及步骤

分别使用 SQL Server 2022 提供的 SSMS（SQL Server Management Studio）工具和 SQL 语句两种方法来实现索引和视图的主要操作。

1. 索引操作

创建索引和删除索引是主要的索引操作。

（1）创建索引

在"学生"表中按姓名升序建立非聚集索引"StuName_index"。

1）使用 SSMS 创建索引。

在"对象资源管理器"窗口中找到教务管理系统数据库和学生数据表，在学生表上单击鼠标右键，从弹出的快捷菜单中选择"设计"命令，将出现表设计对话框，在右侧列名处单击鼠标右键，选择"索引/键"命令，出现新建"索引/键"对话框。单击左下角的"添加"按钮，可在右侧"常规"选项卡中选择要建立索引的列名"姓名"，在"标识"选项卡中输入索引的名字"StuName_index"，如图 5-8 所示。最后，关闭该对话框即可生成索引。

图 5-8　创建索引

2）使用 SQL 语句创建索引。

```
CREATE NONCLUSTERED INDEX StuName_index ON 学生(姓名);
```

（2）删除索引

删除学生表中的索引"StuName_index"。

1）使用 SSMS 删除索引。

在"对象资源管理器"窗口中打开教务管理系统数据库和学生数据表，同创建索引一样，打开"索引/键"对话框，选择索引"StuName_index"，单击"删除"按钮即可，如图 5-9 所示。

图 5-9　删除索引

💭 注意：创建索引或删除索引后要保存该表。

2）使用 SQL 语句删除索引。

```
DROP INDEX StuName_index ON 学生;
```

2. 视图操作

常见的视图操作有创建视图、更改视图、查询视图、更新视图以及删除视图。

（1）创建视图

● 创建包含选课信息（学号，姓名，课程名称，学分）的视图"StuCou_view"。
● 创建包含女教师信息（工号，系部编号，姓名，性别，年龄，职称）的视图"TeaWom_view"。

1）使用 SSMS 创建视图。

在"对象资源管理器"窗口中展开"教务管理系统"数据库，右键单击"视图"文件夹，从弹出的快捷菜单中选择"新建视图"命令，弹出"添加表"对话框，选择"课程""学生""学生选课"元素，单击"添加"按钮，如图 5-10 所示。关闭"添加表"对话框，然后在"关系图"窗格中选择要在视图中包含的各列；将"课程"表的"课程代码"移动到"学生选课"表的"课程代码"，连接这两列。同理，连接"学生"表的"学号"和"学生选课"表的"学号"，如图 5-11 所示。最后选择"文件"→"保存视图"命令，命名该视图为"StuCou_view"并保存。

采用同样的方法创建视图"TeaWom_view"。

图 5-10　创建视图–添加表

图 5-11　创建视图–选择列

2）使用 SQL 语句创建视图"StuCou_view"。

```
CREATE VIEW StuCou_view(学号，姓名，课程名称，学分)
AS
SELECT 学生．学号，姓名，课程名称，学分
```

FROM 学生, 课程, 选课

WHERE 学生. 学号=选课. 学号 AND 课程. 课程代码=选课. 课程代码

WITH CHECK OPTION;

3）使用 SQL 语句创建视图 "TeaWom_view"。

CREATE VIEW TeaWom_view

AS

SELECT 工号, 系部编号, 姓名, 性别, 年龄, 职称

FROM 教师

WHERE 性别='女'

WITH CHECK OPTION;

（2）更改视图

在视图 "StuCou_view" 中添加 "专业" 列。

1）使用 SSMS 修改视图。

在 "对象资源管理器" 窗口中展开教务管理系统数据库，展开 "视图" 文件夹。右键单击视图 "StuCou_view"，选择 "设计" 命令。在查询设计器的 "关系" 图窗格中选中学生表中的 "专业" 复选框，或在下面的下拉菜单中选择 "专业" 选项，如图 5-12 所示。最后保存 StuCou_view 视图。

图 5-12　更改视图

2）使用 SQL 语句修改视图。

ALTER VIEW StuCou_view(学号, 姓名, 课程名称, 学分, 专业)

AS

SELECT 学号, 姓名, 课程名称, 学分, 专业

FROM 学生, 课程, 选课

WHERE 学生. 学号=选课. 学号 AND 课程. 课程编号=选课. 课程编号;

（3）查询视图

用 SQL 语句在视图"TeaWo_view"中查询职称为教授的女教师信息：
SELECT 工号，系部编号，姓名，性别，年龄，职称
FROM TeaWo_view
WHERE 职称='教授'；

（4）更新视图

在视图"TeaWom_view"中添加数据（A322，B3315，李霞，女，41，副教授）。

1）使用 SSMS 通过视图更新表数据。

在"对象资源管理器"窗口中展开教务管理系统数据库，展开"视图"文件夹。右键单击视图"TeaWom_view"，选择"编辑前 200 行"命令，在行的结尾处添加数据"A322，B3315，李霞，女，41，副教授"。若要删除行，则右键单击该行，选择"删除"命令。若要更改一个或多个数据，则修改列中数据即可。最后保存视图。

需要注意的是，如果视图引用了多个基表，则不能删除行，也不能插入行，并且只能更新属于单个基表的列。

2）使用 SQL 语句更新视图。

INSERT INTO TeaWom_view VALUES（'A322'，'B3315'，'李霞'，'女'，41，'副教授'）；

（5）删除视图

删除教师表中的视图"TeaWom_view"。

1）使用 SSMS 删除视图。

在"对象资源管理器"窗口中展开教务管理系统数据库，展开"视图"文件夹。右键单击视图"TeaWom_view"，在弹出的快捷菜单中选择"删除"命令，在"删除对象"窗口中确认。

⌂注意：可从"删除对象"窗口中的"显示依赖关系"项打开视图依赖关系对话框，其中可查看依赖于该视图的所有对象和该视图依赖的所有对象。

2）使用 SQL 语句删除视图。

DROP VIEW TeaWom_view ;

5.5.3　实验练习

在教务管理系统数据库的数据表中完成以下操作：

1）在教师表中按工号降序建立聚集索引"Tno_index"。

2）在教师任课表中按工号升序和课程代码升序建立唯一索引"TeaNoCou_index"。

3）删除教师表中的索引"Tno_index"。

4）创建包含教师任课信息（工号，姓名，课程名称，课程类型）的视图"TeaCou_view"。

5）创建包含学生信息（学号，姓名，年龄，专业）的视图"StuNo_view"。

6）创建包含学生成绩信息（学号，平均成绩）的视图"ScoreAvg_view"。

7）利用视图"ScoreAvg_view"，创建平均成绩小于 60 分的学生信息（姓名，平均成

绩）的视图"ScoreLow_view"。

8）将视图"TeaCou_view"中的课程类型列删除。

9）将视图"ScoreLow_view"删除。

10）查询视图"TeaCou_view"中男教师的任课信息。

11）将视图"StuNo_view"中学号为"BX22736"的学生的专业改为"软件工程"。

12）删除学生成绩信息视图"ScoreAvg_view"中平均成绩小于 60 分的学生信息。

5.6　本章小结

数据库中的索引主要用于快速查询，是索引关键字值的列表，其中标明了表中包含这些索引关键字值的各行数据所在的物理存储位置。使用索引查找数据时不需要对整个表进行扫描，就可以直接找到所需数据，从而极大地减少了数据的查询时间，改善了查询性能。本章在介绍索引的概念、特点、类型以及索引结构的基础上，通过典型案例描述了索引的创建策略与创建方法，以及索引的更新、删除等维护方法。

视图是从基表或其他视图导出的一种虚表。创建视图是为了满足不同用户对数据的不同需求。数据库中只存储视图的定义，而不存储视图所包含的数据，这些数据仍然存放在所引用的基表中。本章在阐述视图的概念、作用以及种类的基础上，通过典型案例介绍了视图的创建策略与创建方法，以及视图修改、视图查询和视图更新等操作方法。

5.7　练习与实践 5

1. 选择题

（1）下面关于索引描述不正确的是（　　）。

    A. 索引是外模式

    B. 一个基本表上可以创建多个索引

    C. 索引可以加快查询的执行速度

    D. 系统在存取数据时会自动选择合适的索引作为存取路径

（2）SQL 查询有两种方法：对表逐行扫描查询和（　　）。

    A. 搜索　　　　　　　　　　　B. 查看

    C. 索引　　　　　　　　　　　D. 其他

（3）索引按照索引记录的结构和存放位置主要分为聚集索引和（　　）索引。

    A. 唯一　　　　　　　　　　　B. 全文

    C. 筛选　　　　　　　　　　　D. 非聚集

（4）在 SQL 语言中，删除索引的语句为（　　）。

    A. DELETE　　　　　　　　　　B. DELETE INDEX <表名>. <索引名>

    C. DROP　　　　　　　　　　　D. DROP INDEX <表名>. <索引名>

（5）视图创建完毕后，数据字典中存放的是（　　）。

    A. 关系代数表达式　　　　　　B. 查询结果

    C. 视图定义　　　　　　　　　D. 所引用的基本表的定义

（6）在数据库物理设计阶段，需要考虑为关系建立合适的索引。关于建立索引的描述，下列说法正确的是（　　）。

    A. 唯一索引列只能包含一列，并且该列上的数据取值具有唯一性

    B. 对于经常需要在其上执行插入、删除和更新操作的表，可以考虑建立索引

    C. 对于经常出现在 WHERE 子句中的属性，可以考虑建立索引

    D. 对常出现在 ORDER BY 或 GROUP BY 子句中的属性，尽量避免建立索引

2. 填空题

（1）在数据库中，索引就是＿＿＿＿＿和＿＿＿＿＿的列表，是加快查询表中数据的方法。

（2）利用 SQL 语句中的＿＿＿＿＿＿＿＿＿＿＿＿＿＿命令创建索引。

（3）查看数据库 BookDataBase 中 Books 表的索引信息，可使用＿＿＿＿＿＿＿＿＿＿语句。

（4）视图是一个虚表，是从＿＿＿＿或其他视图导出的表，用户可以通过视图使用数据库中基于＿＿＿＿＿的数据。

（5）视图共有四种类型。除了用户定义的标准视图以外，SQL Server 2022 还提供了＿＿＿＿＿、＿＿＿＿＿、系统视图等特殊类型的视图。

（6）视图的建立和＿＿＿＿＿不影响基表，但是，对视图内容的＿＿＿＿＿＿直接影响基表。

3. 简答题

（1）什么是索引？聚集索引和非聚集索引各有什么特点？

（2）使用索引有什么主要优缺点？

（3）哪些列上适合创建索引？哪些列上不适合创建索引？

（4）如何创建升序和降序索引？

（5）如何查看一个表上的索引信息？

（6）什么是视图？视图的作用有哪些？

（7）将创建视图的基础表从数据库中删除，视图也将一并删除吗？

（8）能否从使用聚合函数创建的视图上删除数据行？为什么？

（9）更改视图名称将导致什么问题？

（10）修改视图中的数据将受到哪些限制？

4. 实践题

某"图书管理"数据库包含三张基本表：读者（卡号，姓名，性别，联系电话，部门/学院，专业，累计借书，违章次数）、图书（ISBN，书名，作者，出版社，出版时间，版次，单价）、借阅（馆藏号，卡号，ISBN，是否续借，借阅日期，还回日期）。

（1）针对该应用案例，在其数据表上策划、创建索引。

（2）针对该应用案例，策划、创建视图并利用视图查询、更新数据。

*第6章 存储过程及触发器

在数据处理中，经常用到存储过程和触发器，可以提高逐条执行 SQL 语句的效率。存储过程可以将多条 SQL 语句作为一个单元处理保存并反复调用执行。触发器是一种特殊的存储过程，其执行只能由事件触发。触发器也经常用于加强数据的完整性约束和业务规则等。通过本章学习，读者可以掌握存储过程和触发器的创建及操作方法，优化查询和提高数据的管理能力，为后续数据库应用系统的开发奠定基础。

> 📂 教学目标
> - 理解存储过程的基本概念及创建方法
> - 熟悉操作存储过程的主要常用方法
> - 理解并掌握触发器的相关基本概念
> - 熟悉操作触发器的具体方法

6.1 存储过程概述

微课视频
课程视频 6.1

> 【案例 6-1】存储过程的优点。在学生成绩管理系统中，经常要查询学生成绩，可用 SELECT 子句实现。为了方便查询，可将要执行的 T-SQL 语句做成一个语句组，根据 SQL Server 2022 中所提供的存储过程的特点，在数据库服务器端先创建一个存储过程，再调用存储过程去实现查询并返回查询结果。这样就降低了用户的操作难度，同时也减少了网络传输的数据量，提高了系统性能。并且在多次查询时，直接调用存储过程的编译结果，可以使查询的速度更快。

6.1.1 存储过程的概念

存储过程是一组具有特定功能、可以接收和返回用户参数的 T-SQL 语句组，存储在数据库中并作为一个单元处理，便于调用执行。它具有允许用户声明变量、带参数执行以及其他强大的编程功能。存储过程在第一次执行时会进行语法检查和编译，执行后其执行计划就驻留在缓存中，用于后续调用。存储过程可以接收和输出参数，返回执行存储过程的状态值，还可以嵌套调用。

6.1.2 存储过程的特点和类型

1. 存储过程的特点

（1）存储过程允许标准组件式编程

存储过程创建后，可以在程序中被多次调用，而不必重新编写。所有的客户端都可以使用相同的存储过程来确保数据访问和修改的一致性。而且存储过程可以独立于应用程序进行修改，大大提高了程序的可移植性。

（2）存储过程在服务器端运行，执行速度快

如果某一个操作包含大量的 T-SQL 代码或者被分别执行多次，那么存储过程相对于批处理的执行速度要快很多。因为存储过程是预编译的，在首次运行一个存储过程时，查询优化器对其进行分析、优化，并给出最终被存放在系统表中的执行

📖 知识拓展
存储过程与自定义函数的区别

计划；而批处理的 T-SQL 语句在每次运行时都要进行编译和优化，因此速度相对要慢一些。📖

（3）存储过程能够减少网络流量

对于同一个针对数据库对象的操作（如查询、修改），用户可以通过发送一条执行存储过程的语句来实现，而不需要在网络上发送众多的 T-SQL 语句，这样可以减少服务器与客户端之间传递语句的数量，大大减少网络流量。

（4）存储过程可被作为一种安全机制充分利用

存储过程支持用户需要执行的所有业务功能，SQL Server 2022 可以不授予用户直接访问表、视图的权限，而是授权用户执行某些存储过程的权限。系统管理员通过对执行存储过程的权限进行限制，从而能够实现对相应数据访问权限的限制，避免非授权用户对数据的访问，保证数据的安全。

存储过程虽然既有参数又有返回值，但是它与函数不同。存储过程的返回值只是指明执行是否成功，并且它不像函数那样被直接调用，也就是在调用存储过程时，在存储过程名字前一定要有 EXEC 关键字。

2. 存储过程的分类

存储过程保留在服务器上，是一种有效的封装重复性工作的方法，可以带参数，以完成一个特定的任务。SQL Server 中有多种存储过程，可分为系统存储过程、用户自定义存储过程以及扩展存储过程。

（1）系统存储过程

系统存储过程主要存储在 master 数据库中，一般以"sp_"为前缀。系统存储过程主要从系统表中获取信息，从而为系统管理员管理 SQL Server 提供支持。通过系统存储过程，SQL Server 中的许多管理性或信息性的活动都可以被有效地执行。尽管系统存储过程被放在 master 数据库中，但是仍可以在其他数据库中对其进行调用，在调用时不必在存储过程名前加上数据库名。而且当创建一个新数据库时，一些系统存储过程会在新数据库中被自动创建。

（2）用户自定义存储过程

用户自定义存储过程是由用户创建并可完成某些特定功能的存储过程，可以输入参数，可以向客户端返回表格或结果、消息等，也可返回输出参数。用户自定义存储过程又分为 T-SQL 存储过程和 CLR 存储过程两种。T-SQL 存储过程保存 T-SQL 语句的集合，可以接收和返回用户提供的参数。CLR 存储过程是针对微软的 .NET Framework 公共语言运行时（CLR）方法的引用，可以接收和返回用户提供的参数。

SQL Server 2022 还支持临时存储过程，分为局部临时过程和全局临时过程。局部临时过

程只能由创建该过程的连接使用。全局临时过程则可以由所有连接使用。局部临时过程在当前会话结束时自动删除，而全局临时过程在使用该过程的最后一个会话结束时才会被删除。

临时存储过程用"#"和"##"命名，可由用户创建。局部临时过程的创建者是唯一可使用该过程的用户，执行局部临时过程的权限不能授予其他用户。如果创建全局临时过程，则所有用户均可访问该过程。

（3）扩展存储过程

扩展存储过程是指用户可以使用外部程序设计语言编写的存储过程，通常以"**xp_**"为前缀。它以动态链接库（DDL）的形式存在，能让SQL Server动态装载和执行，它一定要存放在系统数据库master中。在SQL Server 2022中，仍然保留了该类型的存储过程，但一般不建议用户使用。

☺ 讨论思考：

1）什么是存储过程？请举例说明。

2）存储过程具有哪些主要特点？

3）存储过程的常用分类有哪些？

6.2　存储过程的常用操作

微课视频
课程视频6.2

6.2.1　创建存储过程

1. 使用SQL语句创建存储过程

创建自定义存储过程可以直接使用命令语句。在创建前，需要考虑以下事项。

1）CREATE PROCEDURE语句不能与其他SQL语句在单个批处理中组合使用。

2）要创建存储过程，必须具有数据库的CREATE PROCEDURE权限，还必须具有对架构的ALTER权限。

3）存储过程是架构作用域内的对象，它们的名称必须遵守标识符规则。

4）只能在当前数据库中创建存储过程。

5）如果用户不是存储过程的所有者，则在使用存储过程时，必须使用对象架构名称对存储过程内所有数据定义语言（DDL）语句中使用的对象名进行限定。

创建存储过程的语法如下。

```
CREATE PROCEDURE|PROC procedure_name［ ; number ］
    ［ ｛ @parameterdata_type ｝ ［ VARYING ］ ［ = default ］ ［ OUTPUT ］］［ ,…n ］
    ［ WITH ｛ RECOMPILE | ENCRYPTION | RECOMPILE , ENCRYPTION ｝ ］
    ［ FOR REPLICATION ］
    AS
    sql_statement ［ …n ］
```

这里仍然使用基本的CREATE <Object Type><Object Name>语法，它是每个CREATE语句的主干。PROCEDURE或是PROC均可使用，为防止出现例外情况，建议对所选择的选项保持一致。存储过程的名称必须遵循命名规则。存储过程命名后，需要参数列表。📖

📖 知识拓展
存储过程参数与变量及区别

【案例 6-2】 在 XSCJ 数据库中，使用 CREATE PROCEDURE 语句创建一个存储过程，用于根据学生编号查询学生信息。具体代码如下，执行结果如图 6-1 所示。

```
CREATE PROCEDURE Proc_stu1
@Proc_Sno char(10)
AS
SELECT * FROM Student WHERE Sno=@Proc_Sno
```

图 6-1 存储过程创建示例执行结果

2. 在 SSMS 中创建存储过程

【案例 6-3】 在 XSCJ 数据库中，创建存储过程实现对学生成绩的查询。要求在查询时提供需要查询的学生姓名和课程名称，存储过程根据用户提供的信息对数据进行查询，并显示成绩信息。

按照如下步骤用 SSMS 创建一个能够解决这一问题的存储过程。

1）启动 SSMS（SQL Server Management Studio），登录服务器，在"对象资源管理器"窗口中选择本地数据库实例，单击"数据库"，选择"XSCJ"→"可编程性"→"存储过程"选项。

2）右击"存储过程"选项，在弹出的快捷菜单中选择"新建"→"存储过程"命令，如图 6-2 所示。

3）出现图 6-3 所示的创建存储过程的查询编辑器窗口，其中已经加入了创建存储过程的代码。

4）选择"查询"→"指定模板参数的值"命令，弹出图 6-4 所示的对话框，其中 Author（作者）、Create Date（创建时间）、Description（说明）为可选项，内容可以为空。Procedure_Name 为存储过程名，@Param1 为第一个输入的参数名，Datatype_For_Param1 为第一个输入参数的类型，Default_Value_For_Param1 为第一个输入参数的默认值。@Param2、Datatype_For_Param2、Default_Value_For_Param2 为第二个输入参数的相关设置。

图 6-2　选择"新建"→"存储过程"命令

图 6-3　查询编辑器窗口

在本例中，将存储过程名设置为 Proc_Q_stugrade，第一个参数名为@stuname，类型为 varchar(10)，默认值为''；第二个参数名为@kcname，类型为 varchar(50)，默认值为''，其他内容设置为空。

图 6-4　"指定模板参数的值"对话框

5）单击"确定"按钮，返回到创建存储过程的查询编辑器窗口，如图 6-5 所示，此时代码已经改变。

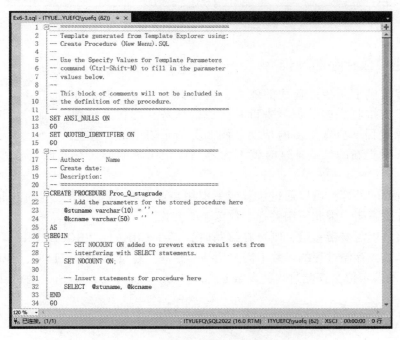

图 6-5　设置参数后的查询编辑器窗口

6）在"Insert statements for procedure here"下输入 T-SQL 代码，本例中输入：

SELECTstudent. sname, course. cname, score. grade

FROMstudent INNER JOIN

score ON student. sno ＝ score. sno INNER JOIN

course ON score. cno ＝ course. cno

WHERE student. sname＝@stuname AND course. cname＝ @kcname

7）单击"执行"按钮完成操作，最后的结果如图 6-6 所示。

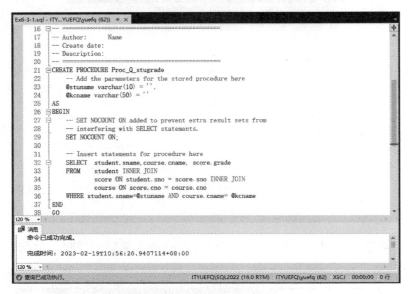

图 6-6　设计完成的存储过程

6.2.2　创建参数化存储过程

存储过程提供了一些过程式的能力，也提升了性能，但是如果存储过程没有接收一些数据，告诉其完成的任务，则在大多数情况下，存储过程不会有太多的帮助。例如更新了表中的一些记录，并且想知道更新的数量，这时就不太容易以记录集的形式获取该信息，而要使用输出参数。

在存储过程的外部，可以通过位置或者引用传递参数。在存储过程的内部，由于它们使用同样的方式声明，因此不用关心参数传递的方式。

如果存储过程需要带参数，则可在编写时直接在 CREATE PROCEDURE 语句后附加参数。不同于函数，存储过程的参数不需要用括号括起。在【案例 6-2】中，SELECT 语句的 WHERE 条件的参考值为存储过程的参数@Proc_Sno，而这个@Proc_Sno 是 char 类型的，代码如下。

```
CREATE PROCEDURE Proc_stu1
@Proc_Snochar( 10)
AS
SELECT  *  FROM Student WHERE Sno=@Proc_Sno
--调用存储过程
EXECUTE Proc_stu1 '1812010002'
GO
```

执行结果如图 6-7 所示。

图 6-7　调用存储过程的执行结果

执行存储过程的实例如下。

--值的顺序必须按照参数的顺序
EXEC 存储过程名　值[，值 *n*⋯]
--值的顺序可以和参数顺序不同
EXEC 存储过程名　参数名=值[，参数名 *n*=值 *n*⋯]
--使用已声明并赋值的变量作为值
EXEC 存储过程名　参数名=变量[，参数名 *n*=变量 *n*⋯]
--调用具有 OUTPUT 参数的存储过程
EXEC 存储过程名　参数名 OUTPUT[，参数名 *n*=值 *n*⋯]

上面是集中执行存储过程的方式。如果在执行存储过程时，执行语句是批处理中的第一条语句，则可不指定 EXECUTE 或 EXEC 关键字。

在以上的存储过程执行方式中，用 OUTPUT 修饰过的参数称为返回参数，就是存储过程用来向调用方返回值的。与 RETURN 只能返回数值类型的值不同，OUTPUT 类型返回参数可以返回其他类型的值，只要声明一个和存储过程标识了 OUTPUT 关键字的对应参数类型一致的变量即可，然后将这个变量作为值传递给存储过程中对应的返回参数。

6.2.3　查看及修改存储过程

在 SQL Server 2022 系统中，可用系统存储过程和目录视图查看有关存储过程的信息。

1. 使用 SSMS 查看存储过程

在 SSMS（SQL Server Management Studio）中，首先找到要查看的存储过程，然后用鼠标右键单击要查看的存储过程，打开快捷菜单，如图 6-8 所示。

如果要查看存储过程的源代码，则在弹出菜单中选择"修改"命令，即可在查询编辑器中查看该存储过程的定义文本，如图 6-9 所示。

如果要查看存储过程的相关性，在弹出菜单中选择"查看依赖关系"命令即可。

如果要查看存储过程的其他内容，可在弹出菜单中选择"属性"命令，打开图 6-10 所示的对话框。

图6-8　存储过程快捷菜单

图6-9　查看存储过程的定义文本

图6-10　"存储过程属性"对话框

2. 使用系统存储过程查看存储过程定义

使用系统存储过程 sp_helptext，可以查看未加密的存储过程的文本。其语法格式如下。

sp_helptext [@objename =] 'name'[, [@columnname =] 'computed_column_name']

各参数说明如下。

［@objename ＝］'name'：存储过程的名称，将显示该存储过程的定义文本。该存储过程必须在当前数据库中。

［@columnname ＝］'computed_column_name'：要显示其定义信息的计算列的名称。必须将包含列的表指定为 name。column_ name 的数据类型为 sysname，无默认值。

【案例 6-4】 使用存储过程显示存储过程 Proc_Q_stugrade 的定义文本。

```
EXEC sp_helptext 'Proc_Q_stugrade'
```

查询结果如图 6-11 所示。

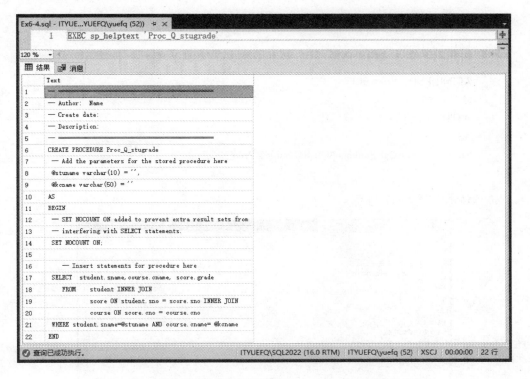

图 6-11　使用存储过程显示存储过程 Proc_Q_stugrade 的定义文本

---

3. 修改存储过程

在 SQL Server 2022 中，可使用 ALTER PROCEDURE 语句修改已经存在的存储过程，即直接将创建中的 CREATE 关键字替换为 ALTER。虽然删除并重新创建该存储过程也可以达到修改存储过程的目的，但是将丢失与该存储过程相关联的所有权限。

（1）ALTER PROCEDURE 语句

ALTER PROCEDURE 语句用于修改通过执行 CREATE PROCEDURE 语句创建的过程。使用该语句修改存储过程时不会更改权限，也不会影响相关的存储过程或触发器。

修改存储过程语句的语法如下。

```
ALTER {PROC | PROCEDURE} procedure_name [;number]
    [{@parameter data_type}[VARYING][=default][OUTPUT]][,···n]
    [WITH] {RECOMPILE|ENCRYPTION|RECOMPILE, ENCRYPTION}]
    [FOR REPLICATION]
    AS
    sql_statement[···n]
```

对 ALTER PROCEDURE 语句进行语法分析，可以看到与 CREATE PROCEDURE 语句的语法构成完全一致，各参数的说明请参考 CREATE PROCEDURE 语句的语法说明。

【案例 6-5】 出于对安全性的考虑，对【案例 6-2】中创建的存储过程进行加密处理。

```
USE XSCJ
GO
ALTER PROC Proc_stu1
@Proc_Sno char(10)
WITH encryption
AS
SELECT * FROM Student WHERE Sno=@Proc_Sno
GO
```

执行结果如图 6-12 所示。

图 6-12 对创建的存储过程进行加密处理

（2）使用 SSMS 修改存储过程

在 SSMS 中选择要修改的存储过程，然后用鼠标右键单击所要修改的存储过程，在弹出菜单中选择"修改"命令（如图 6-13 所示），在弹出的修改存储过程的查询编辑器窗口中对存储过程代码进行修改。

修改存储过程的结果如图 6-14 所示。

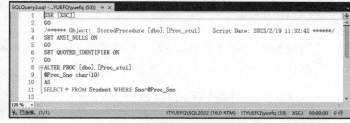

图 6-13 选择"修改"命令　　　　　　　　图 6-14 修改存储过程的结果

6.2.4 重命名或删除存储过程

1. 重命名存储过程

存储过程也可以被重新命名,新的名称必须遵守标识符规则。要重命名的存储过程必须位于当前数据库,并且要具备相应的权限。

(1) 使用 SSMS 重命名

在 SSMS 中,首先找到要修改的存储过程,然后用鼠标右键单击要重命名的存储过程,在弹出菜单中选择"重命名"命令,即可重新命名该存储过程,如图 6-15 所示。

图 6-15 选择"重命名"命令

(2) 使用系统存储过程 sp_rename 进行重命名

使用系统存储过程 sp_rename 可以重命名存储过程。其语法格式如下。

```
sp_rename [ @objname = ] 'object_name',
    [ @newname = ] 'new_name'
    [ , [ @objtype = ] 'object_type' ]
```

各参数说明如下。

[@objname =] 'object_name'：存储过程或触发器的当前名称。

[@newname =]'new_name'：要执行存储过程或触发器的新名称。

[,[@objtype =]'object_type']：要重命名的对象的类型。对象类型为存储过程或触发器时，其值为 OBJECT。

【案例 6-6】将【案例 6-2】中创建的存储过程 Proc_Stu1 重新命名为 Proc_Stu_Info。在查询编辑器窗口中执行下列 T-SQL 语句。

    EXEC sp_rename 'Proc_Stu1','Proc_Stu_Info'

执行结果如图 6-16 所示。

图 6-16　存储过程重命名的结果

2. 删除存储过程

（1）使用 SSMS 删除存储过程

删除存储过程的步骤如下。

1）用鼠标右键单击待删除的存储过程，在弹出菜单中选择"删除"命令，或单击要删除的存储过程，按下〈Delete〉键，弹出图 6-17 所示的"删除对象"窗口。

图 6-17　"删除对象"窗口

2）单击"显示依赖关系"按钮，查看当前存储过程与其他对象的依赖关系，如图 6-18 所示。

图 6-18　查看存储过程的依赖关系

3）确定无误后，单击"确定"按钮，完成删除存储过程。

（2）使用 DROP PROCEDURE 命令删除存储过程

使用关键字 DROP PROCEDURE 即可删除指定的存储过程，语法格式如下。

> DROP PROCEDURE {procedure} [,…n]

参数说明如下。

procedure：要删除的存储过程或存储过程组的名称。

【案例 6-7】使用存储过程将【案例 6-6】中重命名的存储过程从数据库中删除。

> DROP PROCEDURE Proc_Stu_Info

结果如图 6-19 所示。

图 6-19　删除存储过程

☺ 讨论思考：

1）存储过程与程序有什么区别和联系？

2）创建存储过程的常用方法有哪些？

3）如何对一个存储过程进行重命名操作？

4）如何对存储过程进行调用执行？

6.3 触发器的应用

微课视频

课程视频 6.3

6.3.1 触发器概述

触发器（Trigger）是一种特殊的存储过程，它的执行不是由程序调用的，也不是手工启动的，而是由事件来触发的。例如，当对一个表进行操作（INSERT、DELETE、UPDATE）时，就会激活触发器的执行。

与存储过程相比，触发器更多地用于维护数据的完整性，经常用于加强数据的完整性约束和业务规则等。触发器可以从 DBA_TRIGGERS、USER_TRIGGERS 数据字典中查到。在 SQL Server 2022 中，触发器可以分为两大类：DDL 触发器和 DML 触发器。当服务器或数据库中发生数据定义语言（DDL）事件时将调用 DDL 触发器。当数据库中发生数据操作语言（DML）事件时将调用 DML 触发器。DML 事件包括在指定表或视图中修改数据的 INSERT、UPDATE 或 DELETE 语句。DML 触发器可以查询其他表，还可以包含复杂的 T-SQL 语句。

触发器作为一种非程序调用的存储过程，在应用过程中有以下优势。

1）预编译、已优化、效率较高，避免了 SQL 语句在网络传输后再解释的低效率。

2）可以重复使用，减少开发人员的工作量。若用 SQL 语句，那么使用一次就得编写一次。

3）业务逻辑的封装性好，数据库中的很多问题都可在程序代码中实现，但是若将其分离出来在数据库中处理，则可使逻辑更清晰，对于后期维护和二次开发的作用比较明显。

4）安全，不会有 SQL 语句注入问题。

📖 知识拓展
触发器与约束的区别

6.3.2 创建触发器

触发器的作用域取决于事件。例如，每当数据库中或服务器实例上发生 CREATE_TABLE 事件时，都会激发为响应 CREATE_TABLE 事件而创建的 DDL 触发器。仅当服务器上发生 CREATE_LOGON 事件时，才能激发为响应 CREATE_LOGON 事件而创建的 DDL 触发器。创建触发器的语法如下。

```
CREATE TRIGGER trigger_name
        ON ｛ table｜view ｝
        ［ WITH ENCRYPTION ］｛
           ｛｛FOR ｜ AFTER｜ INSTEAD OF ｝｛［ INSERT ］［ , ］［ UPDATE ］｝
        ［ WITH APPEND ］ ［ NOT FOR REPLICATION ］
           AS
        ［｛ IF UPDATE（column）［｛ AND｜OR ｝ UPDATE（column）］ ［ …n ］
           ｜ IF（COLUMNS_UPDATED（）｛ bitwise_operator ｝ updated_bitmask ）
                 ｛ comparison_operator ｝ column_bitmask ［ …n ］
        ｝］
```

$$sql\_statement [\ \cdots n\ ]$$
$$\}$$
$$\}$$

主要参数的说明如下。📖

📖 知识拓展
存储过程的其他参数

1）trigger_name：触发器的名称。触发器名称必须符合标识符规则，并且在数据库中必须唯一，不能以#或##开头。

2）table | view：是在其上执行触发器的表或视图，有时称为触发器表或触发器视图。可以选择是否指定表或视图的所有者名称。

3）WITH ENCRYPTION：加密 syscomments 表中包含 CREATE TRIGGER 语句文本的条目。用 WITH ENCRYPTION 可防止将触发器作为 SQL Server 复制的一部分发布。

【案例6-8】为 student 表创建触发器，当向该表中插入数据时给出提示信息。

操作步骤如下。

1）打开 SQL Server Management Studio，并连接到 SQL Server 2022 中的数据库。

2）单击工具栏中的"新建查询"按钮，打开查询编辑器，输入如下 SQL 语句代码。

```
CREATE TRIGGER Trig_stuDML
ON student
AFTER INSERT
AS
RAISERROR ('正在向表中插入数据', 16 , 10)
```

3）单击"执行"按钮，即可执行上述 SQL 代码，创建名称为 Trig_stu 的 DML 触发器。

当每次对 student 表的数据进行添加时，都会显示图 6-20 所示的消息内容。例如，执行 INSERT INTO student VALUES('1816040007', '刘建华', '男',22, '经济') 语句插入一条学生信息。

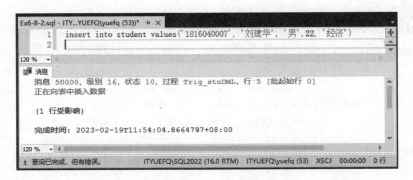

图 6-20　触发 DML 触发器的消息内容

163

6.3.3 修改与管理触发器

1. 使用 ALTER TRIGGER 语句修改触发器

修改触发器的语法格式如下。

```
ALTER TRIGGER trigger_name
ON ｛ table ｜ view ｝ ［ WITH ENCRYPTION ］｛
｛ FOR ｜ AFTER ｜ INSTEAD OF ｝｛ ［ INSERT ］［ , ］［ UPDATE ］｝
    ［ WITH APPEND ］ ［ NOT FOR REPLICATION ］
    AS
    ［｛ IF UPDATE( column ) ［｛ AND ｜ OR ｝ UPDATE ( column ) ］ ［ …n ］
    ｜ IF ( COLUMNS_UPDATED ( ) ｛ bitwise_operator ｜ updated_bitmask )
            ｛ comparison_operator ｝ column_bitmask ［ …n ］
    ｝ ］
    sql_statement ［ …n ］
｝
```

2. 使用 sp_rename 命令重命名触发器

可以使用存储过程 sp_rename 重命名触发器，其语法格式如下。

```
sp_rename oldname , newname
```

参数说明和用例请参考重命名存储过程的说明，此处不再赘述。

3. 查看触发器

查看已创建的触发器通常有三种方法。

（1）使用系统存储过程 sp_helptrigger 查看触发器信息

可以使用系统存储过程 sp_helptrigger 返回基本表中指定类型的触发器信息。其语法格式如下。

```
sp_helptrigger ［@tablename = ］ 'table'［ , ［@triggertype = ］ 'type'］
```

参数说明如下：

1）［@tablename = ］'table'：当前数据库中表的名称，将返回该表的触发器信息。

2）［@triggertype = ］'type'：触发器的类型，将返回此类型触发器的信息。如果不指定触发器类型，则将列出所有的触发器。

> 【案例 6-9】查看 XSCJ 数据库中 student 表的触发器类型。
>
> 要实现这个操作，可以在查询分析器中执行下列 T-SQL 语句。
>
> ```
> USE XSCJ
> GO
> EXEC sp_helptrigger 'student'
> EXEC sp_helptrigger 'student','INSERT'
> ```
>
> 代码的执行结果如图 6-21 所示。

图 6-21　查看 XSCJ 数据库中 student 表的触发器类型

（2）使用系统存储过程 sp_helptext 查看触发器代码

可以使用系统存储过程 sp_helptext 查看触发器的代码。其语法格式如下。

　　　sp_helptext 'trigger_name'

需要注意，如果在创建触发器时使用 WITH ENCRYPTION 进行加密处理，那么使用 sp_helptext 不能查看到触发器文本信息。

【案例 6-10】查看触发器 Trig_stuDML 的所有者和创建日期。

要实现这个操作，可以在查询分析器中执行下列 T-SQL 语句：

　　　USE XSCJ
　　　GO
　　　EXEC sp_helptext 'Trig_stuDML'

代码的执行结果如图 6-22 所示。

图 6-22　使用系统存储过程 sp_helptext 查看触发器代码

（3）使用系统存储过程 sp_help 查看触发器其他信息

可以使用系统存储过程 sp_help 查看触发器的其他信息。其语法格式如下。

　　　sp_help 'trigger_name'

【案例6-11】查看触发器 Trig_stuDML 的所有者和创建日期。

要实现这个操作，可以在查询分析器中执行下列 T-SQL 语句。

```
USE XSCJ
GO
EXEC sp_help 'Trig_stuDML'
```

代码的执行结果如图 6-23 所示。

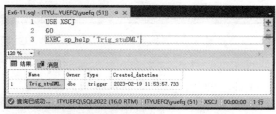

图 6-23 使用系统存储过程 sp_help 查看触发器其他信息

4. 禁用或启用触发器

可使用 T-SQL 语句中的 ALTER TABLE 命令禁用或启用触发器。其语法格式如下。

```
ALTER TABLE 触发器所属表名称
{ENABLE|DISABLE}TRIGGER {ALL|触发器名称[ ,…n] }
```

参数说明如下：

{ENABLE | DISABLE} TRIGGER：指定启用或禁用 trigger_name。当一个触发器被禁用时，它对表的定义仍然存在；但是，当在表上执行 INSERT、UPDATE 或 DELETE 语句时，触发器中的操作将不执行，除非重新启用该触发器。

ALL：不指定触发器名称的话，指定 ALL 则启用或禁用触发器中的所有触发器。

【案例6-12】暂时禁用触发器 Trig_stuDML。

要实现这一任务，可以在查询分析器中执行下列 T-SQL 语句。

```
USE XSCJ
GO
ALTER TABLE student
DISABLE TRIGGERTrig_stuDML
```

代码的执行结果如图 6-24 所示。

图 6-24 暂时禁用触发器 Trig_stuDML

6.3.4　触发器的工作方式

触发器通常由三个部分组成。

1）事件。事件是指对数据库的插入、删除和修改等操作，触发器在这些事件发生时将开始工作。

2）条件。触发器将测试条件是否成立。如果条件成立，就执行相应的动作，否则什么也不做。

3）动作。如果触发器测试满足预设的条件，那么就由 DBMS 执行对数据库的操作。这些动作既可以是一系列对数据库的操作，甚至可以是与触发事件本身无关的其他操作。

在触发器的应用中，有两个特殊的表：inserted 表和 deleted 表。它们都是针对当前触发器的临时表。这两个表与触发器所在表的结构完全相同，而且总是存储在内存中。在执行 INSERT 语句时，插入表中的新记录也同时插入 inserted 表中。在执行 UPDATE 语句时，系统首先删除原有记录，并将原有记录插入 deleted 表中，而新插入的记录也同时插入 inserted 表中。在执行 DELETE 语句时，删除表中数据的同时，也将该数据插入 deleted 表中。触发器会自动记录所要更新数据的新值与原值，根据对新值和原值的测试来决定是否执行触发器中预设的动作。

触发器可以嵌套执行，一个触发器的执行会激发另一个触发器的操作，而另一个触发器又会激发第三个触发器，DML 触发器与 DDL 触发器最多可以进行 32 层嵌套。

☺ 讨论思考：

1）常用触发器主要可以分为哪几种类型？

2）触发器与存储过程的联系和区别是什么？

3）查看触发器的常用方法主要有哪些？

4）触发器应用中的 inserted 和 deleted 这两个表的作用是什么？

6.4　实验 6　存储过程及触发器的应用 　

实验视频

实验视频 6　讲解及演示

6.4.1　执行带回传参数的存储过程

1. 实验内容

在 XSCJ 数据库中，基于成绩信息表 score 创建一个 Proc_out 的带返回参数的存储过程，如图 6-25 所示。

2. 实验指导

基于成绩信息表 score 创建一个带返回参数的存储过程 Proc_out，并且声明两个变量，利用 exec 关键字执行该存储过程。实验的关键语句如下。

```
USE XSCJ
GO
IF EXISTS( SELECT name FROM sysobjects WHERE name='Proc_out'and type = 'p')
    DROP PROC Proc_out
```

```
GO

CREATE PROCEDURE Proc_out
@sno char(10),
@cno char(4),
@score int output                           --设置带返回值的参数
AS
SELECT @score=grade FROM score WHERE sno=@sno and cno=@cno
GO

--执行存储过程
DECLARE @stuscore int                       --自定义变量
EXEC Proc_out '1812010005','2105',@stuscore output    --调用存储过程
IF @stuscore>=90                            --利用存储过程的返回值进行判断
    PRINT rtrim(@stuscore)+'分的成绩为较高水平。'
IF @stuscore>=70 and @stuscore<90
    PRINT rtrim(@stuscore)+'分的成绩为中等水平。'
IF @stuscore<70
    PRINT rtrim(@stuscore)+'分的成绩为一般水平。'
```

图6-25　执行带回传参数的存储过程

6.4.2　使用触发器向数据库的表中添加数据

1. 实验内容

本实验为course表创建触发器，当向该表中插入数据时给出提示信息，实验结果如

图 6-26 所示。

图 6-26　使用触发器向数据库的表中添加数据

2. 实验指导

通过执行 SQL 语句代码创建名称为 Trgr1 的触发器。每次对 course 表的数据进行添加时，都会显示图中的消息内容。本实验的关键语句代码如下。

```
USE XSCJ
GO
IF EXISTS(SELECT name FROM sysobjects WHERE name='Trgr1')
    DROP TRIGGER Trgr1
GO
CREATE TRIGGER Trgr1
ON course
AFTER INSERT
AS
PRINT('正在向课程表中添加新课程……')
GO
```

在创建完以上触发器以后输入如下代码，进行测试，即可得到图 6-26 所示的结果。

```
USE XSCJ
GO
INSERT INTO course values('2107','微信小程序实训',4)
GO
```

6.5　本章小结

本章介绍了存储过程与触发器的概念、特点和作用，以及创建和管理存储过程与触发器的方法及技巧。

通过本章内容的学习，读者应认识到存储过程与触发器在维护数据库完整性方面具有非常重要的作用，同时也增强了代码的重用性与共享性，提高了程序的可移植性。读者应了解存储过程和触发器的特点与作用，熟练掌握存储过程与触发器的创建、管理和调用的方法、技巧与注意事项。

6.6 练习与实践 6

1. 选择题

（1）假定在 XSCJ 数据库中创建一个名为 proc_score 的存储过程，而且没有被加密，那么下列（   ）方法可以查看存储过程的内容。

    A. EXEC sp_helptext proc_score   B. EXEC sp_depends proc_score

    C. EXEC sp_help proc_score   D. EXEC sp_stored_procedures proc_score

（2）在 SQL Server 中执行带参数的过程，正确的方法为（   ）。

    A. 过程名 参数   B. 过程名（参数）

    C. 过程名=参数   D. ABC 均可

（3）（   ）允许用户定义一组操作，这些操作通过对指定的表执行删除、插入和更新命令来实现。

    A. 存储过程   B. 规则

    C. 触发器   D. 索引

（4）SQL Server 为每个触发器创建了两个临时表，它们是（   ）。

    A. updated 和 deleted   B. inserted 和 deleted

    C. updated 和 inserted   D. updated 和 selected

2. 填空题

（1）_____预先将 T-SQL 语句放在其中，然后使用_____语句来执行。

（2）在触发器中可以使用两个特殊的临时表。一个用来保存那些受_____和_____语句影响的记录；一个用于保存那些受 DELETE 和 UPDATE 语句影响的记录。

（3）设在 SQL Server 某数据库中有汽车表和销售表，表的定义如下。

```
CREATE TABLE 汽车表(
汽车型号        char(10) PRIMARY KEY,
汽车名称        char(20),
颜色            varchar(10),
价格            int )
CREATE TABLE 销售表(
汽车型号        char(10),
销售时间        datetime,
销售数量        int,
    PRIMARY KEY(汽车型号,销售时间),
    FOREIGN KEY(汽车型号) REFERENCES 汽车表(汽车型号))
```

现要创建一个具有如下功能的存储过程：查询指定型号的汽车的销售总数量，并且销售总数量用输出参数返回。请补全下列代码。

```
CREATE _____ P1
```

```
@model varchar(10)，@total int _____
AS
_____@total = (
    SELECT _____
FROM 销售表 s JOIN 汽车表 c ON _____
WHERE 汽车型号 = _____
)
```

（4）设在 SQL Server 某数据库中有商品表和销售表，表的定义如下。

```
CREATE TABLE 商品表(
商品号 char(10) PRIMARY KEY,
商品名 char(20) NOT NULL,
销售总量 int DEFAULT 0)
CREATE TABLE 销售表(
商品号 char(10),
销售时间 datetime,
销售数量 int NOT NULL,
PRIMARY KEY(商品号,销售时间),
FOREIGN KEY(商品号) REFERENCES 商品表(商品号))
```

现要创建一个具有如下功能的触发器：每当在销售表中插入一条销售记录时，修改商品表中对应商品的销售总量，假设一次只插入一条销售记录。请补全下列代码。

```
CREATE TRIGGER tri_insert on _____ FOR _____
AS
_____商品表 _____ 销售总量 = _____ +
( SELECT 销售数量 FROM _____ )
WHERE 商品号 IN (SELECT 商品号 FROM Inserted)
```

3. 简答题

（1）与 T-SQL 语句相比，存储过程具有哪些优点？

（2）什么是触发器？触发器分为哪几种类型？

（3）简述存储过程与触发器的区别。

（4）简述触发器的优缺点。

4. 实践题

（1）根据下面的关系模式，完成操作。

学生（学号，姓名，性别，出生日期，民族，班号）

班级（班号，班名，班主任，教室）

课程（课程号，课程名，学分）

选课（学号，课程号，成绩）

1）创建存储过程 P_1，功能是查询性别为男的学生的学号、姓名、性别信息。

2）创建存储过程 P_2，功能是查询指定学生的学号、姓名、性别和班号，姓名由参数传递。

3）创建存储过程 P_3，功能是查询选修了某门课程的学生成绩，显示学号、姓名、课程名和成绩信息，并将成绩转换为等级分制，课程名由参数传递。

4）创建存储过程 P_4，功能是查询某门课程的总分和平均分，课程名由参数传递。

5）创建触发器 T_1，功能是当向学生表添加记录时，显示学生的信息。

6）创建触发器 T_2，功能是当向班级表添加、修改和删除数据时，显示学生的信息。

7）创建触发器 T_3，功能是当修改班级表里的班号时，同步更新学生表中对应的班号。

8）创建触发器 T_4，功能是当删除学生表的记录时，同步删除选课表中的选课信息。

（2）根据下面的任务描述，完成操作。

任务描述：

在销售管理系统开发过程中，软件设计工程师根据开发实际需要，提出希望 SQL Server 数据库后台能提供可以调用的存储过程以及通过触发器来加强数据的完整性约束和业务规则。作为一名数据库系统工程师，需要为软件设计工程师提供有力支持。

解决思路：

在"对象资源管理器"窗口中利用菜单命令或者在"查询编辑器"窗口中编写 T–SQL 语句来完成如下要求。

1）创建并执行存储过程 Proc_sale1，显示每种产品的销售总量和销售总金额。

2）创建并执行存储过程 Proc_sale2，根据指定的产品编号和日期，以输出参数的形式输出该日期下该产品的销售总量和销售总金额。

3）创建并执行存储过程 Proc_sale3，根据指定的客户编号（cusno）统计某个时间段内的订单详细信息，并返回购买次数。

4）创建并执行存储过程 Proc_sale4，根据指定的客户编号（cusno）统计汇总该客户所购买的每种产品的数量及消费金额。

5）创建触发器 Trig_sale1，实现即时更新每种商品的库存数量（需考虑入库和销售两种情况）。

6）创建触发器 Trig_sale2，拒绝用户对数据库对象进行任何操作（使用 DDL_DATABASE_LEVEL_EVENTS 事件）。

第7章 T-SQL 应用编程

Transact-SQL 简称 T-SQL，是微软研发的数据库管理系统 SQL Server 的核心组件，也是标准的 SQL 程序设计语言的增强版。几乎所有的应用程序都要使用、存储和处理关系数据库中的数据。为了更好地满足现代信息化需求，进行"数字化"建设并将业务处理转换为数据处理，就需要学习并掌握使用 T-SQL，这是 Microsoft 为 ANSI 标准 SQL（数据库查询语言）提供的强大的实现方案。

📁 **教学目标**
- 熟悉 T-SQL 的概念、特点、执行方式等相关理论
- 理解常用的批处理、脚本、事务等基本相关概念
- 掌握 T-SQL 编程中常用的流程控制结构与语句
- 理解嵌入式 SQL 的概念、语法规定以及用法

📖 **知识拓展**
学习 T-SQL 应用编程的重大意义

7.1 T-SQL 基础概述

🎬 **微课视频**
课程视频 7.1

【**案例 7-1**】T-SQL 是对标准 SQL 的扩展。美国国家标准学会（American National Standards Institute，ANSI）制定的标准 SQL 是关系数据库中管理和操作数据的标准语言，具有操作统一、功能丰富、非过程化等优点。但是这种高度非过程化的语言也有着明显缺点：缺少流程控制能力。因此，各大厂商都对标准 SQL 进行了扩展，制定了各自的过程化 SQL，如 SQL Server 的 T-SQL、Oracle 的 PL/SQL、IBM DB2 的 SQL PL 和 Kingbase 的 PL/SQL。

7.1.1 T-SQL 的概念、特点和功能

📖 **知识拓展**
Oracle 中的 PL/SQL 简介

1. T-SQL 的概念及优点

T-SQL（事务–结构化查询语言）作为标准 SQL 的扩展，不仅包含数据定义语言、数据操作语言和数据控制语言，同时还包括了程序控制语言，而且提供了丰富的编程功能，允许使用变量、运算符、表达式、函数、流程控制语句等，其功能非常强大。T-SQL 提供标准 SQL 的 DDLH 和 DML 功能，加上延伸的函数、系统预存程序及程序设计结构，让程序设计更有弹性。T-SQL 对于 SQL Server 十分重要，SQL Server 中使用图形界面能够完成的所有功能，都可以用 T-SQL 实现。使用 T-SQL 时，与 SQL Server 通信的所有应用程序都通过向服务器发送 T-SQL 语句来执行，而与应用程序的界面无关。

T-SQL 集数据查询、数据操作、数据定义和数据控制于一体，体现了关系数据库语言的特点和优点。T-SQL 主要有以下几个特点。

1）功能强大，将数据定义、数据操作、数据控制、事务管理和附加语言元素集于一体。

2）具有两种使用方式，可直接交互式操作数据库，也可以嵌入高级语言中使用。

3）与人的思维方式接近，简单易学，易于理解和掌握。

2. SQL 与 T-SQL 的区别

SQL（Structrued Query Language，结构化查询语言）作为关系数据库的标准语言，已被众多商用 DBMS 产品采用，使得它已成为关系数据库领域中的一个主流语言，不仅包含数据查询功能，还包括插入、删除、更新和数据定义功能。

T-SQL 是 SQL 语言的一种版本，且只能在 SQL Server 中使用。它是 ANSI（美国国家标准学会）的加强版本语言，提供了标准的 SQL 命令。另外，T-SQL 还对 SQL 做了许多补充，提供了数据库脚本语言，即类似于 C、Basic 和 Pascal 的基本功能，如变量说明、流程控制语言、功能函数等。除此之外，T-SQL 提供的交互式查询语言，既允许用户直接查询存储在数据库中的数据，也可以将语句嵌入某种高级程序设计语言中使用，例如可嵌入C#、.Net 或 Java 等语言中。对于数据库中数据集的操作，T-SQL 比其他高级语言更加简单高效，而且也具有了其他高级语言的特点。

3. T-SQL 的功能

T-SQL 的编程功能主要包括**基本功能和扩展功能**。

（1）基本功能

可将 T-SQL 的基本功能概括为数据定义语言（Data Definition Language，DDL）功能、数据操作语言（Data Manipulation Language，DML）功能、数据控制语言（Data Control Language，DCL）功能和事务管理语言（Data Transaction Language，DTL）功能等。

（2）扩展功能

T-SQL 的扩展功能主要包括程序流程控制结构以及 T-SQL 附加的语言元素，包括标识符、局部变量、系统变量、常量、运算符、表达式、数据类型、函数、错误处理语言和注释等。

> 📖 知识拓展
> SQL 与 T-SQL 的主要区别

7.1.2　T-SQL 的类型和执行方式

> 📖 知识拓展
> 编写 T-SQL 语句的基本要求

1. T-SQL 的类型

根据 SQL Server 数据库管理系统具有的功能，T-SQL 语言可分为五种类型，即数据定义语言、数据操作语言、数据控制语言、事务管理语言和附加的语言元素。

1）数据定义语言是最基础的 T-SQL 类型，用于定义 SQL Server 中的数据结构。使用这些语句可以创建、更改或删除 SQL Server 实例中的数据结构。在 SQL Server 2022 中，主要包括通过 CREATE 创建新对象，如数据库、表、视图、过程、触发器和函数等；通过

ALTER 修改已有对象的结构；通过 DROP 删除已有对象；通过 DISABLE TRIGGER、ENABLE TRIGGER 等语句控制触发器。

2）数据操作语言主要用于使用数据。使用这些语句可以从数据库中查询、增加、删除和修改数据。在 SQL Server 2022 中，主要包括 SELECT、INSERT、DELETE、UPDATE、UPDATETEXT、WRITETEXT、READTEXT 等语句。当使用数据定义语言定义数据后，才能使用数据操作语言使用数据。

3）数据控制语言用于实现对数据库安全管理和权限管理等控制操作。在 SQL Server 2022 中，主要包括 GRANT（赋予权限）、REVOKE（收回权限）和 DENY（禁止赋予的权限）等语句。

4）事务管理语言主要用于事务管理方面。事务是数据处理的最小单位，事务管理指对于一系列数据库操作进行管理，在 SQL Server 2022 中，可以用 BEGIN TRANSACTION、COMMIT、ROLLBACK TRANSACTION 和 SAVE TRANSACTION 分别对事务进行开启、提交、回滚和保存管理操作。

5）附加的语言元素用于辅助语句的操作、标识、理解和使用，主要包括标识符、变量、常量、运算符、表达式、数据类型、函数、流程控制语句、错误处理语句和注释等元素。SQL Server 中使用了 100 多个保留关键字来定义、操作或访问数据库和数据库对象，这些关键字包括 DATABASE、CURSOR、CREATE、BEGIN 等。这些关键字是 T-SQL 语法的一部分。

2. T-SQL 的执行方式

在 SQL Server 中，主要使用 SSMS 工具执行 T-SQL 编写的语句。SSMS 的主区域除了用于显示和修改表数据外，还有一个十分常用且重要的功能，即编写 T-SQL 程序脚本。若要运行编写的 T-SQL 语句，则可先在"对象资源管理器"窗口选中要运行 SQL 语句的数据库或者数据库中的对象，然后单击"新建查询"按钮或者按〈Alt+N〉组合键，SSMS 将在主区域新建一个空白编辑器窗口，用户可在此编写 T-SQL 语句并执行。执行时需要注意的是，若用户在编辑器中选中部分 SQL 脚本，那么 SSMS 将只运行选中的脚本；若用户没有在编辑器窗口中选择任何脚本，那么 SSMS 将运行该窗口中的所有 SQL 脚本。📖

SSMS 中还支持对大多数数据库对象（如表、视图、同义词、存储过程、函数和触发器等）生成操作 SQL 语句。该功能可减少开发人员反复编写 SQL 语句的工作，极大地提高了工作效率。例如，要生成查询"教师"表的 SQL 语句，只需在"对象资源管理器"窗口中找到该表，在该表上右击，在弹出的快捷菜单中选择"编写表脚本为"→"SELECT 到"→"新查询编辑器窗口"命令，如图 7-1 所示。

> 📖 **知识拓展**
> SSMS 工具概述及其主要用法

SSMS 可自动生成该表的查询语句。

```
SELECT[工号],[系部编号],[教师姓名],[性别],[年龄],[职称],[所在院系]
    FROM [dbo].[教师]
```

单击工具栏中的"执行"按钮，运行该语句，将在主区域中显示运行结果。自动生成的查询语句及其执行结果如图 7-2 所示。通过同样的操作，不仅可以自动生成查询语句，还可以自动生成表的创建、插入、更改和删除等操作的 SQL 语句。

图 7-1 为表生成查询 SQL 语句

图 7-2 自动生成的查询语句及其执行结果

☺ 讨论思考:

1) T-SQL 的基本概念和主要特点是什么?

2) T-SQL 与标准 SQL 的区别和联系是什么?

3) 如何在 SSMS 中具体使用 T-SQL 语句?

7.2　批处理、脚本及事务

SQL 批处理是数据库系统中一个很重要的功能，能够对系统的性能进行有效的优化。脚本将一组 SQL 命令以文本文件的形式存储，能够提高数据访问的效率，并进行相关的数据处理。事务是数据库系统上执行并发操作时的最小控制单元，能将逻辑相关的一组操作绑定在一起，以便使服务器保持数据的完整性。

微课视频

课程视频 7.2

7.2.1　批处理概述

1. 批处理的概念

批处理（Batches）是指一个或多个 T-SQL 语句的集合，由客户端应用程序一次性发送到 SQL Server 服务器以完成执行，它表示用户提交给数据库引擎的工作单元。批处理是作为一个单元进行分析和执行的，它要经历的处理阶段有分析（语法检查）、解析（检查引用的对象和列是否存在、是否具有访问权限）、优化（作为一个执行单元）。SQL Server 将批处理语句编译为单个可执行的单元，称为执行计划。执行计划中的语句每次执行一条，这种批处理方式有助于节省执行时间。

批处理中的错误分为两类：语法错误和运行时错误。

如果查询分析器发现一个语法错误，那么批处理的处理过程会被立即取消。因为语法检查发生在批处理编译或者执行之前，所以发生在语法检查期间的一个失败意味着批处理还没有被执行，不管语法错误发生在批处理中的什么位置。

运行时错误的方式则有很大的不同，因为所有在遇到运行错误之前执行的语句都已经完成了，所以除非是未提交事务的一部分，否则这些语句所做的任何事情都已经是现实了。一般而言，运行时错误将终止从错误发生的地方到批处理末端的批处理的执行，下一个批处理不受影响。唯一例外的情况是批处理位于事务中，并且运行时错误导致事务回滚。在这种情况下，所有运行时错误之前执行的未提交数据修改都将回滚（退回）。

需要注意，如果编译阶段发生语法错误，则会导致执行计划无法编译，此时不会执行批处理中的任何语句。但是运行阶段发生的错误，如算术溢出或约束冲突之类的错误，则根据不同情况而定。

1）大多数运行时错误将停止执行批处理中的当前语句和它之后的语句。

2）某些运行时错误（如违反约束）仅停止执行当前语句，而继续执行批处理中的其他语句。

2. 批处理的规则

下面的规则适用于批处理的使用。

1）创建默认（CREATE DEFAULT）、创建函数（CREATE FUNCTION）、创建过程（CREATE PROCEDURE）、创建规则（CREATE RULE）、创建模式（CREATE SCHEMA）、创建触发器（CREATE TRIGGER）、创建视图（CREATE VIEW）语句不能在批处理中与其

他语句组合使用。

2）批处理必须以 CREATE 语句开始，所有跟在该批处理后的其他语句将被解释为第一个 CREATE 语句定义的一部分。

3）不能在同一个批处理中更改表结构（如修改字段名、新增字段、新增或更改约束等），然后引用新列。因为 SQL Server 可能还不知道架构定义发生了变化，从而导致出现解析错误。

4）不能在同一个批处理中删除一个对象之后再次引用该对象。

5）不可将规则和默认值绑定到表字段或自定义字段之后，立即在同一个批处理中使用。

6）使用 SET 语句设置的某些 SET 选项不能应用于同一个批处理中的查询。

7）如果批处理中的第一个语句是执行某个存储过程的 EXECUTE 语句，则 EXECUTE 关键字可以省略。如果 EXECUTE 语句不是批处理中的第一条语句，则必须保留。

3. 指定批处理的方法

指定批处理的方法有四种。

1）应用程序作为一个执行单元发出的所有 SQL 语句构成一个批处理，并生成单个执行计划。

2）存储过程或触发器内的所有语句构成一个批处理，每个存储过程或者触发器都编译为一个执行计划。

3）由 EXECUTE 语句执行的字符串是一个批处理，并编译为一个执行计划。

4）由 sp_executesql 存储过程执行的字符串是一个批处理，并编译为一个执行计划。

需要注意以下几点。

1）若应用程序发出的批处理过程中含有 EXECUTE 语句，则已执行字符串或存储过程的执行计划将与包含 EXECUTE 语句的执行计划分开执行。

2）sp_executesql 存储过程所执行的字符串生成的执行计划与 sp_executesql 调用的批处理执行计划分开执行。

3）若批处理中的语句激活了触发器，则触发器的执行将和原始的批处理分开执行。

4. 批处理的结束与退出

（1）执行批处理语句

功能：用 EXECUTE 语句执行标量值的用户自定义函数、系统过程、用户自定义存储过程或扩展存储过程，同时支持 T-SQL 批处理内字符串的执行。

（2）批处理结束语句

在 SSMS、sqlcmd 实用工具和 osql 实用工具中都使用 GO 命令作为批处理语句的结束标记，即当编译器执行到 GO 时会将之前的所有语句当作一个批处理来执行。但是 GO 并不是 T-SQL 语句，它只是供 SSMS、sqlcmd 和 osql 这些 SQL Server 客户端工具识别的一个命令。📖

> 📖 知识拓展
> GO 语句功能及其语法

GO 命令和 T-SQL 命令不能在同一行，否则无法识别。但在 GO 命令行中可包含注释。用户必须遵照使用批处理的规则。例如，在批处理中的第一条语句后执行任何存储过程必须包含 EXECUTE 关键字。局部（用户定义）变量的作用域限制在一个批处理中，不可在 GO 命令后引用。

SQL Server 2005 以及更高的版本中对 GO 命令这个客户端工具进行了增强，让它可以支持一个正整数参数，表示 GO 之前的批处理将执行指定的次数。当需要重复执行批处理时，就可以使用这个增强后的命令。该命令使用的具体语法格式如下。

GO [count]

其中，count 为一个正整数，指定 GO 之前的批处理将执行的次数。

【案例 7-2】 批处理语句以及 GO 语句的使用。

```
USE 教务管理系统              /*将当前使用的数据库切换到"教务管理系统"*/
CREATE VIEW vw_teacher        /*创建视图"vw_teacher"*/
AS SELECT * FROM 教师
GO                            /*批处理执行前面语句 1 次*/
INSERT INTO 教师 DEFAULT VALUES  /*在"教师"表中插入*/
GO 10                         /*批处理执行插入元组语句 10 次*/
```

将这些语句在编辑器窗口中执行后，会发现数据库"教务管理系统"中出现了一个视图"vw_teacher"；"教师"表中新增元组 10 个，每个元组中的属性值都为 NULL（前提是该表未定义主码，即元组可重复）。

（3）批处理退出语句

批处理退出语句的基本语法格式如下。

> 📖 **知识拓展**
> RETURN 语句的基本用法

RETURN[整型表达式]

该语句可无条件终止查询、存储过程或批处理的执行。存储过程或批处理不执行 RETURN 之后的语句。当存储过程使用该语句时，RETURN 语句不能返回空值。可用该语句指定返回调用应用程序、批处理或过程的整数值。📖

【案例 7-3】 RETURN 语句的使用。创建过程，检查"教师"表中某个元组的职称情况。若是"教授"，则返回 1；若不是，则返回 2。

```
USE 教务管理系统
GO
CREATE PROCEDURE checkstate @param char (10)
AS
IF(SELECT 职称 FROM 教师 WHERE 工号=@param)= '教授'
RETURN 1
ELSE
RETURN 2
```

以上语句创建了过程 checkstate 来检查教师的职称状态。如果该教师职称是"教授"，则返回状态码 1；其他情况下，返回状态码 2。

再通过下面语句显示通过过程 checkstate 检查工号为 "A312" 的教师职称状态，并返回执行结果。

```
DECLARE@return_status int
EXEC @return_status = checkstate 'A312'
SELECT '返回值' = @return_status
GO
```

执行该批处理语句后，结果窗口显示返回值为 1，表示工号为 "A312" 的教师职称是教授。

7.2.2 脚本及事务

📖 知识拓展
使用 T-SQL 编辑器编辑和执行脚本

1. 脚本

脚本（Script）是存储在文件中的一系列 SQL 语句。脚本文件保存时的扩展名为 .sql，该文件是一个纯文本文件。📖

脚本文件可包含一个或多个批处理。GO 作为批处理的结束语句。若脚本中无 GO 语句，则作为单个批处理。

使用脚本可以将创建和维护数据库时进行的操作保存在磁盘文件中，方便以后重复使用该段代码，还可以将此代码复制到其他计算机上执行。因此，对于经常操作的数据库，保存相应的脚本文件是一个很好的使用习惯。

要保存查询分析器中的 T-SQL 语句为脚本文件，选择"文件"→"保存"命令，或者单击工具栏中的"保存查询/结果"按钮，在打开的窗口中指定存储位置即可。在关闭当前查询窗口时，也会自动弹出对话框，提示是否保存当前的脚本文件。

在查询分析器中也可以通过选择"文件"→"打开"命令，或者单击工具栏中的"打开文件"按钮来打开已保存的脚本文件，并对其进行编辑或者执行。

2. 事务

事务的概念主要是为了保持数据的一致性而提出的。例如，在一次银行交易中，需要将账户 A 中的 10000 元转账至账户 B 中，那么这个操作序列就应该分两步来完成。第一步，从账户 A 中减去 10000 元；第二步，向账户 B 中加入 10000 元。可以设想，如果第一步完成后发生了突然断电等故障而导致第二个动作没来得及完成，那么故障恢复后会发现账户 A 中的金额少了 10000 元，但是账户 B 中并没有增加 10000 元，总金额发生错误，造成数据不一致现象。这就需要用到事务的概念。

（1）事务的定义

事务（Transaction）是用户定义的数据操作序列，这些操作可作为一个完整的不可分割的工作单元。事务中的所有 SQL 语句是一个整体，共同进退，不可分割。一个事务内的操作"要么全部执行，要么全部不执行"。

事务的开始和结束可以由用户显式控制，SQL 中常用的定义事务的语句有以下三条。

```
BEGIN TRANSACTION;
COMMIT;
ROLLBACK;
```

其中，BEGIN TRANSACTION 表示事务的开始，以 COMMIT 或 ROLLBACK 结束事务。COMMIT 表示事务的提交，即将所有对数据库的更新写到磁盘上的物理数据库中，正常结束该事务。ROLLBACK 表示事务的回滚，当事务在执行过程中发生了某种故障而不能继续执行时，系统将该事务中对数据库的所有已完成更新操作全部撤销，回滚（退回）到事务开始时的状态。事务控制命令仅能与 DML 类别的 SQL 命令一起使用，包括 INSERT、UPDATE、DELETE 和 SELECT。在创建或者删除表时不能使用事务，因为这些操作在数据库中是自动提交的。

上述银行转账示例中，如果把整个过程当作一个事务，那么两步操作要么都执行，要么都不执行。也就是说，当发生故障造成事务中断时，系统会自动撤销已完成的第一个动作，这样当系统恢复时，账户 A 和账户 B 的金额还是正确的。

事务和程序是两个不同的概念。一般地，一个程序中可包含多个事务；一个事务可以是一条 SQL 语句、一组 SQL 语句或整个程序。

需要特别注意的是，事务与批处理有所区别，事务是工作的原子工作单位，而一个批处理可以包含多个事务，一个事务也可以在多个批处理中的某些部分提交。当事务在执行中途被取消或回滚时，SQL Server 会撤销自事务开始以来进行的部分活动，而不考虑批处理是从哪里开始的。

（2）事务的特征

事务定义了一个或多个数据库操作的序列，但是并非任意数据库操作序列都能称为事务。为了保护数据的完整性，一般要求事务具有以下四个特征。

1）原子性（Atomic）。事务中的所有步骤和操作都被当作原子单元，不可分割，执行时要么都做，要么都不做。

2）一致性（Consistent）。事务执行的结果必须是使数据库从一个一致性状态转变到另一个一致性状态。数据库的一致性是指数据库中的数据满足完整性约束。

3）隔离性（Isolated）。若多个事务并发执行，应如同各事务独立执行一样，一个事务的执行不受其他事务干扰。即一个事务的内部操作及使用的数据对其他并发事务是隔离的，一个事务不应该看到另一个事务的中间阶段。并发控制就是为了保证事务的隔离性。

4）持久性（Durable）。在将数据修改写入磁盘上数据库的数据分区之前，总是把这些修改写入磁盘上数据库的事务日志中。把提交指令记录到磁盘的事务日志中以后，即使数据修改还没有应用到磁盘的数据分区，也可以认为事务是持久化的。此时，即使数据库因故障而受到破坏，DBMS 也应当可以恢复。📖

> 📖 **知识拓展**
> 事务日志的定义与用法

习惯上将上述四个特性合称为事务的 ACID 特性或 ACID 准则。保证事务的 ACID 特性是事务管理的重要任务。事务也是数据库故障恢复和并发控制的基本单位。因此，事务的 ACID 特性有可能遭到破坏的因素有两个：一是多个事务并行运行时，不同事务的操作交叉运行；二是事务在运行过程中被强制中止。第一种情况下，DBMS 必须保证多个事务的交叉运行不影响这些事务的原子性。第二种情况下，DBMS 必须保证被强行中止的事务对数据库和其他事务没有影响。这些工作由 DBMS 中的恢复机制和并发机制负责完成。

（3）事务类型

任何对数据的修改都是在事务环境中进行的。SQL Server 使用四类事务模式管理数据的修改。

1）显式事务。事务中存在显式事务，以 BEGIN TRASACTION 语句开始，以 COMMIT 或 ROLLBACK 语句显式结束。

2）隐式事务。在前一个事务完成时，新事务就隐式启动，但是每个事务仍然以 COMMIT 或 ROLLBACK 语句显式结束。

3）自动提交事务。如果数据修改语句是在没有显式事务或者隐式事务的数据库中执行的，就称为自动提交事务。简而言之，它一次仅执行一个操作，每条单独的语句都可看作一个事务。

4）批处理级事务。只能应用于多个活动结果集（MARS），在 MARS 会话中启动的 T-SQL 显式事务或隐式事务转变为批处理级事务。当批处理完成时，没有提交或回滚的批处理级事务自动由 SQL Server 进行回滚。

【案例 7-4】通过以下银行转账的算法理解事务的概念。

```
BEGIN TRANSACTION
    BALANCE1 = 账户 A 的余额；              / * 读取账户 A 的余额,并赋值给 BALANCE1 * /
    BALANCE1 = BALANCE1-AMOUNT；          / * AMOUNT 为转账金额 * /
    IF（BALANCE1<0）THEN
        ｛PRINT '账户金额不足,不能转账'；
        ROLLBACK ；｝
    ELSE
        ｛BLANCE2 = 账户 B 的余额；          / * 读取账户 B 的余额,并赋值给 BALANCE2 * /
        BALANCE2 = BALANCE2+AMOUNT；
        账户 B 的余额 = BALANCE2；
        COMMIT ；｝
```

☺ 讨论思考：

1）什么是批处理的概念？

2）什么是脚本？脚本有何主要作用？

3）什么是事务？如何用事务对数据进行一致性控制？

微课视频
课程视频 7.3

7.3 流程控制结构

在使用 T-SQL 语句编程时，经常需要按照执行的条件进行控制转移或者重复执行，即控制 SQL 语句、语句块或存储过程的执行流程，这就需要用到 T-SQL 提供的几种基本的流程控制元素。与程序设计语言中的流程控制结构类似，T-SQL 中的控制结构也主要分为三类：

顺序、选择和循环。表 7-1 列出了 T-SQL 提供的常用流程控制语句。📖

📖 知识拓展

控制流语言的语法格式

表 7-1　T-SQL 提供的常用流程控制语句

语　　句	具　体　描　述
BEGIN…END	定义语句块
BREAK	退出最内层的 WHILE 循环
CASE	允许表达式按照条件返回不同值
CONTINUE	重新开始 WHILE 循环
GOTO	将程序的执行跳转到相关标签处
IF…ELSE	判断条件是否成立，执行相应分支
RETURN	无条件退出
WAITFOR	为语句的执行设置延迟
WHILE	当指定条件为真时重复执行循环体

7.3.1　顺序结构

顺序结构是最基本的控制结构，执行流程为从上至下执行每一条语句，其流程图如图 7-3 所示。

1. BEGIN … END 语句

BEGIN … END 用来定义一个语句块，它将一系列 T-SQL 语句作为一个整体来执行。BEGIN 和 END 是控制语句的关键字，分别表示语句块的开始和结束。

图 7-3　顺序结构流程图

BEGIN … END 语句的具体语法格式如下。

```
BEGIN
<语句块 1>
<语句块 2>
…
<语句块 n>
END
```

介于 BEGIN 和 END 之间的各个语句既可以是单独的 T-SQL 语句，也可以是使用 BEGIN 和 END 定义的语句块，即 BEGIN 和 END 语句允许嵌套使用。

🔔 注意：

1）BEGIN 和 END 必须成对出现。

2）BEGIN…END 语句通常是和流程控制语句 IF…ELSE 或者 WHILE 语句一起使用的。如果不使用 BEGIN…END 语句块，则只有 IF、ELSE 或 WHILE 这些关键字后面的第一个 T-SQL 语句属于这些语句的执行体。可以看出，BEGIN…END 语句的功能类似于程序设计语言中的 {…}。

2. SET 语句

SET 语句常用于两种情况。

第一种情况是给局部变量赋值。需注意，给标量（Scalar）变量赋值时，该值必须是一个标量表达式的结果，该表达式可以是一个标量子查询的结果。另外，SET 语句是顺序执行的，且一次只能操作一个变量。若要给多个变量赋值，则需要多条 SET 语句。📖

📖 知识拓展
用 SET 语句给局部变量赋值

【案例 7-5】如果标量子查询返回多个值，则 SET 语句赋值失败。

```
DECLARE @student_name AS char(8)
SET @student_name=(SELECT 姓名
FROM    学生
WHERE   年龄>20)
SELECT @student_name AS   学生姓名
GO
```

该语句块在执行时报错。这是由于学生中年龄大于 20 岁的不止一人，子查询会返回多个值。但是当子查询跟随在=、!=、<、<=、>、>=之后时，这种情况是不允许的。

第二种情况是设定用户执行 T-SQL 命令时 SQL Server 的处理选项。例如设置显示/隐藏受 SQL 语句影响的行数消息，可使用语句 SET NOCOUNT（ON/OFF），其中，ON 表示选项开关打开，OFF 表示选项开关关闭。

3. SELECT 语句

SELECT 语句可作为输出语句使用，其具体语法格式如下。

SELECT 表达式 1[，表达式 2,…,表达式 n]

该语句的功能是输出指定表达式的结果，默认为字符型。

另外，SQL Server 还支持一种非标准的赋值 SELECT 语句，允许在单个语句中既查询数据，又同时把从同一行中获取的多个值分配给多个变量。

【案例 7-6】将学号为 BX15120 的学生的姓名和专业分别赋值给两个变量。

```
DECLARE @Name AS NVARCHAR(8)，@Major AS NVARCHAR(20)
SELECT
  @Name=姓名，
  @Major=专业
FROM 学生
WHERE 学号 = 'BX15120'
```

需要注意的是，当满足条件的查询结果只有一行时，赋值 SELECT 语句的执行过程符合预期希望。但是当查询返回多个满足条件的结果行时，这段代码又该如何执行呢？其实，在执行过程中，对于每个满足条件的结果行，都会给相应的变量进行赋值。但是，每次都会用当前行的值覆盖变量中的原有值。这样，当语句执行结束时，变量中的值是 SQL Server 访问到的最后一行中的值。

4. PRINT 输出语句

PRINT 语句用于向客户端返回用户定义消息，其具体语法格式如下。

📖 知识拓展
PRINT 语句的语法

> PRINT <表达式>

或者

> PRINT msg_str ｜@local_variable｜ string_expr

各参数的说明如下。

1）若表达式的值不是字符型，则需要先用 Convert 函数将其转换为字符型。

2）msg_str 为字符串或 Unicode 字符串常量。

3）@local_variable 为字符类型的局部变量。此变量必须是 CHAR、NCHAR、VARCHAR 或 NVARCHAR 类型的变量，或者是能够隐式转换为这些数据类型的变量。

4）string_expr 为返回字符串的表达式，可包括串联（即字符串拼接，T-SQL 用 "+" 号实现）的文本值、函数和变量。

5）消息字符串为非 Unicode 字符串时，最长为 8000；如果为 Unicode 字符串，则最长为 4000。超过该长度的字符串会被截断。

【案例 7-7】 查看教师表中职称为教授的教师人数。

```
DECLARE @count int
IF EXISTS (SELECT 工号 FROM 教师 WHERE 职称='教授')
BEGIN
SELECT @count=count(工号)  FROM 教师 WHERE 职称='教授'
PRINT'教师表中职称为教授的人数为:'+ CONVERT(CHAR(5),@count) + '人'
END
```

执行结果如下。

教师表中职称为教授的人数为：2 人

7.3.2　选择结构

选择结构也称为分支结构，执行流程为根据判断条件是否成立选择执行相应的分支（语句块），其流程图如图 7-4 所示。SQL Server 中有两种形式的语句支持分支结构：IF … ELSE 语句和 CASE 语句。

1. IF … ELSE 语句

IF … ELSE 语句的具体语法格式如下。

```
IF<条件表达式>
    <语句块 1>
[ELSE
    <语句块 2>]
```

图 7-4　选择结构流程图

该语句的功能是将 IF 关键字后的布尔表达式作为判断条件来控制语句的执行流程。如果判断条件值为 TRUE，则执行 IF 后指定的语句或语句块 1；如果判断条件值为 FALSE 或 UNKNOWN，则执行 ELSE 后的另一条语句或语句块 2。

【案例 7-8】 通过 IF…ELSE 语句判断今天是否是今年的最后一天。

```
IF YEAR (SYSDATETIME ( )) < > YEAR (DATEADD (day, 1, SYSDATETIME ()))
    /＊SYSDATETIME( )函数可以获得当前的系统时间 ＊/
PRINT   '今天是今年的最后一天!';
ELSE
PRINT   '今天不是今年的最后一天!';
GO
END
```

需要注意的是，如果<条件表达式>中包含 SELECT 语句，则必须将 SELECT 语句用圆括号括起来。语句块 1 和语句块 2 可以是单个的 T-SQL 语句，也可以是用 BEGIN…END 定义的语句块。而且 IF … ELSE 语句允许嵌套使用，即在 IF 后或 ELSE 后嵌套使用另一个 IF 语句。

2. CASE 语句

CASE 语句也称为多分支结构，可通过计算条件列表来返回多个可能结果表达式中的一个。CASE 表达式有两种不同形式：简单 CASE 表达式和搜索式 CASE 表达式。

（1）简单 CASE 表达式

简单 CASE 表达式的具体语法格式如下。

📖 知识拓展
CASE 语句的语法

```
CASE <判断表达式>
WHEN <简单表达式 1> THEN <结果表达式 1>
WHEN <简单表达式 2> THEN <结果表达式 2>
…
WHEN <简单表达式 n> THEN <结果表达式 n>
［ELSE 结果表达式 n+1］
END
```

各参数的说明如下。

1）CASE 表达式中可以有 n 个 WHEN…THEN 语句，至少应有一个。

2）<判断表达式>可以是一个变量名、字段名、函数或子查询。

3）简单表达式不能包含比较运算符，而是给出被比较的表达式或值，其数据类型必须与测试表达式的数据类型相同，或者可以隐式转换为测试表达式的数据类型。

4）该语句的执行过程为：将一个测试表达式和一组简单表达式进行比较，如果某个 WHEN 语句中简单表达式的值与测试表达式的值相等，则返回相应结果表达式的值；如果都没有，则执行 ELSE 语句相应的结果表达式的值；如果没有指定 ELSE 子句，则返回 NULL。

【**案例 7-9**】利用简单 CASE 表达式显示"网上购物"数据库"会员"数据表中的会员等级及其对应会员卡类型。

```
SELECT 会员 ID,会员等级,会员卡类型＝
CASE 会员等级
WHEN 1 THEN'钻石卡会员'
WHEN 2 THEN'白金卡会员'
WHEN 3 THEN'金卡会员'
    WHEN 4 THEN '银卡会员'
    ELSE '其他'
    END
FROM 会员
```

执行结果如图 7-5 所示。

图 7-5 【案例 7-9】执行结果

（2）搜索式 CASE 表达式

搜索式 CASE 表达式的具体语法格式如下。

```
CASE
WHEN <布尔表达式 1>　THEN　<结果表达式 1>
WHEN <布尔表达式 2>　THEN　<结果表达式 2>
…
WHEN <布尔表达式 n>　THEN　<结果表达式 n>
　[ELSE 结果表达式 n+1]
END
```

各参数的说明如下。

1）CASE 关键字后面没有任何表达式。

2）各 WHEN 关键字后面都是布尔表达式，表达式中可以用到比较运算符，也可以使用逻辑运算符。

3）该语句执行过程为：按照从上到下的顺序为每个 WHEN 子句后面的布尔表达式求值，然后返回第一个取值为真的布尔表达式所对应的结果表达式的值。若所有 WHEN 后面的布尔表达式的值都不为真，则返回 ELSE 子句中结果表达式的值；若无 ELSE 子句，则返回 NULL。

【案例 7-10】利用搜索式 CASE 表达式完成【案例 7-9】的操作。

```
SELECT 会员 ID, 会员等级, 会员卡类型 =
CASE
        WHEN 会员等级 = 1 THEN '钻石卡会员'
        WHEN 会员等级 = 2 THEN '白金卡会员'
        WHEN 会员等级 = 3 THEN '金卡会员'
        WHEN 会员等级 = 4 THEN '银卡会员'
        ELSE '其他'
END
FROM 会员
```

7.3.3 循环结构

T-SQL 提供了 WHILE 语句用于控制循环结构，根据条件是否成立来反复执行某个语句块（循环体），其执行流程如图 7-6 所示。

> 知识拓展
> WHILE 语句的语法及示例

WHILE 语句的具体语法格式如下。

```
WHILE <布尔表达式>
{ SQL 语句|语句块|BREAK|CONTINUE }
```

该语句的执行过程为：先判断 WHILE 后面的布尔表达式的值是否为真，若为真则执行循环体（语句块 1），否则不执行语句块 1，而直接往下执行后面的语句。

BREAK 和 CONTINUE 两个语句与 WHILE 循环有关，且只用于 WHILE 循环体内。BREAK 用于终止整个循环的执行；而 CONTINUE 用于结束本次循环并返回 WHILE 开始处，重新判断条件以决定是否重复执行下一次循环。特别需要注意的是，为了保证 WHILE 循环不会陷入死循环，在循环体中必须包含修改循环条件的语句，或包含终止循环的命令。

图 7-6 循环结构流程图

【案例 7-11】通过三个简单的循环程序示例，了解 WHILE 循环语句及 BREAK 和

CONTINUE 语句的使用。

/* WHILE 语句用法 */	/* BREAK 语句用法 */	/* CONTINUE 语句用法 */
DECLARE @i AS INT=1	DECLARE @i AS INT=1	DECLARE @i AS INT=0
WHILE @i<=6	WHILE @i<=6	WHILE @i<=6
BEGIN	BEGIN	BEGIN
PRINT @i	IF @i=3 BREAK	SET @i=@i+1
SET @i=@i+1	PRINT @i	IF @i=3 Continue
END	SET @i=@i+1	PRINT @i
GO	END	END
	GO	GO
示例(a)	示例(b)	示例(c)
循环执行结果：		
1	1	1
2	2	2
3		4
4		5
5		6
6		7
示例(a)执行结果	示例(b)执行结果	示例(c)执行结果

7.3.4　其他语句

1. 转移语句

T-SQL 中的 GOTO 命令与其他高级程序设计语言中的功能类似，用于将程序执行流程更改到标签处。程序执行到 GOTO 语句时，跳过其后面的 T-SQL 语句，并从相应的标签位置继续执行。GOTO 语句和标签可在过程、批处理或语句块中的任何位置使用。GOTO 语句也可嵌套使用。

GOTO 语句的具体语法格式如下。

GOTO Label

其中，Label 表示程序转到的相应标签处（起点）。标签的命名必须符合标识符规则，其定义格式如下。

Label:<程序行>

【案例 7-12】利用 GOTO 语句求 1+2+3+…+100 的和。

```
DECLARE @i int, @sum int
SET @i=1
SET @sum=0
Label1:
```

```
            SET @ sum = @ sum+@i
            SET @i = @i+1
            IF @i< = 100
            GOTO Label1
            PRINT '累加和为:'+STR(@ sum)
```

2. 等待语句

等待语句的功能是在达到指定时间或时间间隔之前,或者指定语句至少修改或返回一行之前,阻止批处理、存储过程或事务的执行。T-SQL 中使用 WAITFOR 语句来实现该功能,其具体语法格式如下。

WAITFOR DELAY '<等待时间长度>' | TIME '<执行时间>' | [TIMEOUT timeout]

各参数的说明如下。

1）DELAY 用于指明 SQL Server 等候的时间长度,最长为 24 h。TIME 用于指明 SQL Server 需要等待的时刻。DELAY 与 TIME 的时间格式都是 hh:mm:ss。

2）实际的时间延迟可能与命令中指定的等待时间长度或执行时间不同,它依赖于服务器的活动级别。时间计数器在计划完成与 WAITFOR 语句关联的线程后启动。如果服务器忙碌,则可能不会立即启动线程。因此,时间延迟可能比指定的时间要长。

3）WAITFOR 不更改查询的语义。如果查询不能返回任何行,那么 WAITFOR 将一直等待,或等到满足 TIMEOUT 条件（如果已指定）。TIMEOUT timeout 指定消息到达队列前等待的时间（以毫秒为单位）。

【案例 7-13】 延迟 20 s 执行查询"学生"表命令。

```
WAITFOR DELAY'00:00:20'
SELECT * FROM 学生
```

【案例 7-14】 在 12:30:00 时刻执行查询"学生"表命令。

```
WAITFOR TIME'12:30:00'
SELECT * FROM 学生
```

3. 返回语句

RETURN 语句用于从查询或过程中无条件退出,并返回到调用它的程序中。RETURN 之后的语句是不执行的。其具体语法结构如下。

RETURN [<整型表达式>]

RETURN 命令可向执行调用的过程或程序返回一个整数值,0 表示返回成功,非 0 表示返回失败。表 7-2 列出了常用的系统返回值及其描述。

表 7-2　常用系统返回值及其描述

返 回 值	描 述	返 回 值	描 述
0	过程已成功返回	-7	资源出错，如没有空间
-1	对象丢失	-8	遇到非致命内部问题
-2	数据类型出错	-9	达到系统界限
-3	选定过程出现死锁	-10	出现致命内部矛盾
-4	许可权限出错	-11	出现致命内部矛盾
-5	语法出错	-12	表或索引损坏
-6	各种用户出错	-14	硬件出错

☺ 讨论思考：

1）T-SQL 提供了哪些常用流程控制语句？

2）选择结构可以通过哪两种形式实现？

3）循环结构中的 BREAK 和 CONTINUE 语句的作用有何区别？

*7.4　嵌入式 SQL 概述

SQL 提供了两种使用方式：一种为独立交互式；另一种为嵌入式。作为独立的语言时，SQL 能够独立地用于联机交互式的使用方式中，用户可以在终端上直接输入 SQL 命令对数据库进行操作；作为嵌入式语言时，SQL 能够嵌入高级语言（如 C、C++和 Java 等）程序中，供程序员编写程序使用。

📹 微课视频

课程视频 7.4

7.4.1　嵌入式 SQL 的概念

嵌入式 SQL（Embedded SQL，ESQL）就是将 SQL 语句直接嵌入某种高级语言中，被嵌入的高级语言称为主语言或者宿主语言。使用嵌入式 SQL 和主语言相结合的方式设计应用程序时，一方面利用了主语言的过程控制和交互式优点，另一方面保留了 SQL 强大的数据库管理功能，两者相结合使得对数据库的编程功能更加完善，应用起来也更方便。

对于嵌入式 SQL，DBMS 一般采用预编译方法进行处理，即由 DBMS 的预处理程序对源程序进行扫描，识别出嵌入式 SQL 语句，把它们转换成主语言调用语句，以使得主语言编译程序能够识别，然后通过主语言编译程序将整个程序编译成目标代码。嵌入式 SQL 的基本处理流程如图 7-7 所示。

图 7-7　嵌入式 SQL 的基本处理过程

7.4.2　嵌入式 SQL 的语法规定及用法

1. 嵌入式 SQL 的语法规定

1）在嵌入式 SQL 中，为了能够区分 SQL 语句与主语言语句，所有的 SQL 语句前面都必须加上前缀 EXEC SQL；结束标记则和主语言有关，例如，C 语言中以 "；" 作为结束标记。预编译程序根据开始标记和结束标记识别嵌入的 SQL 语句。当主语言为 C 语言时，嵌入式 SQL 的语法格式如下。📖

> 📖 **知识拓展**
> 嵌入式 SQL 用法

```
EXEC SQL <SQL 语句>；
```

【案例 7-15】将教师表中所有教师的年龄增加 1 岁。

```
EXEC SQL UPDATE 商品
SET 年龄＝年龄+1；
```

2）如果一条嵌入式 SQL 语句占用多行，则在 C 语言中可以使用续行符 "\\"，其他语言中也有相应的规定。

3）嵌入式 SQL 语句中可以使用主语言的程序变量（也称为主变量）来输入或者输出数据。使用主变量之前，必须在 SQL 语句的 BEGIN DECLARE SECTION 和 END DECLARE SECTION 这两条预编译说明语句之间对主变量进行说明。说明之后，可以在 SQL 语句中的任何一个地方使用主变量进行输入和输出数据。为了加以区分，SQL 语句中如果使用的是主变量，那么主变量之前要加 "："号；如果使用的是 SQL 自身的数据库对象名（表名、视图名、列名等），则不用加 "："号。

4）SQL 是面向集合的操作方式，使用嵌入式 SQL 语句返回的结果记录可能是单条，也可能是多条，而主语言中的主变量一次只能存放一条记录。为此，嵌入式 SQL 引入了游标（Cursor）的概念，用游标来协调这两种不同的处理方式。游标是指系统为用户开设的一个缓冲区，存放 SQL 的执行结果。每个游标区都有一个名字，用户可以通过游标逐一获取记录并赋给主变量，交给主语言进一步处理。📖

5）在包含嵌入式 SQL 的应用程序中，SQL 语句负责管理数据库，主语言语句负责控制流程和其他功能。数据库的工作单元和主语言程序的工作单元之间的通信主要包括以下几点。

> 📖 **知识拓展**
> 游标的使用方法

① 主语言通过主变量向 SQL 语句提供参数。

② DBMS 通过 SQL 通信区（SQL Communication Area，SQLCA）向应用程序返回 SQL 语句的执行状态信息。SQLCA 是含有错误变量和状态指示符的数据结构，应用程序通过这些状态信息来决定接下来执行的语句。SQLCA 需要在应用程序中用 EXEC SQL INCLUDE SQLCA 加以定义。

③ SQL 语句操作数据库的结果，可通过主变量和游标进行处理。

2. 建立和关闭数据库连接 📖

1）嵌入式 SQL 程序要访问数据库，必须先连接数据库。关系数据库管理系统根据用户信息对连接请求进行合法验证。只有通过了身份验证，才能建立一个可用的合法连接。

> 📖 **知识拓展**
> ESQL 访问数据库

建立数据库连接的 ESQL 语句如下。

```
EXEC SQL CONNECT TO target [AS connection-name][USER user-name]；
```

其中，target 是要连接的数据库服务器，它可以是一个常见的服务器标识串，如<DBname>@<hostname>:<port>，也可以是包含服务器标识的 SQL 串常量，还可以是 DEFAULT。connection-name 是可选的连接名。连接名必须是一个有效的标识符，主要用来识别一个程序内同时建立的多个连接。如果在整个程序内只有一个连接，那么也可以不指定连接名。

　　2）程序运行过程中可以建立多个连接，执行的所有数据库单元的工作都在该操作提交时所选择的当前连接上。程序运行过程中可以修改当前连接，对应的 ESQL 语句格式如下。

    EXEC SQL SET CONNECTION connection-name|DEFAULT

　　3）当某个连接上的数据库操作完成后，应用程序应该主动关闭数据库连接，释放所占用的连接资源。关闭数据库连接的 ESQL 语句如下。

    EXEC SQL DISCONNECT［connection］;

其中，connection 是 EXEC SQL CONNECT 所建立的数据库连接。

　　☺讨论思考:

　　1）SQL 语句的两种主要使用方式是什么？

　　2）什么是嵌入式 SQL？其基本处理过程是什么？

　　3）嵌入式 SQL 的基本语法规定有哪些？

7.5　实验 7　T-SQL 应用编程

7.5.1　实验目的

　　1）掌握局部变量和全局变量的赋值与输出。

　　2）熟悉常用函数以及流程控制语句。

　　3）掌握 T-SQL 中顺序结构、选择结构与循环结构的实现。

7.5.2　实验内容及步骤

1. 变量的定义与输出

　　1）声明一个用于存放会员姓名的变量@memberName 和一个用于存放会员 ID 的变量@memberID。

    DECLARE @memberName VARCHAR(8)
    DECLARE @memberID VARCHAR(9)

　　2）使用 SET 和 SELECT 语句给变量赋值。

    SET @memberID = 'BJ0444516'
    SELECT @memberName = '赵明'

2. 练习 PRINT 与 SELECT 两种输出语句的使用

计算"会员"数据表中会员 ID 为 BJ0444516 的会员家庭住址的长度，并输出结果。

```
DECLARE @家庭住址长度 INT
SELECT @家庭住址长度 = len ( 家庭住址 )
FROM 会员
WHERE 会员 ID = 'BJ0444516'
PRINT '家庭住址长度为' + str ( @家庭住址长度 )
```

3. 选择结构

1）通过 IF…ELSE 语句判断商品"订单表"中订单 ID 为 R20160428000000001 的订单是否包邮。

```
DECLARE @Price INT
SELECT @price = 运费
FROM 订单表
WHERE 订单 ID = 'R20160428000000001'
IF @price < > 0
    PRINT '该订单不包邮！'
ELSE
    PRINT '该订单包邮！'
```

2）通过 CASE…WHEN 语句对商品按销量分类。

```
SELECT 商品 ID, '该商品为'
CASE
WHEN count( 会员 ID)>=100 then '明星产品'
WHEN count( 会员 ID)>=50   then '热销产品'
WHEN count( 会员 ID)>=10   then '一般产品'
ELSE '滞销产品'
END
FROM 订货
GROUP BY 商品 ID
```

4. 循环结构

显示字符串"DataBase"中每个字符的 ASCII 码值和字符。

```
DECLARE @position int, @string char( 10)
SET @posotion = 1
SET @string = 'DataBase'
PRINT 'DataBase 中每个字符的 ASCII 码值和字符为：'
WHILE @positon<=DATALENGTH( @string)
BEGIN
    SELECT ASCII( SUBSTRING( @string, @positon,1)) AS ASCII 码,
            CHAR( ASCII( SUBSTRING( @string,@position,1))) AS 字符
```

```
        SET @positon=@positon+1
    END
```

7.5.3　实验练习

1）将当前日期赋给一个日期时间型的变量，并分别输出当前的年、月、日。

2）定义一个变量@R 表示圆的半径，赋值为 2，计算并输出该圆的面积，结果保留两位小数。

3）定义一个字符串变量，并赋值为"数据库技术与实践"。将其中的"技术"替换为"原理应用"。

4）用流程控制语句统计学生选课表中成绩为优秀（90~100）、良好（80~89）、中等（70~79）、及格（60~69）、不及格（0~59）各层次的人数。

5）用循环结构实现输出 1~100 之间的所有素数。

6）给定一个字符串，包含若干字母、数字和其他符号，统计其中的字母、数字及其他符号的个数。

7.6　本章小结

T-SQL 是对标准 SQL 的扩展，包含了许多 SQL 所不具备的编程功能。本章系统地介绍了 T-SQL 应用编程中的相关概念、理论和操作。

批处理是一次性地将多个 T-SQL 语句发送给服务器以完成执行要求的工作方式，这有助于节省语句的执行时间。脚本是指存储在文件中的一系列 SQL 语句。将常用的 T-SQL 语句保存为脚本文件，可方便以后重复使用或复制到其他计算机上执行。事务是用户定义的数据操作序列，这些操作是一个完整的不可分割的工作单元，一个事务内的操作要么都做，要么都不做。利用事务可以保持数据的一致性。

T-SQL 中提供了一些常用的流程控制语句，这些语句使得 T-SQL 除了具备标准 SQL 的优点之外，还实现了顺序、选择、循环等程序结构的流程控制。

嵌入式 SQL 可将 SQL 语句嵌入某种高级语言中使用，一方面利用了 SQL 强大的数据库管理功能，另一方面利用了主语言的流程控制能力及数据处理能力，两者相结合可实现复杂应用的需求。

7.7　练习与实践 7

1. 选择题

（1）在 SQL Server 中为变量赋值的写法，错误的是（　　）。

　　A. SET　@a=3，@b=4　　　　　　　B. SELECT　@a=3，@b=4

　　C. SET　@a=3；@b=4　　　　　　　D. SELECT　@a=3，@b=4

（2）批处理是指一个或多个 T-SQL 语句的集合且是作为一个单元进行分析和执行的，它所经历的处理阶段不包括（　　）。

　　A. 分析　　　　　　　　　　　　　B. 解析

　　　　C. 优化　　　　　　　　　　　　　D. 输入

（3）事务是用户定义的数据操作序列，以下（　　）命令表示事务的提交。

　　　　A. BEGIN TRANSACTION　　　　　B. COMMIT

　　　　C. ROLLBACK　　　　　　　　　　D. CLOSE

（4）关于 T-SQL 语言中的 CASE 语句，以下说法正确的是（　　）。

　　　　A. THEN 关键字后面可以使用 INSERT、UPDATE 和 DELETE 语句

　　　　B. THEN 关键字后面可以使用 PRINT 语句

　　　　C. CASE 关键字后面不能有任何表达式

　　　　D. CASE 语句中的 ELSE 关键字可以省略

（5）下列选项中不属于 SQL Server 的逻辑控制语句的是（　　）。

　　　　A. IF…ELSE 语句　　　　　　　　B. FOR 循环语句

　　　　C. CASE 子句　　　　　　　　　　D. WHILE 循环语句

2. 填空题

（1）根据 SQL Server 数据库管理系统具有的功能，T-SQL 语言可分为五种类型，即_____、_____、_____、_____、_____。

（2）在 SSMS、sqlcmd 实用工具和 osql 实用工具中都使用_____命令作为批处理语句的结束标记。

（3）与程序设计语言中的流程控制结构类似，T-SQL 中的控制结构也主要分为三类：_____、_____和_____。

（4）SQL Server 中有两种形式的语句支持分支结构：一种是_____，另一种是_____。

（5）BREAK 和 CONTINUE 这两个语句与 WHILE 循环有关，且只用于 WHILE 循环体内。_____用于终止整个循环的执行；而_____用于结束本次循环并返回 WHILE 开始处，重新判断条件以决定是否重复执行下一次循环。

（6）T-SQL 中的_____命令与其他高级程序设计语言中的功能类似，用于将程序执行流程更改到标签处。

3. 简答题

（1）从功能上划分，T-SQL 语言分为哪三类？

（2）NULL 代表什么含义？将其与其他值进行比较会产生什么结果？若数值型列中存在 NULL，则会产生什么结果？

（3）使用 T-SQL 语句向表中插入数据应注意什么？

（4）在 SELECT 语句中，DISTINCT、ORDER BY、GROUP BY 和 HAVING 子句的功能是什么？

（5）在一个 SELECT 语句中，当 WHERE 子句、GROUP BY 子句和 HAVING 子句同时出现在一个查询中时，SQL 的执行顺序如何？

（6）什么是局部变量？什么是全局变量？如何标识它们？

（7）什么是批处理？使用批处理有何限制？

（8）在默认情况下，SQL 脚本文件的扩展名是什么？SQL 脚本执行的结果有哪几种形式？

（9）T-SQL 的概念及特点是什么？

（10）T-SQL 类型和执行方式有哪些？

（11）标识符有哪几种？使用的规则是什么？

（12）什么是批处理及其规则？

（13）什么是脚本？主要有哪些用途？

（14）什么是事务？其特征有哪些？

（15）一般的表达式种类及特点有哪些？

（16）BEGIN…END 语句有何功能？语法格式是什么？

（17）选择结构有哪几种？语法格式是什么？

（18）循环结构的功能是什么？语法格式怎么用？

（19）SQL 提供了哪两种使用方式？

（20）什么是嵌入式 SQL？嵌入式 SQL 的语法有哪些规定？

4. 实践题

阅读以下程序，写出执行结果或答案。

（1）执行以下程序清单后，写出屏幕显示的执行结果。

【程序清单】

```
DECLARE @x int
SET @x = 12
WHILE    .T.
BEGIN
  SET @x = @x+1
    IF @x = ROUND(@x/4,0) * 5
      PRINT @x
    ELSE
      CONTINUE
    IF @x>10
        BREAK
END
```

（2）假设有一个名为 AAA 的数据库，包括 Students（学号 char(8)，姓名 varchar(8)，年龄 int，专业 varchar(20)，入学日期 DateTime）和 Score（学号 char(8)，课程名 varchar(10)，成绩 numeric(5，2)）两张表。试简述下列程序清单的功能并写出结果。

【程序清单】

```
SELECT year(入学日期)AS 入学年份,count( * ) AS 人数
    FROM Students
    GROUP BY year(入学日期)
```

【程序清单】

```
DECLARE @MyNo CHAR(8)
SET @MyNo = '20030001'
```

```
IF(SELECT 专业 FROM Students    WHERE 学号=@MyNo)='计算机软件',
    BEGIN
    SELECT AVG( ) AS
    FROM    Score
    WHERE 学号 = @MyNo
END
ELSE
PRINT '学号为'+@MyNo+'的学生不存在或不属于软件专业'
GO
```

（3）编写一个程序，输出所有学生的学号和平均分，并以平均分递增排序。

（4）编写一个程序，判断 school 数据库中是否存在 student 表。

（5）编写一个程序，查询所有学生课程的信息。

（6）编写一个程序，查询所有成绩高于该课程平均分的记录，并按课程号有序排列。

*（7）创建一个自定义函数 maxscore，用于计算给定课程号的最高分，并用相关数据进行测试。

第8章　数据库系统安全

网络安全的核心和关键是数据（信息）资源安全，各种业务处理转换为数据处理主要依靠数据库系统。进入现代信息化大数据时代后，信息无处不在，数据无处不用，数据库系统安全是确保数据（信息）资源安全的核心及关键。随着信息技术的快速发展和广泛应用，数据库及数据安全的重要性更为突出，迫切需要采取切实有效的安全保护措施，确保数据库系统和业务数据的安全。📖

📁 教学目标
- 理解数据库系统安全相关概念、特点及风险
- 掌握数据库系统安全关键技术、策略和机制
- 理解角色管理、权限管理及完整性控制方法
- 掌握数据库及数据的备份、恢复技术和方法
- 理解系统并发控制和封锁技术及实际的应用

📖 知识拓展
数据库系统的安全至关重要

8.1　数据库系统安全的概念及特点📰

【案例8-1】数据泄露事件的频率、规模和成本都在快速增长。GoUpSec 统计分析的 2022 年全球各地数据泄露事件，其中政府部门、国际组织、门户网站、国防机构、航空公司、银行、汽车制造商、学校、酒店、医疗等行业已成为重灾区，数亿用户的隐私和安全受到威胁，包括"数据泄露后遗症"在内的已知和潜在损失高达数万亿美元。根据 Ponemon 发布的《2022 年数据泄露成本报告》，全球数据泄露规模和平均成本均创历史新高。

8.1.1　数据库系统安全相关概念

数据库系统和数据安全对于整个网络系统的安全至关重要，为了更好地学习和掌握，读者需要重点学习并掌握以下几个概念。

🎬 微课视频
课程视频 8.1

1. 数据安全的概念

数据安全是指以安全保护措施确保数据的机密性、完整性、可用性、可控性和可审查性。由于大量重要机密数据集中存储在数据库中，并供多用户共享，所以，必须加强对数据库访问的安全控制和数据安全防护，主要使用对数据库系统的身份认证、访问控制、存取与传输管控、加密、应急处理及审计等安全机制和策略。

2. 数据库及其系统安全的概念

数据库安全（DataBase Security）通常是指物理数据库的完整性，逻辑数据库的完整

性，存储数据的安全性、可审计性、访问控制、身份验证和可用性等，主要包括数据库本身的安全、数据及其文件的安全等。数据库安全的特征主要是针对数据而言的，包括数据独立性、数据安全性、数据完整性、并发控制、故障恢复等。📖

数据库系统安全（DataBase System Security）是指为数据库系统采取的安全保护措施，防止系统和数据不遭到破坏、更改和泄露，重点目标是确保数据库系统和数据安全，主要通过 DBMS 以各种防范措施防止非授权使用数据库及其数据的破坏、更改和泄露，以及通过用户权限管理、身份认证、存取控制、视图、密码加密、备份恢复等技术和管理手段进行安全防范。

> 📖 **知识拓展**
> 数据库安全的理解和内涵

从系统与数据的关系上，数据库系统安全主要利用数据库管理系统（DBMS），在系统级统一管理控制数据库及数据的存取和使用，主要包括以下内容。

1）系统安全管理及设置，如法律法规、政策制度、实体安全等。
2）用户身份认证、系统运行安全和可执行的系统操作控制。
3）数据库系统漏洞隐患安全防范、访问控制和权限管理等。
4）用户资源限制，包括访问、使用、存取、维护与管理等。
5）数据库及数据加密、使用异常及应急故障防范和安全审计。
6）机构或个人用户操作对象可用存储空间及设备设施安全。

8.1.2 数据库系统安全风险分析

数据是各国和公共安全中最具有战略性的资源及资产。网络技术的快速发展，使数据库数据资源安全面临严重威胁。数据库系统安全风险主要体现在三个层面。📖

1）管理层面。企事业机构未建立及健全相关组织和安全管理人员的职责、制度及流程等，内部员工的日常操作标准规范等出现疏忽，或第三方维护人员的操作监控失效等，致使安全事件发生时，无法追溯并定位真实的操作者。

> 📖 **知识拓展**
> 数据库系统安全风险分析

2）技术层面。数据库系统本身的缺陷和隐患。或数据库系统内部操作不明，无法通过外部的任何安全技术阻止内部用户恶意操作、滥用资源和泄露机密信息等行为。

3）审计层面。依赖于数据库日志文件的审计方法，存在很多缺陷。数据库审计功能的开启会影响数据库本身的性能，以及数据库日志文件本身存在被篡改的风险，很难体现审计信息的真实性。

随着数据库系统中数据资源价值和可访问性的提升，数据库系统面对来自内部和外部的安全风险大增，如违规越权操作、恶意入侵导致机密信息泄露，事后却难以有效追踪和审计。

常见的数据库系统安全缺陷和隐患要素主要包括以下几个。📖

> 📖 **知识拓展**
> 数据库系统风险及缺陷隐患

1）数据库应用系统的研发、管理和维护等人为因素的疏忽。
2）用户对数据库系统安全的忽视，安全设置和管理失当。
3）一些数据库系统安全机制制约并威胁网络低层安全。
4）数据库系统安全的极个别特性自身存在的不足和缺陷。

5）数据库系统用户常用的账号、密码容易泄露和破译等。

6）网络操作系统平台常见的一些主要漏洞隐患及后门等。

7）网络系统相关协议、配置、病毒及运行环境威胁等。

☺ 讨论思考：

1）数据安全、数据系统安全的概念是什么？

2）数据库系统安全主要包括哪些方面？

3）数据库系统的安全风险体现在哪些方面？

4）数据库系统的安全缺陷和隐患要素有哪些？

8.2　数据库系统安全技术和机制

【案例 8-2】泰雷兹（Thales）发布的《2023 年泰雷兹数据威胁报告》，是对 18 个国家/地区近 3000 名 IT 和数字安全人员的调查，侧重数据安全威胁和趋势等。报告显示，勒索软件攻击和云数据风险均有所增加，约 47% 的受访 IT 专业人员表示安全攻击的频率和严重程度都在增加，48% 的受访者表示勒索软件攻击还在增加。

8.2.1　数据库系统安全常用技术

微课视频

课程视频 8.2

在网络系统安全中，数据库系统安全常用技术包括三大类。

1）预防保护类。主要包括身份认证、访问管理、加密、防恶意代码、防御和加固。

2）检测跟踪类。主体对客体的访问行为进行监控和事件审计，包括监控和审核跟踪。

3）响应恢复类。网络或数据意外出现安全事故，确保在最短的时间内对事件进行应急响应和备份恢复，尽快将其影响降至最低。

📖 知识拓展

数据库系统安全常用技术

网络数据库安全的常用技术包括身份认证、访问管理、加密、病毒防范、加固、监控、审核跟踪、备份恢复，如图 8-1 所示。📖

图 8-1　常用的网络安全技术

8.2.2　数据库系统的安全策略和机制

┌─────────────────────┐
│ 📖 知识拓展   │
│ SQL Server 的安全   │
│ 策略   │
└─────────────────────┘

1. 数据库系统的安全策略

数据库系统的安全策略主要包括三个方面。📖

1）管理规章制度方面的安全性。SQL 系统在使用中涉及各类操作人员，为了确保系统安全，应着手制定严格的规章制度和对管理员的要求，以及在使用业务信息系统时的标准操作流程等。

2）系统服务器实体安全性。为了保障数据库服务器实体（物理）方面的安全，应该做好网络系统设备设施及运行环境等安全，如数据库服务器放置在安全房间、相关主机置于安全场所、数据库服务器不与 Internet 直接连接、使用防火墙、定期备份数据库中的数据文件等。

3）系统服务器逻辑方面的安全性。身份验证模式是 SQL 系统验证客户端和服务器之间的连接方式。系统提供两种身份验证模式：Windows 身份验证模式和混合模式。

SQL 服务器安全配置涉及用户账号及密码、审计系统、优先级模型和控制数据库目录的特别许可、内置式命令、脚本和编程语言、网络协议、补丁和服务包、数据库系统和开发工具。在设计系统时，应考虑其安全机制，在安装时更要注意系统安全设置。

2. SQL Server 的安全管理机制

┌─────────────────────┐
│ 📖 知识拓展   │
│ SQL Server 的安全管 │
│ 理机制   │
└─────────────────────┘

SQL Server 的安全管理机制对数据库系统安全极为重要，包括身份认证、访问控制、审计、数据加密、视图机制、特殊数据库的安全规则等。📖

SQL Server 具有权限层次安全机制，其安全性管理分为三个等级。

1）操作系统级的安全性。用户通过网络使用终端访问 SQL Server 服务器时，先要获得操作系统使用权。通常没必要登录运行此服务器的主机，除非服务器运行在本地。SQL Server 可直接访问网络端口，可实现对 Windows 安全体系以外的服务器及数据库的访问。由于 SQL Server 采用集成 Windows 网络安全性机制，使操作系统安全性得到提高，同时加大了 DBMS 安全难度。

2）SQL Server 级的安全性。SQL Server 的服务器级安全性建立在控制服务器登录用户名和密码的基础上。SQL Server 采用了标准 SQL Server 登录和集成 Windows 登录两种方式。无论使用哪种登录方式，用户在登录时提供的用户名和密码都决定了用户能否获得 SQL Server 的访问权，以及在获得访问权后用户访问 SQL Server 时拥有的权利。

3）数据库级的安全性。在用户通过 SQL Server 服务器的安全性检验以后，将直接面对不同的数据库入口，这是用户将接受的第三次安全性检验。

各种用户对数据库系统进行操作，必须满足以下三个条件。

1）身份验证。在登录服务器时，必须通过操作系统级的身份认证。

2）用户管理。要求是本数据库系统用户，或是数据库系统的角色成员。

3）权限管理。必须具有对数据库系统对象执行该操作的权限。

☺ 讨论思考：

1）常用的数据安全关键技术有哪几类？分别起什么作用？

2）数据库系统的安全策略通常主要包括哪几个方面？

3）SQL Server 数据库系统的安全性管理分为哪几个等级？

4）用户对数据库系统进行操作必须满足的条件有哪些？

8.3　身份验证和访问控制

【案例 8-3】数据的安全性管理是数据库服务器的一项重要功能。SQL Server 2022 数据库采用了非常复杂的安全访问控制措施。数据库安全管理主要体现在以下两个方面。

　　1）对登录用户进行身份验证。当用户登录到数据库系统时，系统以多种方式验证该用户账户和口令，包括确认用户账户是否有效以及能否访问数据库系统等。

　　2）对多种用户进行的操作权限实施有效控制。当用户登录数据库系统并通过身份验证后，还要对操作数据库中数据的指定权限进行控制，只能在允许的权限内操作。

8.3.1　身份验证及权限管理

1. 身份验证及验证模式

身份验证是指通过指定的技术手段或方式完成对用

微课视频
课程视频 8.3

户身份的确认过程，其主要目的是确认数据库系统用户身份的真实唯一性。

身份验证模式是指系统确认用户的方式，身份验证使用登录账号，并只验证该用户连接 SQL Server 实例的能力。只有身份验证成功，用户才可连接到 SQL Server 实例，然后数据库系统需要确认用户是否有访问服务器上数据库的权限。因此，要登录 SQL Server 访问数据，必须拥有一个 SQL Server 允许登录的账号和密码，只有该账号和密码通过 SQL Server 服务器验证后，才能访问其中的数据。

在 SQL Server 2022 中，支持以下两种身份验证模式。

（1）Windows 验证模式

用户登录 Windows 时进行身份验证，登录 SQL Server 时就不用再进行身份验证了，需要注意以下两点。

📖 **知识拓展**
SQL Server 的身份验证

1）必须将 Windows 账户加入 SQL Server 中，才能采用 Windows 账户登录 SQL Server。

2）使用 Windows 账户登录到另外网络的 SQL Server 时，应在 Windows 中设置相互托管权限。

（2）SQL Server 验证模式

在 SQL Server 验证模式下，要对登录用户进行身份验证。系统管理员应设定登录验证模式的类型为混合验证模式。采用此模式，SQL Server 系统既允许使用 Windows 登录名登录，也允许使用 SQL Server 登录名登录。

2. 权限管理的概念及作用

权限是操作和访问数据的通行证。可以利用权限保护不同的安全对象，并使各种资源受到安全保护控制。主体（Principal）和安全对象之间通过权限相关联。SQL 中，主体可以请求系统资源的个体和组合过程。

权限用于管理并控制用户对数据库系统对象的访问，并指定用户对数据库系统可执行的操作。主要具有三种权限：服务器权限、数据库对象权限和数据库权限。

1）服务器权限。允许 DBA 执行管理任务。这些权限定义在固定服务器角色中。其角色可以分配给登录用户而不能修改。通常，只将服务器权限授权给 DBA，而不需要修改或授权给其他用户登录。

> 📖 **知识拓展**
> SQL Server 的权限管理

2）数据库对象权限。数据库对象是授予用户以允许其访问数据库中对象的一类权限。使用 SQL 语句访问表或视图必须具有对象权限。

3）数据库权限。用于控制对象访问和语句执行。对象权限使用户可访问数据库对象，还可给用户分配权限。数据库权限除了授权用户可创建数据库对象和备份外，还增加了一些更改数据库对象的权限。一个用户可直接分配到权限，也可作为一个角色中的成员间接获得权限。

8.3.2　数据库系统安全访问控制

SQL Server 2022 的安全访问控制包含通过 SQL Server 身份验证模式进入 SQL Server 实例，通过 SQL Server 安全性机制控制对 SQL Server 数据库及其对象的操作。

1. 登录名管理

登录名是用户登录 SQL Server 的重要标识。若要登录 SQL Server 数据库系统，那么主体必须具有有效的 SQL Server 登录名。在身份验证过程中会使用此登录名，以验证是否允许主体连接到该 SQL Server 实例。

> 📖 **知识拓展**
> 数据库安全的访问控制

常用的 SQL Server 登录用户的方式有两种：使用 SSMS 可视化界面和使用 T-SQL。

登录名管理包括创建登录名、设置密码策略、查看登录名信息、修改和删除登录名。

1）创建登录名。主要包括创建 Windows 登录名、创建 SQL Server 登录名、查看登录名信息。

2）修改和删除登录名。数据库管理员（DBA）应定期检查访问过 SQL Server 的用户。访问服务器的用户可能经常变动，应删除无人使用的账户。对于 Windows 身份认证体系，可利用安全机制强化口令和加固。

2. 监控错误日志

用户应时常查看 SQL Server 错误日志。在查看错误日志的内容时，应注意在正常情况下不该出现的错误消息。错误日志的内容很多，包括出错的消息，以及大量关于事件状态、版权信息等的各类消息。要求学会在繁杂的错误信息中找到关键的出错信息。当浏览错误日志时，要特别注意以下的关键字：错误、故障、表崩溃、16 级错误和严重错误等。查看日志的方法有两种：利用 SSMS 查看和利用文本编辑器查看。

3. 记录配置信息

应当安排对配置信息的维护，特别是当配置信息修改时。使用系统过程 sp_configure 可以生成服务器的配置信息列表。当无法启动 SQL Server 时，可以借助服务器的配置信息，并恢复其运行。记录配置信息的主要操作步骤为：打开 SSMS 界面，选择服务器，单击"连接"按钮，进入 SSMS 窗口，打开一个新查询窗口后输入命令。

8.3.3　用户与角色管理

1. 用户管理

在为数据库创建新的用户前，应存在创建用户的一个登录或使用已经存在的登录创建用户。角色在操作系统、业务系统或数据库管理中，可以极大简化权限管理。

【案例 8-4】使用 SSMS 菜单具体创建新用户的操作界面如图 8-2 所示。

图 8-2　使用 SSMS 创建新用户的操作界面

2. 角色的概念及管理

（1）角色的概念

角色（Role）是具有指定操作权限的用户（组），用于管理数据库访问权限。根据角色自身的设置不同，一个角色可以看作一个或一组用户。角色可以拥有数据库对象（如表）并可将这些对象上的权限赋予其他角色，以控制所拥有的具体访问对象的权限。另外，也可以将一个角色的成员（Membership）权限赋予其他角色，便于允许成员角色使用赋予它的成员权限所对应的角色的权限。📖

数据库系统的角色分为两类：服务器角色和数据库角色。SQL Server 中还有一种特殊的数据库角色，称为应用系统角色，这是一个数据库主体，使应用系统能够用其自身的、类似用户的权限运行。

> 📖 **知识拓展**
> 数据库用户在管理中的角色

（2）服务器角色

服务器角色也称为固定服务器角色，是系统内置的，各种用户都不能创建新的服务器级角色。服务器级角色的权限作用域为服务器范围。📖

> 📖 知识拓展
> 数据库系统安全服务器角色

当 SQL Server 安装时会创建服务器级别上应用的大量预定义的角色，每个角色都对应着相应的管理权限。其固定服务器角色可授权给数据库管理员（DBA），拥有某种或某些角色的 DBA 就会获得与相应角色对应的服务器管理权限。用户可以向服务器角色中添加 SQL Server 登录名、Windows 账户和 Windows 组。

（3）数据库角色

在 SQL Server 安装时，数据库级别上也有一些预定义的角色，在创建每个数据库时都会添加这些角色到新创建的数据库中，每个角色都对应着相应的权限。其数据库角色可授权给数据库用户，拥有某种或某些角色的用户会获得相应角色对应的权限。📖

> 📖 知识拓展
> 数据库角色概念及作用

可以为数据库添加角色，然后将角色分配给用户，使用户拥有相应的权限。在 SSMS 中，给用户添加角色（或称将角色授予用户）的操作与将固定服务器角色授予用户的方法类似，通过相应角色的属性对话框可以方便地添加用户，使用户成为角色成员。

用户也可使用 SSMS 或 T-SQL 命令创建新角色，使之拥有某个或某些权限。创建的角色还可修改其对应的权限。用户需要完成三项任务：创建新的数据库角色、给创建的角色分配权限、将角色授予某个用户。

SQL Server 2022 有两种类型的数据库级角色：一是数据库中预定义的"固定数据库角色"，二是可以创建的"用户定义数据库角色"。

（4）应用系统角色

应用系统角色是特殊的数据库角色，用于允许用户通过特定的应用系统获取特定数据。应用系统角色不包含任何成员，而且在使用之前要在当前连接中将其激活。激活一个应用系统角色后，当前连接将丧失它所具备的特定用户权限，只获得应用系统角色所拥有的权限。应用系统角色能够在不断开连接的情况下切换用户的角色和对应的权限。

应用系统角色的使用过程如下。📖

> 📖 知识拓展
> 数据库应用系统的角色

1）用户通过登录名或 Windows 认证方式登录到数据库系统。

2）登录有效通过后，获得用户在数据库系统中拥有的操作权限。

3）应用系统执行 sp_setapprole 存储过程并提供角色名和口令。

4）应用系统角色生效后，用户原有角色对应的权限消失，并获得应用系统角色对应的权限。

5）用户可以使用应用系统角色中的权限操作数据库的对象。

☺ 讨论思考：

1）什么是身份验证？SQL Server 中两种身份验证的模式是什么？

2）什么是权限？SQL Server 中有几种权限？各自有什么作用？

3）什么是数据库的角色？分为哪几类？什么是服务器角色？

4）数据库系统角色的主要作用及其常见的类型有哪些？

8.4　数据备份及恢复

【案例 8-5】虽然数据库管理系统采取了各种措施来保证数据库的安全性和完整性，但还是需要防止可能出现的各种意外故障，如存储媒体损坏、用户操作失误、硬件故障、自然灾难、计算机病毒或攻击等。这些故障会造成系统运行事务的异常中断，影响数据的正确性，甚至会破坏数据库，使数据库中的数据被破坏或丢失。

数据备份与恢复是数据库文件管理中常见的重要操作。数据库备份在意外故障恢复中特别重要，也可以通过数据恢复将数据库从一个服务器移动或复制到另一个服务器。SQL Server 的备份和恢复组件为存储在 SQL Server 中的关键数据提供了重要的保护手段。

微课视频
课程视频 8.4

8.4.1　数据备份及常用方法

数据备份又称数据转储，是指为防止系统出现故障或操作失误导致数据丢失，而将全部或部分数据复制到其他存储介质的过程。选取备份策略原则是"以最小的代价恢复数据"。备份与恢复相互联系，备份策略与恢复应结合考虑。

📖 知识拓展
数据库中的数据备份

1. 数据备份的内容

数据库中数据的重要程度决定了数据恢复的重要性和必要性，也决定了数据备份时机及其方式。SQL Server 数据库备份的内容分为两部分：数据文件（包括主数据文件和次要数据文件）和日志文件。为了使数据库能够恢复到某个一致点，备份不仅需要复制数据库中数据文件的内容，还要复制日志文件中的内容。因此根据每次备份的目标不同，通常可以将备份分为数据备份和日志备份。

2. 数据备份的介质

备份介质是指将数据库备份到目标载体。SQL Server 2022 中，常用以下两种备份介质。

1）硬盘，是最常用的备份介质，可以用于备份本地文件，也可以用于备份网络文件。

🔔 注意：备份到磁盘中有两种形式，即文件形式、备份设备的形式。

2）云盘，是大容量的备份介质，可用于通过网络进行备份。

3. 数据备份的策略

对于系统数据库和用户数据库，备份的策略及方式不同。

1）系统数据库。当系统数据库 Master、Msdb 或 Model 被修改后，系统会自动备份。

2）用户数据库。数据库创建或加载时，应备份数据库；当创建索引时应备份，以便恢复。

🔔 **注意**：当清理日志或执行了不记录日志的 T-SQL 命令时，应备份数据库，这是因为若日志记录被清除或命令未记录在事务日志中，将不包含数据库的活动记录，以及不能通过日志恢复数据。不记录日志的命令有 Backup Log With No_Log、Writetext、Updatetext、Select Into、命令行实用程序命令、BCP 命令等。

4. 数据备份的常用方法

数据库备份常用两类方法：完全备份和差异备份。完全备份每次都备份整个数据库或事务日志，差异备份只备份自上次备份以后发生变化的新数据。差异备份也称为增量备份。

数据备份范围为完整数据库、部分数据库、文件或文件组，根据备份范围分为七种类型。📖

> 📖 **知识拓展**
> 数据库备份的主要类型

1）完整备份。完整备份指复制全部数据。通过单个完整备份，可将数据库恢复至某个时间点的状态。此备份在线操作时间长，数据容易发生变化，因此还要对部分事务日志备份，以便恢复到某个事务一致状态。通常，只定期做完整备份。

2）完整差异备份。也称为数据库差异备份，基于以前的完整备份，也称为基准备份。只备份从上次完整备份后（非上次差异备份后）的变动部分，仅记录自基准备份后更改过的数据。

3）部分备份。同完整备份类似，但不包含所有文件组。只包含主文件组、每个读写文件组及任何指定的只读文件中的所有数据。

4）部分差异备份。只记录自上次部分备份后更改的数据，这种备份称为差异备份的"基准备份"。

5）文件（组）备份。指对单一数据文件（组）的备份，优点是灵活便利，可分别备份文件（组）。文件备份可使用户只还原已损坏的文件，从而提高恢复速度。此备份适用于大型数据库，前提是数据库已分成多个文件（组）。

6）文件差异备份。创建文件或文件组的完整备份后，可基于该完整备份创建一系列的差异备份。文件差异备份只捕获自上一次文件备份以来更改的数据。

7）事务日志备份。用于完整恢复或大容量日志恢复模式。只备份数据库的事务日志，在数据库恢复时无法单独运行，必须与一次完整备份一起才能恢复数据库，而且此备份恢复时有时间顺序。与差异备份类似，事务日志备份生成的文件较小、占用时间短，在还原数据时，除了先还原完整备份之外，还要依次还原每个事务日志备份，而不是只还原最近一个事务日志备份。

5. 数据备份的对象

在 SQL Server 中，可以做备份的角色成员如下。

1）数据库系统的固定服务器角色 Sysadmin（限于系统管理员）。

2）数据库系统的固定数据库角色 Db_owner（数据库的拥有者）。

3）固定数据库角色 Db_backupoperator（允许数据库备份的用户）。

除上述角色外，还可以通过授权用户允许其他角色进行数据库备份。

6. 数据备份的限制操作

在执行数据库备份的过程中，允许用户对数据库继续操作，但不允许用户在备份时执行下列操作：创建或删除数据库文件、创建索引、不记录日志的命令。

若系统正执行上述操作中的任何一种时试图进行备份，则备份进程不能执行。

8.4.2　数据恢复及其应用

数据恢复（Data Restore）是指将备份的数据再恢复（还原）到应用系统中的过程。同数据备份是一个逆过程，可能需要涉及整个数据库系统的恢复。数据恢复直接涉及系统在发生故障后能否快速恢复正常，在整个数据安全保护中极为重要，需要采取必要的操作策略。

1. 数据恢复的准备

数据库恢复的准备工作包括系统安全性检查和备份介质验证。在进行恢复前，系统先执行安全性检查、重建数据库及其相关文件等操作，保证数据库恢复准确无误，如用不同的数据库备份或以不兼容的数据库备份信息覆盖某个已存在的数据库。当系统出现了以下问题时，必须停止恢复操作。

1）准备恢复的数据库已存在，但在备份文件中记录的数据库与其不同。

2）服务器上的数据库文件集与备份中的数据库文件集不一致。

3）未提供恢复数据库所需的所有文件或文件组。

安全性检查是系统在执行恢复操作时自动进行的。恢复数据库时，要确保数据库的备份是有效的，即要验证备份介质，得到数据库备份的信息，主要包括备份文件或备份集名及描述信息、所使用的备份介质类型、备份方法、执行备份的日期和时间、备份集的大小、数据库文件及日志文件的逻辑和物理文件名、备份文件的大小。还要查看当前应还原数据库的使用状态：在还原数据库之前，要先查看是否还有其他人在使用数据库，如果有其他人正在使用，则将无法还原数据库。

2. 数据库故障和恢复策略

数据库系统在运行中发生故障后，有些事务尚未完成就被迫中断，这些未完成事务对数据库所做的修改有一部分已写入物理数据库。这时，数据库就处于一种不正确或不一致的状态，可利用日志文件和数据库备份的后备副本将数据库恢复到故障前的某个一致性状态。

数据库运行过程中的故障是多种多样的，主要分为三类：事务故障、系统故障和介质故障。根据故障类型的不同，应该采取不同的恢复策略。

（1）事务故障及其恢复

事务故障是由非预期、非正常的程序结束所造成的故障，主要原因包括输入数据错误、运算溢出、违反存储保护、并行事务发生死锁等。发生事务故障时，被迫中断的事务可能已修改了数据。为了消除其影响，要利用日志文件中所记载的信息强行退回（Rollback）该事务，将数据库恢复到修改前的初始状态。为此，要检查日志文件中由此事务所引起的发生变化的记录，取消这些没有完成的事务所做的一切改变，恢复操作称为事务撤销（Undo）。

1）反向扫描日志文件，查找该事务的更新操作。

2）对该事务的更新操作执行反操作，即对已插入的新记录进行删除操作，对已删除的记录进行插入操作，对修改的数据恢复旧值，用旧值代替新值。由后向前逐个扫描该事务已做的所有更新操作，并做处理，直到扫描到此事务的开始标记，事务故障恢复完毕。

一个事务是一个工作单位，也是一个恢复单位。事务越短，越便于对其进行撤销。若一个应用系统的运行时间较长，则应将该应用系统分成多个事务，用明确的提交（Commit）语句结束事务。

（2）系统故障及其恢复

系统故障是指系统在运行过程中由于某种原因而停止运转，致使所有正在运行的事务都以非正常方式终止，要求系统重新启动。引起系统故障的原因包括硬件错误（如 CPU 故障）、操作系统或 DBMS 代码错误、突然断电等。此时，内存中数据库缓冲区的内容全部丢失，存储在外部存储设备上的数据库并未破坏，但内容不可靠。

系统故障发生后，对数据库的影响有以下两种情况。

1）一些未完成事务对数据库的更新已写入数据库，当系统重启后，应撤销所有未完成事务，清除对数据库所做的修改。未完成事务在日志文件中只有 Begin Transcation 标记，而无 Commit 标记。

2）有些已提交的事务对数据库的更新还保留在缓冲区中，尚未保存，也使数据库处于不一致状态，应将这些事务已提交的结果重新写入数据库。这类恢复操作称为事务的重做（Redo）。这种已提交事务在日志文件中既有 Begin Transcation 标记，也有 Commit 标记。

系统故障的恢复要完成两方面的工作，既要撤销所有未完成的事务，还要重做所有已提交的事务，这样才能将数据库真正恢复到一致的状态。具体做法如下。

1）正向扫描日志文件，查找尚未提交的事务，将其事务标识记入撤销队列。同时查找已经提交的事务，将其事务标识记入重做队列。

2）对撤销队列中的每个事务进行撤销处理。与事务故障中所介绍的撤销方法相同。

3）对重做队列中的每个事务进行重做处理。重做处理的方法是：正向扫描日志文件，按照日志文件中所登记的操作内容重新执行操作，使数据库恢复到最近的某个可用状态。

系统发生故障后，难以确定哪些未完成事务已更新过数据库，哪些事务的提交结果尚未写入数据库，这样系统重新启动后，应撤销所有未完成事务，重做全部已经提交的事务。但是，在故障发生前已经运行完毕的事务有些是正常结束，有些是异常结束，所以无须将其全部撤销或重做。📖

（3）介质故障及其恢复

介质故障是指系统在运行过程中由于存储介质出现问题，使存储的数据出现丢失。此故障出现的可能性很小，却是一种最严重的故障，磁盘上的物理数据和日志文件可能被破坏，需要存入发生介质故障前最新的后备数据库副本，然后利用日志文件重做该副本后运行的所有事务。具体的恢复方法如下。

📖 知识拓展
判断事务正常结束的方法

1）存入最新的数据库副本，使数据库恢复到最近一次备份时的可用状态。

2）存入最新的日志文件副本，根据日志文件中的内容重做已完成的事务。首先正向扫描日志文件，找出发生故障前已提交的事务，将其记入重做队列。再对重做队列中的每个事务进行重做处理：正向扫描日志文件，对每个重做事务重新执行登记的操作，即将日志文件中数据已更新后的值写入数据库。

通过上述对故障的分析可见，故障发生后对数据库的影响有以下两种可能性。

1）数据库没有被破坏，数据出现不一致问题。由事务故障和系统故障引起，恢复时无须重装数据库副本，直接根据日志文件撤销故障发生时未完成的事务，并重做已完成事务，恢复到正确状态。这类故障的恢复由系统在重新启动时自动完成，无须用户干预。

2）数据库本身被破坏。由介质故障引起，恢复时将最近一次备份的数据装入，并借助日志文件对数据库进行更新，从而重建数据库。这类故障的恢复不能自动完成，先由 DBA 利用 DBMS 重装最近备份的数据库副本和相应的日志文件的副本，再执行系统提供的恢复命令。

3. 数据恢复类型

数据恢复操作的类型通常有三种：全盘恢复、个别文件恢复和重定向恢复。

1）全盘恢复。也称为系统恢复，是将备份到介质上的指定系统数据全部备份到其原来的位置，常用于服务器发生意外灾难时导致数据全部丢失、系统崩溃或是有计划地系统升级、系统重组等情况。

2）个别文件恢复。是将个别已备份的最新版文件恢复到原来的地方，是一种相对简单的操作。利用网络备份系统的恢复功能，可以很容易地恢复受损的个别文件。需要时，只要浏览备份数据库或目录，找到该文件，启动恢复功能，系统将自动驱动存储设备，加载相应的存储媒体，恢复指定文件。

3）重定向恢复。是将备份的文件或数据恢复到另一个不同的位置或系统。重定向恢复可以是整个系统恢复，也可以是个别文件恢复。重定向恢复时需要慎重考虑，要确保系统或文件恢复后的可用性。

4. 数据恢复模式

恢复模式是一个数据库属性，用于控制数据库备份和还原操作的基本行为。例如，恢复模式控制了将事务记录在日志中的方式、事务日志是否需要备份以及可用的还原操作。

1）恢复模式的优点是可以简化恢复计划，并简化备份和恢复过程，明确系统操作要求之间的权衡，明确可用性和恢复要求之间的权衡。

2）恢复模式有三种分类：简单恢复模式、完整恢复模式和大容量日志恢复模式。

5. 恢复数据库操作

恢复数据库操作有三种方法：SSMS 方法、备份设备方法和命令语句方法。

📖 **知识拓展**
数据恢复命令操作及用法

1）使用 SSMS 恢复数据库。启动 SSMS，选择服务器，右击相应的数据库，选择"还原（恢复）"命令，再单击"数据库"，出现恢复数据库窗口。

2）使用备份设备进行恢复的方法。

① 在还原数据库窗口选择"源设备"，单击文本框右边的按钮，出现"指定备份"对话框。

② 选中备份媒体中的备份设备，单击"添加"按钮，出现"选择备份设备"对话框。

📖 **知识拓展**
数据库恢复的具体模式

③ 选择相应的备份设备，单击"确定"按钮即可。

3）使用 T-SQL 语句恢复数据库。用 RESTORE 命令对备份数据库恢复。

☺ 讨论思考：

1）数据备份的重要作用和主要内容有哪些？

2）数据备份常用的各种主要备份类型及其方式是什么？

3）什么是数据恢复？数据恢复前需注意哪些问题？

4）数据库运行故障有哪些？其恢复模式有哪些？

微课视频
课程视频 8.5

8.5 并发控制和封锁技术

【案例 8-6】现代网络信息系统几乎不存在单用户操作，基本上都是多用户操作，多个用户同时共享数据库，多个用户可能在同一时刻去访问或修改同一部分数据，这样就引起一个问题——并发事件。这样可能导致数据库中的数据不一致，因此需要对事务进行并发控制。

8.5.1 并发操作产生的问题

网络系统出现多用户的并发事件，主要原因是争用网络资源，从而导致事务阻塞或数据不一致。

事务就是一个处理（操作）的基本单元，可能是一行 UPDATE 语句，或是异常复杂的一系列增删改查操作。事务具有如下四个基本特性（ACID）。

1）原子性（Atomicity）。一个事务被看作一个整体，被当作单独工作单元。假设一个事务由多个任务组成，其中的语句必须同时成功，才能认为事务成功。如果事务失败，那么系统将会返回到事务之前的状态。

2）一致性（Consistency）。事务的执行前后状态应该是逻辑一致性状态。不管事务是成功完成还是中途失败，当事务使系统中的所有数据处于一致的状态时，存在一致性。

3）隔离性（Isolation）。是指每个事务各自独立运行，不受其他事务影响，而且事务的结果只有在它完全被执行后才能看到。即使在一个系统中同时发生多个事务，隔离性原则也会保证某个特定事务在完全完成之前其结果不可见。

4）持久性（Durability）。一旦事务完成，其结果不变，包括系统关闭，都需要保证事务结果。即使系统崩溃，一个提交的事务也仍然存在。在事务完成后，数据库日志便记录所有对数据的更新或查询等操作。

任何数据库管理系统（DBMS）都支持这四种特性，只是实现方式不同。📖

📖 知识拓展
SQL Server 默认的特性

8.5.2 并发控制概述

1. 并发控制的基本概念

并发控制是对数据库系统中的多用户程序同时并行存取的控制机制，目的是避免数据的丢失修改、无效数据的读出与不可重复读数据现象的发生，从而保持数据的一致性。

事务是数据库并发控制的基本单位，是用户定义的一个操作序列。对事务的操作实行"要么都做，要么都不做"的原则，将事务作为一个不可分割的最小的独立工作单位。通过事务，SQL Server 可将逻辑相关的一组操作绑定在一起，以便服务器保持数据的完整性，如银行转账。

2. 并发控制需要处理的问题

若没有锁定且多个用户同时访问一个数据库，则当多个事务同时使用相同的数据时可能会发生问题。并发操作带来的数据不一致性问题主要包括以下几个。

1）丢失更新。当几个事务操作同一行（数据记录）时，导致某个更新没有及时保存，发生丢失更新而使数据缺失的问题。不应允许两个事务同时更新相同的数据，以免其中一个事务的更新操作丢失。

2）读"脏"数据（脏读）。指一个事务正在访问数据，而其他事务正在更新该数据，但尚未提交，此时就会发生脏读问题，即第一个事务所读取的数据是"脏"（不正确）数据，它可能会引起错误。

3）不可重复读。当一个事务多次访问同一行且每次读取不同的数据时，会发生重复读问题。同脏读相似，该事务也是正在读取其他事务正在更改的数据。当一个事务访问数据时，另外的事务也访问该数据并对其进行修改，因此就发生了由于第二个事务对数据的修改而导致第一个事务两次读到的数据不一致的情况。产生数据不一致的主要原因是并发操作破坏了事务的隔离性。

4）幻读。当一个事务对某行执行插入或删除操作，而该行处于某个事务正在读取行的范围时，会发生幻读问题。事务第一次读的行范围显示其中一行已不复存在于第二次读或后续读中，因为该行已被其他事务删除。同样，由于其他事务的插入操作，第二次读或后续读显示有一行已不在原始读中。

8.5.3 常用的封锁技术

并发控制措施的目的就是用正确的方式控制调度并发操作，使一个用户事务的执行不受其他事务的干扰，从而避免造成数据的不一致性。封锁是并发控制最常用的主要技术，其基本单位是事务。

1. 封锁技术

封锁（locking）是实现数据库并发控制的主要技术，可以防止用户读取正在由其他用户更改的数据，并可以防止多个用户同时更改相同的数据。如果不用封锁技术，则数据库中的数据可能在逻辑上不正确，并且对于数据的查询可能会产生意外结果。

例如，在订飞机票时，甲事务要修改 A，若在读出 A 前先锁住 A，则其他事务不能再读取和修改 A，直到甲修改并写回 A 后解除对 A 的封锁为止，这样甲就不会丢失修改。因此，封锁可以防止丢失更新、脏读、不可重复读、幻读等并发操作带来的数据不一致问题。当两个事务分别封锁某个资源，而又分别等待对方释放其封锁的资源时，就会发生死锁（Deadlock）。

如果事务 T1 封锁了数据 R，事务 T2 又请求封锁 R，T2 处于等待。T3 也请求封锁 R，当 T1 释放了对 R 的封锁之后，系统首先批准了 T3 的请求，T2 仍然等待。然后 T4 又请求封锁 R，当 T3 释放了对 R 的封锁之后，系统又批准了 T4 的请求，以此类推，T2 有可能永远等待，即出现活锁（Livelock）。避免活锁的简单方法是采用先到先服务的策略。

* 2. 锁定粒度

在 SQL Server 中，可被封锁的资源从小到大分别是行、键、页、扩展盘区、表和数据库，被封锁的资源单位称为锁定粒度。锁定粒度不同，资源的开销将不同，并且锁定粒度与数据库访问并发度是一对矛盾。锁定粒度大，系统开销小，但并发度会降低；锁定粒度小，系统开销大，但并发度可提高。锁的粒度及其说明如表 8-1 所示。

表 8-1　锁的粒度及其说明

锁的粒度大小	说　明
行锁	行标识符。用于单独锁定表中的一行，这是最小的锁
键锁	锁定索引中的结点。用于保护可串行事务中的键范围
页锁	锁定 8 KB 的数据页或索引页
扩展盘区锁	锁定相邻的八个数据页或索引页
表锁	锁定整个表
数据库锁	锁定整个数据库

3. 常用的封锁模式

SQL Server 使用不同的锁模式锁定资源，这些锁模式确定了并发事务访问资源的方式。SQL Server 共有七种封锁模式，分别是共享（Shared，S）、排他（Exclusive，X）、更新（Update，U）、意象（Intent）、架构（Schema）、键范围（Key-range）、大容量更新（Bulk Update，BU）。下面主要介绍前两种。📖

> 📖 **知识拓展**
> 常用封锁技术的封锁模式

1）共享（S 锁、读锁）。共享锁允许并发事务读取一个资源。当一个资源上存在共享锁时，任何其他事务都不能修改数据。一旦读取数据完毕，资源上的共享锁便立即释放，除非将事务隔离级别设置为可重复读或更高级别，或者在事务生存周期内用封锁提示保留共享锁。

默认情况下，SQL Server 会自动在需要读取的数据上加上 S 锁，表、页和单独的行（表或者索引上）都可以持有 S 锁。通常，系统会在读取完数据后马上释放 S 锁，而不需要等待事务结束。

2）排他（X 锁、写锁）。排他锁可以防止并发事务对资源进行访问。其他事务不能读取或修改排他锁锁定的数据。当系统通过 INSERT、UPDATE、DELETE 等操作修改数据时，会对相应的数据加 X 锁。任何时候（事务范围内），一个特定的数据资源上只能有

> 📖 **知识拓展**
> 常用的其他封锁模式

一个 X 锁。被修改的数据在事务提交或回滚前，对于其他事务都是不可用的。另外，还有一些常用的其他封锁模式。📖

8.5.4　并发操作的调度

数据库系统以随机方式对并行操作调度，而不同的调度可能会产生不同的结果。若一个事务运行中不同时运行其他事务，则可认为该事务的运行结果为正常的或预期的，将所有事务串行调度策略是正确的。虽然以不同的顺序串行执行事务也可能会产生不同的结果，

但由于不会将数据库置于不一致状态，因此可以认为是正确的。

并发操作的结论：几个事务的并行执行是正确的，当且仅当其结果与按某一次序串行地执行的结果相同。此并行调度策略称为可串行化（Serializable）的调度。可串行性是并行事务正确性的唯一准则。

> 【案例 8-7】数据库系统现有两个事务，分别包含下列操作。事务 1 的操作为：读 B；A=B+1；写回 A。事务 2 的操作为：读 A；B=A+1；写回 B；分别查看调度策略。

假设 A 的初值为 10，B 的初值为 2。表 8-2 给出了对这两个事务的不同调度策略。（a）和（b）为两种不同的串行调度策略，虽然执行结果不同，但它们都是正确的调度。（c）中的两个事务是交错执行的，由于执行结果与（a）、（b）的结果都不同，所以是错误的调度。（d）中的两个事务也是交错执行的，由于执行结果与串行调度 1（a）的执行结果相同，所以是正确的调度。

表 8-2　对两个事务的不同调度策略

串行调度 1（a）	串行调度 2（b）	不可串行化的调度（c）	可串行化的调度（d）
读 B=2	读 A=10	读 B=2	读 B=2
A←B+1	B←A+1	读 A=10	等待
写回 A=3	写回 B=11	A←B+1	A←B+1 等待
读 A=3	读 A=3	写回 A=3	读 A=3
B←A+1	A←B+1	B←A+1	B←A+1
写回 B=4	写回 A=12	写回 B=11	写回 B=4
结果：A=3　B=4	结果：A=12　B=11	结果：A=3　B=11	结果：A=3　B=4

为确保并行操作正确，DBMS 的并行控制机制提供了保证调度可串行化的手段。目前，DBMS 普遍采用悲观封锁方法，如 DM 和 SQL Server，以保证调度的正确性，即并行操作调度的可串行性。有时也采用封锁方法、乐观封锁方法等。从程序员的角度看，分为乐观锁和悲观锁。乐观锁完全依靠数据库来管理锁的工作，悲观锁是程序员个人管理数据或对象上的锁处理。

SQL Server 使用锁在多个同时在数据库内执行修改的用户间实现悲观并发控制。

☺ 讨论思考：

1）什么是事务？事务的主要基本特性有哪些？

2）并发控制的概念及要处理的问题和主要技术有哪些？

3）网络系统中，常用的两种封锁模式有哪些？

8.6　实验 8　数据备份及恢复操作

🖱 实验视频
实验视频 8　讲解及演示

8.6.1　实验目的

1）进一步加深理解数据备份和恢复相关的知识。

2）掌握数据备份主要操作的步骤和基本方法。

3）掌握数据还原（恢复）操作的步骤和基本方法。

8.6.2 实验内容及步骤

（1）利用 SSMS（SQL Server Management Studio）管理备份设备

在备份一个数据库之前，需要先创建一个备份设备，如磁带、硬盘等，然后复制有备份的数据库、事务日志、文件/文件组。

使用 SSMS 创建备份设备的主要步骤如下。

1）打开 SSMS 并连接到一个 SQL Server 实例。

2）展开对象资源管理器中的服务器树。

3）展开"服务器对象"中的文件夹。

4）右击"备份设备"，并选择"新建备份设备"命令。

5）在"备份设备"对话框的"设备名称"文本框中输入 FullBackups，如图 8-3 所示。

图 8-3　使用 SSMS 创建备份设备

6）单击"文件"列表框右边的省略号按钮，可以更改物理文件的位置。也可以保持默认设置。

7）单击"确定"按钮。

8）重复步骤5）~7）两次，分别新建名称为 DiffBackups 与 LogBackups 的两个备份设备，如图 8-4 所示。

当进行一次备份时，只需指定设备名称即可，而不用指定磁盘或磁带的位置。

注：创建设备确实可以简化备份进程，但并非必需步骤。可直接将一个数据库备份到文件或磁带位置。

（2）备份数据库

打开 SSMS，右击需要备份的数据库，选择"任务"→"备份"命令，出现"备份数据库"对话框。在此可以选择要备份的数据库和备份类型。

使用 SSMS 执行完整数据库备份的步骤如下。

1）打开 SSMS 并连接到一个 SQL Server 实例。

2）展开对象资源管理器中的服务器树。

3）展开"数据库"文件夹。

4）右击 Library 数据库。

5）选择"任务"→"备份"命令。

6）在"备份数据库"对话框中可以选择不同的
数据库进行备份，也可以更改备份类型，现在选择
"完整"备份类型状态。

注：在备份类型的下面可以指定是否进行一个
"仅复制备份"。"仅复制备份"并不开始一个新的备
份链，因此如果勾选此选项，将无法进行差异备份。

7）在"备份集"部分，可以指定数据库备份的
名称与描述。此处为默认状态。

8）在"目标"部分，默认备份文件名称为"数
据库名.bak"（此处为 Library.bak），单击"确定"
按钮即可，如图 8-5 所示。

图 8-4 创建备份设备

图 8-5 使用 SSMS 执行完整数据库备份（1）

9）在"备份数据库"对话框的"选择页"窗格中，单击"选项"，此部分选项均为
默认。

在"覆盖介质"部分，选择默认设置，即"追加到现有备份集"，则后续每一次进行
备份时将把新生成的备份文件添加到介质集上。如图 8-6 所示。

注：如果选择"覆盖所有现有备份集"选项，则将清空全部备份集。

图 8-6　使用 SSMS 执行完整数据库备份（2）

（3）数据库的差异备份

差异数据库备份只记录自上次数据库备份后发生更改的数据。差异数据库备份比数据库备份小，而且备份速度快，因此可以经常地备份。经常备份将减少丢失数据的危险。使用差异数据库备份可将数据库还原到差异数据库备份完成时的那一点。若要恢复到精确的故障点，则必须使用事务日志备份。

使用 SSMS 进行差异备份的步骤如下。

1）打开 SSMS 并连接到一个 SQL Server 实例。

2）展开对象资源管理器中的服务器树。

3）展开"数据库"文件夹，查找数据库。

4）右击 Library 数据库，出现快捷菜单。

5）选择"任务"→"备份"命令。

6）在"备份数据库"对话框中可以选择不同的数据库进行备份，也可以更改备份类型，现在选择"差异"备份类型状态，保持其余选项不变。

（4）恢复数据库

使用 SSMS 恢复数据库的步骤如下。

1）打开 SSMS 并连接到一个 SQL Server 实例。

2）展开对象资源管理器中的服务器树。

3）展开"数据库"文件夹，查找数据库。

4）右击 Library 数据库，出现快捷菜单。

5）选择"任务"→"还原"命令，选择"数据库"，如图 8-7 所示。

图 8-7　使用 SSMS 恢复数据库

8.7　本章小结

　　数据库安全的核心和关键是数据安全。本章主要从数据库安全技术及应用方面，概述了数据库安全、数据库系统安全、数据安全的有关概念，介绍了 SQL Server 在数据库安全方面的主要内容。

　　在此基础上概述了数据库安全风险分析，指出了常见数据库的安全缺陷和隐患要素，介绍了数据库安全关键技术，SQL Server 的安全策略和安全管理机制。在数据的访问权限及控制方面，涉及数据库的身份验证及权限管理，以及数据库安全访问控制方法。另外，结合 SQL Server 实际应用，概述了具体的登录控制、用户与角色管理和权限管理等实际应用及相关部分操作。

　　数据的备份与恢复是数据库文件管理中最常见的操作，数据备份需要考虑备份内容、备份介质、备份时机、备份方法及类型。数据恢复是与数据备份相对应的系统维护和管理操作。本章通过叙述数据库运行故障，介绍了相对应的数据恢复类型。本章还介绍了利用 SQL Server 管理器 SSMS 或备份/恢复命令在本地主机上进行数据库备份和恢复的操作。最后介绍了并发控制与封锁等管理技术和方法。

8.8　练习与实践 8

1. 选择题

（1）下面关于登录账户、用户和角色的说法错误的是（　　）。

A. 登录账户是服务器级的　　　　　　B. 用户是登录账户在某个数据库中的映射

C. 用户不一定要和登录账户相关联　　　D. 角色其实就是用户组

（2）数据库管理系统通常提供授权功能来控制不同用户访问数据的权限，这主要是为了实现数据库的（　　　）。

A. 可靠性　　　　　　　　　　　　　B. 一致性

C. 完整性　　　　　　　　　　　　　D. 安全性

（3）若有三个用户 U1、U2、U3，关系 R，则下列不符合 SQL 的权限授予和回收的语句是（　　　）。

A. GRANT SELECT ON R TO U1　　　　B. REVOKE UPDATE ON R TO U3

C. GRANT DELETE ON R TO U1，U2，U3 D. REVOKE INSERT ON R FROM U2

（4）当发生故障时，根据现场数据内容、日志文件的故障前映像和（　　　）来恢复系统的状态。

A. 库文件　　　　　　　　　　　　　B. 日志文件

C. 检查点文件　　　　　　　　　　　D. 后备文件

（5）若事务 T 对数据 R 已加 X 锁，则其他加锁方式对数据 R（　　　）。

A. 可以加 S 锁，不能加 X 锁　　　　　B. 不能加 S 锁，可以加 X 锁

C. 可以加 S 锁，也可以加 X 锁　　　　D. 不能加任何锁

（6）并发操作会带来（　　　）等数据不一致性问题。

A. 不可重复读、幻读、脏读　　　　　B. 不可重复读、脏读、死锁

C. 丢失更新、脏读、死锁　　　　　　D. 丢失更新、不可重复读、脏读、幻读

（7）解决并发操作带来的数据不一致性问题普遍采用（　　　）。

A. 封锁　　　　　　　　　　　　　　B. 恢复

C. 存取控制　　　　　　　　　　　　D. 协商

（8）某公司使用 SQL Server 2022 管理公司的数据，现在数据库管理员希望对于重要的数据库 202208_DB 进行事务日志备份，在此之前，数据库管理员应该确保该数据库的还原模式为（　　　）。

A. 完整恢复模式或者大容量日志恢复模式

B. 完整恢复模式或者简单还原模式

C. 简单还原模式或者大容量日志模式

D. 无论是哪一种还原模式，都可以进行事务日志备份

（9）若系统在运行过程中由于某种原因造成系统停止运行，致使事务在执行过程中以非控制方式终止，这时内存中的信息丢失，而存储在外存上的数据未受影响，这种情况称为（　　　）。

A. 事务故障　　　　　　　　　　　　B. 系统故障

C. 介质故障　　　　　　　　　　　　D. 运行故障

（10）使某个事务永远处于等待状态，而得不到执行的现象称为（　　　）。

A. 死锁　　　　　　　　　　　　　　B. 活锁

C. 串行调度　　　　　　　　　　　　D. 不可串行调度

（11）关于"死锁"，下列说法中正确的是（　　　）。

  A. 死锁是操作系统中的问题，数据库操作中不存在

  B. 在数据库操作中防止死锁的方法是禁止两个用户同时操作数据库

  C. 当两个用户竞争相同资源时不会发生死锁

  D. 只有出现并发操作时，才有可能出现死锁

2. 填空题

（1）数据库安全的核心和关键是 _____。

（2）SQL Server 2022 的安全性管理可分为三个等级：_____、_____、_____。

（3）备份是为了在数据库遭到破坏时能够修复，数据库备份的类型主要有_____、_____、_____、_____、_____、_____、_____。

（4）数据库运行过程中可能会出现各种各样的故障，这些故障可分为三类：_____、_____、_____。

（5）数据恢复操作通常有三种类型：_____、_____、_____。

（6）在 SQL 中，为了数据库的安全性，设置了对数据的存取进行控制的语句，对用户授权使用_____语句，收回所授的权限使用_____语句。

（7）事务故障、系统故障的恢复是由_____完成的，介质故障的恢复是由_____完成的。

（8）用户可以设置服务器和数据库的权限，主要涉及三种权限，分别是_____、_____、_____。

（9）并发控制的主要方法是采用了_____机制，其典型类型有_____和_____两种。

（10）对象权限是指用户基于数据库对象层次上的访问和操作权限，共有五种：SELECT、INSERT、DELETE、_____和_____。

（11）_____只记录自上次完整数据库备份后发生更改的数据。

3. 简答题

（1）常见数据库的安全缺陷和隐患要素主要包括哪些？

（2）用户权限的种类主要有哪些？各自有哪些作用？

（3）常用的数据库安全关键技术主要包括哪些？

（4）数据备份常用方法及数据备份的范围是什么？

（5）数据库的主要故障及其恢复策略具体有哪些？

（6）常见的并发控制需要处理的问题主要有哪些？

4. 实践题

（1）简要概述创建服务器登录的主要步骤。

（2）概要说明创建用户定义的服务器角色。

（3）简要概述创建数据库用户的主要方法。

（4）概要说明创建固定数据库的角色的过程。

（5）概述数据库或数据备份恢复的步骤和方法。

*第9章 关系数据库的规范化

数据库应用至关重要的一个环节就是设计出一个好的规范的数据库模式。为了使数据库模式设计合理可靠、简单实用，通常使用关系数据库的规范化理论。关系数据库的规范化理论是数据库设计的理论指导和工具，是指导关系模式设计的标准。其规范化原理对于数据库的设计十分重要，直接关系到数据处理的正确性和完备性。规范化理论为判断关系模式的好坏提供了理论标准，是数据库设计人员的有力工具。针对一些实际业务的数据应用操作，在数据库设计中构建规范且普遍适用的数据库模式，是一个基本而重要的问题。📖

📁 教学目标
- 了解数据库关系模式的异常问题及成因
- 理解函数依赖的相关概念和基本理论
- 掌握关系模式的主要分解方法
- 掌握关系模式范式的概念及规范化过程

📖 知识拓展
学习关系数据库规范化意义

9.1 数据库的规范化问题🎬

【案例9-1】规范化理论的基本思想。进行模式分解，消除数据依赖中不合理的部分，使关系模式达到某种程度的分离，使一个关系仅描述一个实体或者实体之间的一种联系。关系数据库的规范化理论是数据库设计的一个理论指南，关系模式的设计必须满足一定的规范化要求，从而满足不同的范式级别。设计合理的关系模式是关系数据库的重要组成部分，其规范化理论在整个模式及数据库设计中占有主导地位，直接影响关系数据库的性能。

9.1.1 规范化理论的研究内容

关系数据库设计理论即关系的规范化理论，可根据现实世界存在的数据依赖关系进行关系模式的规范化处理。在实际应用中，针对给定的业务应用环境和用户需求，建立一个合适的数据库模式，使数据库系统能够高效地存储和管理数据。为使数据库设计合理可靠，通过长期的数据库应用，形成了关系数据库的规范化理论。对规范化理论的研究，主要涉及关系模式中各属性之间的依赖关系及其对关系模式的影响，讨论良好的关系模式应具备的特性，以及达到良好关系模式的方法。

关系数据库设计理论具有很好的应用价值。关系模式的规范化理论主要包括各属性之间的依赖关系，以及对关系模式性能的影响，提供判断关系模式优劣的理论标准，预测可能

🎬 微课视频
课程视频9.1

出现的问题，提供自动产生各种模式的算法。其中，关系数据库设计理论的核心是数据间的函数依赖；衡量的标准是关系规范化的程度及分解的无损连接和保持函数依赖性；模式设计方法是自动化设计的基础。📖

📖知识拓展
规范化理论的由来

9.1.2　关系模式的异常问题

若关系模式设计不当，将会出现数据冗余、操作异常、不一致等问题。

【案例 9-2】设有一个关系模式：读者（读者号，姓名，单位，地址，图书号，借书时间，还书时间），主键为（读者号，图书号）。设同一个单位的读者具有同样的地址。该关系模式部分数据如表 9-1 所示。

表 9-1　【案例 9-2】的部分数据

读者号	姓名	单位	地址	图书号	借书时间	还书时间
2008521432	杜晓晓	外语学院	4 号楼	WC17401	2022-12-15 10:42:53	2023-01-15 18:32:02
2008521432	杜晓晓	外语学院	4 号楼	WC17401	2022-12-11 18:43:23	2022-01-05 15:54:23
2008521432	杜晓晓	外语学院	4 号楼	TG54324	2022-10-23 14:27:52	2022-11-11 09:54:24
2008521432	杜晓晓	外语学院	4 号楼	TG42563	2022-08-14 11:24:14	2022-10-06 12:15:54
2009121221	刘小雪	汽车学院	5 号楼	WC18401	2022-09-24 13:43:19	2022-09-30 12:05:50
2009121221	刘小雪	汽车学院	5 号楼	NH87532	2022-12-16 14:57:14	2023-01-15 15:21:03
2010121036	尹梁栋	软件学院	2 号楼	SC10801	2022-04-15 13:23:43	
2010121036	尹梁栋	软件学院	2 号楼	WC13401	2022-04-21 08:43:12	
2012060907	徐冬	外语学院	4 号楼	NH87533	2022-10-28 15:35:39	2022-11-13 13:57:28
2011031234	王大山	外语学院	4 号楼	SC12501	2022-10-28 20:24:13	2022-11-13 14:53:37
2012180508	曹秉慧	商学院	3 号楼	WC17402	2022-11-30 18:38:43	2022-12-30 13:56:34

观察表 9-1 中的数据，可以看出该表存在以下问题。

（1）数据冗余

数据冗余是指相同的数据在数据库中多次重复出现。在这个关系中，单位和地址的信息有冗余，一个单位有多少个读者，其地址信息就会重复同样的次数；读者基本信息（包括读者号、姓名、单位、地址）也有重复，一个读者借阅了多少次图书，其基本信息就重复多少次。数据冗余不但急剧增加了数据库的数据量，耗费大量的存储空间和运行时间，增加数据查询和统计的复杂度，更重要的是容易造成数据的不一致或其他异常问题。📖

📖知识拓展
数据冗余产生的主要问题

（2）更新异常

更新异常是指执行数据修改操作时，容易导致部分数据被修改、部分数据没有修改的问题，从而造成数据库数据的不一致，影响数据的完整性。例如，一位读者进行了四次借阅，在该表中会存在四个元组。若单位发生了变化，那么这四个元组的地址都要相应改变。只要有任一个地址未更改，就会造成地址不唯一，产生不一致现象。

（3）插入异常

插入异常是指插入的数据由于不能满足某个数据完整性（比如实体完整性）要求而不能正常地被插入数据库中。例如，一个尚未进行借阅的读者，虽然已知其读者号、姓名、性别、单位、地址这些基本信息，但由于从未借阅，因此图书号（主键属性）为空，不能输入数据库。

（4）删除异常

删除异常是指在删除某个或某些数据的同时将其他数据也删除了。例如，若在表 9-1 中取消读者"曹秉慧"的借阅信息，就要将该元组删去，导致其基本信息也被删掉了。

更新异常、插入异常和删除异常统称为操作异常。为什么会出现这些操作异常和数据冗余的现象呢？因为这个关系模式设计得不理想，属性之间存在不良的函数依赖关系。一个良好的关系模式应当具备以下要求：

1）业务数据冗余应尽可能少。

2）更新数据时没有更新异常。

3）插入数据时没有插入异常。

4）删除数据时没有删除异常。

对于出现上述问题的关系模式，可以通过模式分解的方法进行规范化。如何改造这个关系模式，克服其不良的操作异常问题，是关系规范化理论要解决的问题，也是本章讨论函数依赖的原因。

☺讨论思考：

1）规范化理论的主要内容是什么？

2）不良的关系模式可能存在什么问题？

3）良好的关系模式的设计要求是什么？

9.2 函数依赖概述

在理论研究和实际应用中发现，同一关系的属性值之间存在相互依赖与相互制约的关系，也就是数据依赖（Functional Dependency，FD）。函数依赖是数据依赖中最重要、最基本的一种，是同一关系内部属性与属性之间的一种约束关系，是关系模式规范化的关键和基础。

微课视频
课程视频 9.2

9.2.1 函数依赖的相关概念

定义 9-1 设 X，Y 是关系 R 的两个属性集合，当任何时刻 R 中的任意两个元组中的 X 属性值相同时，它们的 Y 属性值也相同，则称 X 函数确定 Y，或 Y 函数依赖于 X，记为 $X \rightarrow Y$。

📖 **知识拓展**
函数依赖的说明

定义 9-2 设 X，Y 是关系 R 的两个属性集合，X' 是 X 的真子集，存在 $X \rightarrow Y$，但对每一个 X' 都有 $X' \nrightarrow Y$，则称 Y 完全函数依赖于 X，记为 $X \xrightarrow{F} Y$。反之，若存在 $X' \rightarrow Y$，则称 Y 部分函数依赖于 X，记为 $X \xrightarrow{P} Y$。

【案例 9-3】设有一个关系模式：读者（读者号，姓名，性别，单位，地址，书号，借书日期，还书日期），主键为（读者号，书号），则函数依赖关系有：

读者号→姓名：姓名函数依赖于读者号。

（读者号，书号）$\xrightarrow{P}$姓名：姓名部分函数依赖于读者号和书号。

（读者号，书号）$\xrightarrow{f}$借书日期：借书日期完全函数依赖于读者号和书号。

9.2.2　函数依赖的逻辑蕴含

通常，函数依赖是以命题形式定义的，可将两个函数依赖集之间存在的一些互为因果的关系称为逻辑蕴含，即一个函数依赖集逻辑地蕴含另一个函数依赖集。例如，函数依赖集 $F = \{A \rightarrow B, B \rightarrow C\}$ 和 $\{A \rightarrow B, B \rightarrow C, A \rightarrow C\}$ 相互逻辑蕴含。

定义 9-3　设 F 是在关系模式 R 上成立的函数依赖的集合，$X \rightarrow Y$ 是一个函数依赖。若对于 R 的每个满足 F 的关系 r 也满足 $X \rightarrow Y$，则称 F 逻辑蕴含 $X \rightarrow Y$，记为 $F \models X \rightarrow Y$。

定义 9-4　设 F 是函数依赖集，被 F 逻辑蕴含的函数依赖全体构成的集合称为函数依赖集 F 的闭包（Closure），记为 F^+，即 $F^+ = \{X \rightarrow Y \mid F \models X \rightarrow Y\}$。

定义 9-5　对于函数依赖 $X \rightarrow Y$，若 $Y \subseteq X$，则称 $X \rightarrow Y$ 是一个平凡的函数依赖，否则称为非平凡的函数依赖。

9.2.3　函数依赖的推理规则

下面具体说明函数依赖的推理规则——Armstrong 公理。

设 U 是关系模式 R 的属性集，F 是 R 上成立的只涉及 U 中属性的函数依赖集。函数依赖的推理规则（基本公理）有以下三条。

> 📖 **知识拓展**
> 函数依赖推理规则

1）A1（自反律，Reflexiity）：若 $Y \subseteq X \subseteq U$，则 $X \rightarrow Y$ 在 R 上成立。

根据这条规则可以推导出一些平凡函数依赖。由于 $\varnothing \subseteq X \subseteq U$（$\varnothing$ 为空属性集，U 为全集），所以 $X \rightarrow \varnothing$ 和 $U \rightarrow X$ 都是平凡函数依赖。

2）A2（增广律，Augmentation）：若 $X \rightarrow Y$ 在 R 上成立，且 $Z \subseteq U$，则 $XZ \rightarrow YZ$ 在 R 上成立。

🔔 **注意：** 存在一些特殊情形，例如，当 $Z = \varnothing$ 时，若 $X \rightarrow Y$，则对于 U 的任何子集 W，有 $XW \rightarrow Y$。在 $W = Z$ 时，若 $X \rightarrow Y$，则 $XW \rightarrow YW$。若 $X \rightarrow Y$，则 $X \rightarrow XY$。

3）A3（传递律，Transitiity）：若 $X \rightarrow Y$ 和 $Y \rightarrow Z$ 在 R 上成立，则 $X \rightarrow Z$ 在 R 上成立。

【案例 9-4】设有一个关系模式：读者（读者号，姓名，性别，单位，地址），主键为（读者号），假设一个单位只有一个地址，则函数依赖关系有：

读者号→姓名：姓名函数依赖于读者号。

读者号→单位：单位函数依赖于读者号。

单位→地址：地址函数依赖于单位。

因此有读者号$\xrightarrow{传递}$地址，即地址传递函数依赖于读者号。

定理 9-1　函数依赖推理规则 A1、A2 和 A3 是正确的。即若 $X→Y$ 是从 F 用推理规则导出的，则 $X→Y$ 在闭包 F^+ 中。

📖 知识拓展
函数闭包的概念

若给定关系模式 $R(U,F)$，X、Y 为 U 的子集，$F=\{X→Y\}$，则

$$F^+=\{X→\Phi, X→X, X→Y, X→XY, Y→\Phi, Y→Y, XY→\Phi, XY→X, XY→Y, XY→XY\}$$

定理 9-2　函数依赖的其他五条推理规则。

1）A4（合并性规则）：$\{X→Y, X→Z\} \vdash X→YZ$。

2）A5（分解性规则）：$\{X→Y, Z⊆Y\} \vdash X→Z$。

3）A6（伪传递性规则）：$\{X→Y, WY→Z\} \vdash WX→Z$。

4）A7（复合性规则）：$\{X→Y, W→Z\} \vdash XW→YZ$。

5）A8（通用一致性规则）：$\{X→Y, W→Z\} \vdash X∪(W-Y)→YZ$。

【案例 9-5】 设有关系模式 $R(A, B, C, D, E)$ 及其上的函数依赖集 $F=\{AB→CD, A→B, D→E\}$，求证 F 必蕴含 $A→E$。

证明：

由 $A→B$（已知）有 $A→AB$（增广率）

由 $AB→CD$（已知）有 $A→CD$（传递率）

所以 $A→C$，$A→D$（分解规则）

由 $D→E$（已知）有 $A→E$（传递率）

【案例 9-6】 已知关系模式 $R(A, B, C)$，$F=\{A→B, B→C\}$，求 F^+。

根据 FD 的推理规则，可以推出 F 的 F^+ 有 43 个函数依赖。

例如，根据规则 A1 可推出 $A→\phi$，$A→A$ 等。根据已知的 $A→B$ 及规则 A2，可以推出 $AC→BC$，$AB→B$，$A→AB$ 等。根据已知条件及规则 A3 可推出 $A→C$ 等。

给定关系模式 $R(U,F)$，A、B、C 为 U 的子集，$F=\{A→B, B→C\}$，则依据上述关于函数依赖集闭包的计算公式，可以得到 F^+ 由 43 个函数依赖组成，具体情况如表 9-2 所示。

表 9-2　F^+ 的 43 个函数依赖

$A→F$	$AB→F$	$AC→F$	$ABC→F$	$B→F$	$C→F$
$A→A$	$AB→A$	$AC→A$	$ABC→A$	$B→B$	$C→C$
$A→B$	$AB→B$	$AC→B$	$ABC→B$	$B→C$	$\phi→\phi$
$A→C$	$AB→C$	$AC→C$	$ABC→C$	$B→BC$	
$A→AB$	$AB→AB$	$AC→AB$	$ABC→AB$	$BC→F$	
$A→AC$	$AB→AC$	$AC→AC$	$ABC→AC$	$BC→B$	
$A→BC$	$AB→BC$	$AC→BC$	$ABC→BC$	$BC→C$	
$A→ABC$	$AB→ABC$	$AC→ABC$	$ABC→ABC$	$BC→BC$	

定理 9-3　若 $A_1,\cdots,A_n$ 是关系模式 R 的属性集，则 $X→A_1,\cdots,A_n$ 成立的充分必要条件是 $X→A_i$（$i=1,\cdots,n$）成立。

9.2.4　属性集的闭包及算法

从上面小节的案例可知，直接利用 Amstrong 公理计算 F^+ 比较困难，引入属性集闭包的概念可以简化计算 F^+ 的过程。

定义 9-6　设 F 是属性集 U 上的 FD 集，X 是 U 的子集，则（相对于 F）属性集 X 的闭包用 X^+ 表示，表示一个从 F 集使用 FD 推理规则推出的所有满足 $X \to A$ 的属性 A 的集合：$X^+ = \{$属性 $A \mid X \to A$ 在 F^+中$\}$。

定理 9-4　$X \to Y$ 可用 FD 推理规则推出的充分必要条件是 $Y \subseteq X^+$。

算法 9-1　求属性集 X 相对于 FD 集 F 的属性集闭包 X^+。

```
result = X
DO
|
IF F 中有某个函数依赖 Y→Z 满足 Y⊆ result
 THEN result = result∪Z
| WHILE（result 有所改变）;
```

【**案例 9-7**】已知 $U = \{A, B, C, D, E\}$，$F = \{AB \to C, B \to D, C \to E, EC \to B, AC \to B\}$，求 $(AB)^+$。

设 $X = AB$

因为 $X^{(0)} = AB$

$\quad X^{(1)} = ABCD$

$\quad X^{(2)} = ABCDE$

$\quad X^{(3)} = X^{(2)} = ABCDE$

所以　$(AB)^+ = ABCDE = \{A, B, C, D, E\}$

【**案例 9-8**】属性集 U 为 (A, B, C, D)，FD 集为 $\{A \to B, B \to C, D \to B\}$，则用上述算法，可求出 $A^+ = ABC$，$B^+ = BC$，$(AD)^+ = ABCD$，$(BD)^+ = BCD$ 等。

9.2.5　候选键的求解和算法

定义 9-7　设关系模式 R 的属性集是 U，X 是 U 的一个子集。若 $X \to U$ 在 R 上成立，则称 X 是 R 的一个超键。若 $X \to U$ 在 R 上成立，但对于 X 的任一真子集 X_1 都有 $X_1 \to U$ 不成立，则称 X 是 R 上的一个候选键。

【**案例 9-9**】对于【案例 9-2】的关系模式：读者（读者号，姓名，单位，地址，图书号，借书时间，还书时间），如何确定其候选键？

解：

由于每位读者都有对应的姓名、单位和地址，一个读者对一本图书可以进行多次借阅，每次借阅都有相应的借书时间和还书时间，因此，（读者号，图书号）可以通过函数决定该关系模式的其他属性。在（读者号，图书号）集上增加其他属性，如（读者号，图书号，姓名）、（读者号，图书号，借书时间，还书时间）等属性集，虽然也能唯一标识关系中的元组，但包含了多余的属性，只能称为超键，而不能称为候选键。根据定义，不含多余属性（多个属性的最小集合）的超键为候选键，可知该关系模式的候选键为（读者号，图书号）。

对给定的关系模式 $R(A_1, \cdots, A_n)$ 和函数依赖集 F，可将其属性分为四类。

1）L 类：仅出现在函数依赖集 F 左部的属性。

2）R 类：仅出现在函数依赖集 F 右部的属性。

3）N 类：在函数依赖集 F 左右都未出现的属性。

4）LR 类：在函数依赖集 F 左右都出现的属性。

若无特别说明，则本章提到的键均为候选键。

定理 9-5 对于给定的关系模式 R 及其 FD 集 F，则有

1）若 X（$X \in R$）为 L 类属性，则 X 必为 R 的任一候选键的成员，且 X^+ 包含 R 的全部属性，则 X 必为 R 的唯一候选键。

2）若 X（$X \in R$）为 R 类属性，则 X 不在任何候选键中。

3）若 X（$X \in R$）为 N 类属性，则 X 包含在 R 的任一候选键中。

4）若 X（$X \in R$）为 R 的 N 类和 L 类属性组成的属性集，则 X 为 R 的唯一候选键。

【案例 9-10】 设有关系模式 R，属性集 $U = (A, B, C, D)$，函数依赖集 $F = \{A \to C, C \to B, AD \to B\}$，求 R 的候选键。

解：

1）检查 F 发现，A、D 只出现在函数依赖的左部，所以为 L 类属性，而 F 包含了全属性，即不存在 N 类的属性。

2）根据求属性闭包的算法，以及 F 中的 $A \to C$，$AD \to B$，可以求得 $(AD)^+ = ABCD = U$，而在 AD 中不存在一个真子集能决定全属性，故 AD 为 R 的候选键。

【案例 9-11】 设关系模式：学生（学号，系主任，姓名，系别，课程号，成绩），若函数依赖集 $F = \{$学号 $\to$ 系主任，系别 $\to$ 系主任，学号 $\to$ 系别，（学号，课程号）$\to$ 成绩，学号 $\to$ 姓名$\}$，求该模式的候选键。

解：

1）通过观察函数依赖集 F 发现：学号和课程名只出现在函数依赖的左部，为 L 类属性，一定出现在任意候选键中；系主任、姓名和成绩是 R 类属性，一定不出现在任一候选键中；系别是 L 类和 R 类属性，可能出现在某个候选键中。

2）根据求属性闭包的算法，由 F 中的函数依赖关系可求得：

（学号，课程名）$^+$ = $\{$学号，系主任，姓名，系别，课程号，成绩$\}$ 包含了 R 的全

部属性，故（学号，课程名）是该模式的唯一的候选键。

　　虽然（学号，课程名，系别）$^+$ = {学号，系主任，姓名，系别，课程号，成绩}
也包含了全部属性，但只根据候选键的最小特性可知（学号，课程名，系别）并非该
模式的候选键。

9.2.6　函数依赖推理规则的完备性

推理规则的正确性是指利用推理规则集从函数依赖集 F 推出的函数依赖必定在 F^+ 中，
完备性是指 F^+ 中的函数依赖都能从 F 集使用推理规则集导出。也就是说，正确性保证推出
的所有函数依赖都正确，完备性则可保证推出所有被蕴含的函数依赖，以保证推导的有效
性和可靠性。

定理 9-6　函数依赖推理规则 {A1，A2，A3} 是完备的。

证明：

完备性的证明，即证明 "不能从 F 使用推理规则过程推出的函数依赖不在 F^+ 中" 成立。

设 F 是属性集 U 上的一个函数依赖集，有一个函数依赖 $X→Y$ 不能从 F 中使用推理规
则推出。现在要证明 $X→Y$ 不在 F^+ 中，即 $X→Y$ 在模式 $R(U)$ 的某个关系 r 上不成立。因此
可以采用构造 r 的方法来证明。

1）证明 F 中的每个 FD $V→W$ 在 r 上成立。

V 有两种情况：$V⊆X^+$，或 $V⊄X^+$。

若 $V⊆X^+$，那么根据定理 9-4 有 $X→V$ 成立。根据已知的 $V→W$ 和规则 A3 可知 $X→W$ 成
立。再根据定理 9-4，有 $W⊆X^+$，所以 $V⊆X^+$ 和 $W⊆X^+$ 同时成立，则 $V→W$ 在 r 是成立的。

若 $V⊄X^+$，即 V 中含有 X^+ 以外的属性，此时关系 r 的元组在 V 值上不相等，因此 $V→W$
也在 r 上成立。

2）证明 $X→Y$ 在关系 r 上不成立。

因为 $X→Y$ 不能从 F 使用推理规则推出，根据定理 9-4 可知 $Y⊄X^+$。在关系 r 中，两元
组在 X 上的值相等，在 Y 上的值不相等，因而 $X→Y$ 在 r 上不成立。

综合 1）和 2）可知，只要 $X→Y$ 不能用推理规则推出，F 就不逻辑蕴含 $X→Y$，也就是
推理规则是完备的。

9.2.7　最小函数依赖集

定义 9-8　若关系模式 $R(U)$ 上的两个函数依赖集 F 和 G 有 $F^+ = G^+$，则称 F 和 G 是等
价的函数依赖集。

定义 9-9　设 F 是属性集 U 上的函数依赖集，$X→Y$ 是 F 中的函数依赖。函数依赖中的
无关属性介绍如下。

1）若 $A∈X$，且 F 逻辑蕴含 $(F-\{X→Y\})∪\{(X-A)→Y\}$，则称属性 A 是 $X→Y$ 左部的
无关属性。

2）若 $A∈X$，且 $(F-\{X→Y\})∪\{X→(Y-A)\}$ 逻辑蕴含 F，则称属性 A 是 $X→Y$ 右部的
无关属性。

3）若 $X→Y$ 左右两边的属性都是无关属性，则函数依赖 $X→Y$ 称为无关函数依赖。

定义 9-10 设 F 是属性集 U 上的函数依赖集，若 $F_{\min}$ 是 F 的一个最小依赖集，则 $F_{\min}$ 应满足下列四个条件：

1) $F_{\min}^+ = F^+$。

2) 每个 FD 的右边都是单属性。

3) $F_{\min}$ 中没有冗余的 FD（即 F 中不存在这样的函数依赖 $X{\to}Y$，使得 F 与 $F^-\{X{\to}Y\}$ 等价）。

4) 每个 FD 的左边都没有冗余的属性（即 F 中不存在这样的函数依赖 $X{\to}Y$，X 有真子集 W，使得 $F-\{X{\to}Y\}\cup\{W{\to}Y\}$ 与 F 等价）。

算法 9-2 计算函数依赖集 F 的最小函数依赖集 $F_{\min}$。

1) F 中的任一函数依赖 $X{\to}Y$，若 $Y=Y_1,Y_2,\cdots,Y_k$（$k\geq 2$）多于一个属性，就用分解律，分解为 $X{\to}Y_1$，$X{\to}Y_2$，$\cdots$，$X{\to}Y_k$，替换 $X{\to}Y$，得到一个与 F 等价的函数依赖集 $F_{\min}$。$F_{\min}$ 中每个函数依赖的右边均为单属性。

2) 去掉 $F_{\min}$ 中各函数依赖左部多余的属性。

3) 在 $F_{\min}$ 中消除冗余的函数依赖。

【案例 9-12】 设 F 是关系模式 R（A，B，C）的 FD 集，$F=\{A{\to}BC, B{\to}C, A{\to}B, AB{\to}C\}$，试求 $F_{\min}$。

解：

1) 先将 F 中的 FD 写成右边是单属性的形式：
$$F=\{A{\to}B, A{\to}C, B{\to}C, A{\to}B, AB{\to}C\}$$
其中，多了一个 $A{\to}B$，可删去，得 $F=\{A{\to}B, A{\to}C, B{\to}C, AB{\to}C\}$。

2) F 中的 $A{\to}C$ 可从 $A{\to}B$ 和 $B{\to}C$ 推出，因此 $A{\to}C$ 是冗余的，可删去，得 $F=\{A{\to}B, B{\to}C, AB{\to}C\}$。

F 中的 $AB{\to}C$ 可从 $A{\to}B$ 和 $B{\to}C$ 推出，因此 $AB{\to}C$ 也可删去。

最后得 $F=\{A{\to}B, B{\to}C\}$，即所求的 $F_{\min}$。

☺ 讨论思考：

1) 设计一个客户购货的关系数据库，给出关系模式，分析存在哪些函数依赖，讨论哪些是完全函数依赖，哪些是部分函数依赖。

2) 如何求关系模式的候选键？

3) 如何求函数依赖集的最小函数依赖集？

*9.3 关系模式的分解

9.1 节分析了【案例 9-2】的关系模式存在的冗余和异常问题。之所以会出现这样的现象，是因为这个关系模式没有设计好，某些属性之间存在着不良的函数依赖关系。解决这个问题的方法是进行模式分解，即把一个关系模式分解成若干个关系模式，在分解的过程中消除不良的函数依赖，从而获得良好的关系模式，满足某种规范化条件。

微课视频
课程视频 9.3

9.3.1　模式分解问题

定义 9-11　设有关系模式 $R(U)$，属性集为 U，其中 $R_1,\cdots,R_k$ 都是 U 的子集，并且有 $R_1 \cup R_2 \cup \cdots \cup R_k = U$。关系模式 $R_1,\cdots,R_k$ 的集合用 ρ 表示，$\rho = \{R_1,\cdots,R_k\}$。用 ρ 代替 R 的过程称为关系模式的分解。其中，ρ 称为 R 的一个分解，也称为数据库模式。

通常将上述的 R 称为泛关系模式，R 对应的当前值称为泛关系。数据库模式 ρ 对应的当前值称为数据库实例，由数据库模式中的每个关系模式的当前值组成，用 $\sigma = <r_1, r_2, \cdots, r_k>$ 表示。模式分解示意图如图 9-1 所示。

为了保持原有关系不丢失信息，对一个给定的模式进行分解，分解后的模式是否与原有的模式等价，存在三种情况。

1）分解具有无损连接性。

2）分解要保持函数依赖。

3）分解既要保持无损连接，又要保持函数依赖。

图 9-1　模式分解示意图

9.3.2　无损分解及测试方法

定义 9-12　设 R 是一个关系模式，F 是 R 上的一个 FD 集。R 分解成数据库模式 $\rho = \{R_1, R_2, \cdots, R_k\}$。若对 R 中满足 F 的每一个关系 r，有

$$r = \pi R_1(r) \bowtie \pi R_2(r) \bowtie \cdots \bowtie \pi R_k(r)$$

则称分解 ρ 相对于 F 是无损连接分解，否则称为损失分解。

定理 9-7　设 $\rho = \{R_1, R_2, \cdots, R_k\}$ 是关系模式 R 的一个分解，r 是 R 的任一关系，$r_i = \pi R_i(r)$ $(1 \le i \le k)$，则有下列性质：

1）$r \subseteq \pi \rho(r)$。

2）若 $s = \pi \rho(r)$，则 $\pi R_i(s) = r_i$。

3）若 $\pi \rho(\pi \rho(r)) = \pi \rho(r)$，则这个性质称为幂等性。

定理 9-8　R 的一个分解 $\rho = \{R_1, R_2\}$ 具有无损连接性的充分必要条件是：

$$R_1 \cap R_2 \to R_1 - R_2 \in F^+ \text{ 或 } R_1 \cap R_2 \to R_2 - R_1 \in F^+$$

当模式 R 分解成两个模式 R_1 和 R_2 时，若两个模式的公共属性（$\varnothing$ 除外）能够函数决定 R_1（或 R_2）中的其他属性，则称此分解具有无损连接性。

算法 9-3 可以给出一个判别无损连接性的方法。

算法 9-3　判别一个分解的无损连接性。

设 $\rho = \{R_1\langle U_1, F_1 \rangle, \cdots, R_k \langle U_k, F_k \rangle\}$ 是 $R\langle U, F \rangle$ 的一个分解，$U = \{A_1, \cdots, A_n\}$，$F = \{FD_1, FD_2, \cdots, FD_\rho\}$，且 F 是一个极小依赖集，记 FD_i 为 $X_i \to A1_i$。

1）构造一个 k 行 n 列的表格 R_ρ，表中的每一列对应一个属性 $A_j(1 \le j \le n)$，每一行对应一个模式 $R_i(1 \le i \le k)$。若 A_j 在 R_i 中，则在表中的第 i 行第 j 列处填上符号 a_j，否则填上 b_{ij}。

2）将表格看成模式 R 的一个关系，根据 F 中的每个函数依赖，在表中寻找 X 分量上相等的行，分别对 Y 分量上的每列做修改。

① 若列中有一个是 a_j，则这一列上（X 相同的行）的元素都改成 a_j。

② 若列中没有 a_j，则这一列上（X 相同的行）的元素都改成 b_{ij}（下标 ij 取 i 最小的那个）。

③ 对 F 中的所有函数依赖反复地执行上述的修改操作，一直到表格不能再修改为止（这个过程称为"追踪"过程）。

3）若修改到最后，表中有一行全为 a，即 a_1，a_2，$\cdots$，a_n，则称 ρ 相对于 F 是无损连接分解，否则为有损分解。

【案例 9-13】设有关系模式 $R(A，B，C，D，E)$，$F=\{AC{\rightarrow}E，E{\rightarrow}D，A{\rightarrow}B，B{\rightarrow}D\}$，请判断如下两个分解是否是无损分解。

1）$\rho_1=\{AC，ED，AB\}$

2）$\rho_2=\{ABC，ED，ACE\}$

解：1）判断 ρ_1 是否无损。根据算法 9-3 构造初始化表，如表 9-3 所示。

表 9-3　初始化表（1）

	A	B	C	D	E
AC	a_1	b_{12}	a_3	b_{14}	b_{15}
ED	b_{21}	b_{22}	b_{23}	a_4	a_5
AB	a_1	a_2	b_{33}	b_{34}	b_{35}

根据 F 中的 $AC{\rightarrow}E$，表 9-3 中 AC 属性列上没有两行是相同的，故不能修改表 9-3。又由于 $E{\rightarrow}D$ 在 E 属性列上没有两行是相同的，故不能修改表 9-3。根据 $A{\rightarrow}B$ 对表 9-3 进行处理，由于属性列 A 的第一行、第三行相同，均为 a_1，所以将属性列 B 中的 b_{12} 改为符号 a_2。修改后的表如表 9-4 所示。

表 9-4　修改后的表（1）

	A	B	C	D	E
AC	a_1	a_2	a_3	b_{14}	b_{15}
ED	b_{21}	b_{22}	b_{23}	a_4	a_5
AB	a_1	a_2	b_{33}	b_{34}	b_{35}

根据 F 中的 $B{\rightarrow}D$ 对表 9-4 进行处理，由于属性列 B 上第一行、第三行相同，均为 a_2，所以将属性列 D 中的 b_{34} 改为符号 b_{14}，取行号最小值。修改后的表如表 9-5 所示。

表 9-5　修改后的表（2）

	A	B	C	D	E
AC	a_1	a_2	a_3	b_{14}	b_{15}
ED	b_{21}	b_{22}	b_{23}	a_4	a_5
AB	a_1	a_2	b_{33}	b_{14}	b_{35}

反复检查函数依赖集 F，无法修改表 9-5，故分解 ρ_1 是有损的。

2）判断 ρ_2 是否无损。根据算法 9-3 构造初始化表，如表 9-6 所示。

表 9-6　初始化表（2）

	A	B	C	D	E
ABC	a_1	a_2	a_3	b_{14}	b_{15}
ED	b_{21}	b_{22}	b_{23}	a_4	a_5
ACE	a_1	b_{32}	a_3	b_{34}	a_5

根据 F 中的 $AC{\rightarrow}E$，A 属性列的第一行、第三行相同，均为 a_1，C 属性列的第一行、第三行相同，均为 a_3，所以将属性列 E 中的 b_{15} 改为符号 a_5。修改后的表如表 9-7 所示。

表 9-7　修改后的表（3）

	A	B	C	D	E
ABC	a_1	a_2	a_3	b_{14}	a_5
ED	b_{21}	b_{22}	b_{23}	a_4	a_5
ACE	a_1	b_{32}	a_3	b_{34}	a_5

根据 $E{\rightarrow}D$，E 属性列中的第一行、第二行、第三行相同，均为 a_5，所以将属性列 D 中的内容改为符号 a_4。修改后的表如表 9-8 所示。

表 9-8　修改后的表（4）

	A	B	C	D	E
ABC	a_1	a_2	a_3	a_4	a_5
ED	b_{21}	b_{22}	b_{23}	a_4	a_5
ACE	a_1	b_{32}	a_3	a_4	a_5

从修改后的表可以看出，第一行全为 a，故分解 ρ_2 是无损连接的。

9.3.3　保持函数依赖的分解

定义 9-13　设 F 是属性集 U 上的函数依赖集，Z 是 U 的子集，F 在 Z 上的投影用 $\pi Z(F)$ 表示，定义为 $\pi Z(F)=\{X{\rightarrow}Y \mid X{\rightarrow}Y \in F+，且 XY \subseteq Z\}$。

定义 9-14　设 $\rho=\{R_1,\cdots,R_k\}$ 是 R 的一个分解，F 是 R 上的 FD 集，若有 $\cup\pi R_i(F)\models F$，则称分解 ρ 保持函数依赖集 F。

【案例 9-14】有关系模式 $R=\{CITY, ST, ZIP\}$，其中，$CITY$ 为城市，ST 为街道，ZIP 为邮政编码，$F=\{(CITY,ST){\rightarrow}ZIP, ZIP{\rightarrow}CITY\}$。若将 R 分解成 R_1 和 R_2，$R_1=\{ST, ZIP\}$，$R_2=\{CITY, ZIP\}$，检查分解是否具有无损连接性和保持函数依赖。

解：

1）检查无损连接性。

求得：$R_1 \cap R_2 = \{ZIP\}$；$R_2 - R_1 = \{CITY\}$。

因为 $(ZIP \rightarrow CITY) \in F^+$，所以分解具有无损连接性。

2）检查分解是否保持函数依赖。

求得：$\pi R_1(F) = \varnothing$；$\pi R_2(F) = \{ZIP \rightarrow CITY\}$。

因为 $\pi R_1(F) \cup \pi R_2(F) = \{ZIP \rightarrow CITY\} \neq F^+$，所以该分解不保持函数依赖。

☺ 讨论思考：

1）为什么要进行关系模式的分解？

2）什么是无损分解？如何测试无损分解？

3）进行模式分解时如何做到既保持无损分解，又保持函数依赖分解？

9.4 关系模式的范式及规范化

微课视频
课程视频 9.4

关系数据库中的关系要满足一定的要求，满足不同程度要求的即为不同的范式（Normal Forms，NF），即不同范式的关系模式要遵守不同的规则。为使关系模式达到一定的设计要求，需要将低一级范式的关系模式转换为高一级范式的关系模式，这个转换过程即为关系模式的规范化。本节将围绕关系模式的范式及规范化问题，讨论如何判断一个关系模式的范式等级，以及如何将低级的关系模式规范化成高级的关系模式，并保证在规范化的过程中不丢失原有的信息或语义。

9.4.1 关系模式的范式

衡量关系模式好坏的标准是关系模式的范式。范式的种类与数据依赖有着直接的联系，满足不同程度要求的称为不同的范式等级。其中，满足最低要求的关系称为第一范式，简称 1NF，以此类推，还有第二范式（2NF）、第三范式（3NF）、BC 范式（BCNF）、第四范式（4NF）、第五范式（5NF）等。不同的范式表示关系模式遵守的不同规则。

"第几范式"用于表示关系的某个级别，称某一关系模式 R 为第几范式，记作 $R \in x\text{NF}(x=1,2,\cdots,5,N)$。各种范式之间是一种包含关系，具体为：

📖 知识拓展
关系模式的范式

$$1\text{NF} \supset 2\text{NF} \supset 3\text{NF} \supset \text{BCNF} \supset 4\text{NF} \supset 5\text{NF}$$

1. 第一范式（1NF）

定义 9-15 若关系模式 R 的每个关系 r 的属性值都是不可分的原子值，则称 R 是第一范式 1NF（First Normal Form）的模式。

满足 1NF 的关系称为规范化的关系，否则称为非规范化的关系。关系数据库研究的关系都是规范化的关系，1NF 是关系模式应具备的最基本的条件。如关系模式：系（系名，研究生人数），假设研究生分为博士生和硕士生，对这两类学生的人数要分别进行统计，在这种情况下，学生人数不再是基本属性，而是一个由分属性"博士"和"硕士"组成的复合属性，因此，该关系模式是非规范化的关系模式，并不满足 1NF 的范式要求。1NF 仍可能出现数据冗余和异常操作问题，需要去除局部函数依赖。

将一个非规范化的关系模式变为 1NF 有两种办法：一是将不含单纯值的属性分解为多

个属性，并使其仅含单纯值；二是将关系模式分解，并使每个关系都符合 1NF。

【案例 9-15】 关系模式 R 存放的是各系的研究生人数，如表 9-9 所示。请判断 R 是否符合 1NF。若不符合，能否规范化至 1NF？

表 9-9　关系模式 R

系　名	研究生人数	
	博士	硕士
电子系	25	60
计算机系	31	82
通信系	20	57

解：

在表 9-9 的关系模式 R 中，"研究生人数"是由属性"博士"和"硕士"组成的一个复合属性，由于它不是基本属性，因此可判断 R 并不符合 1NF。对 R 的规范化有以下两种方法。

1）将"研究生人数"这个复合属性分解成两个属性"博士人数"和"硕士人数"，如表 9-10 所示。

表 9-10　对 R 中的复合属性进行分解

系　名	博士人数	硕士人数
电子系	25	60
计算机系	31	82
通信系	20	57

2）将关系模式 R 分解成两个不含复合属性的关系模式，如表 9-11 所示。

表 9-11　将 R 分解成两个 1NF 的关系模式

系　名	博士人数
电子系	25
计算机系	31
通信系	20

系　名	硕士人数
电子系	60
计算机系	82
通信系	57

2. 第二范式（2NF）

定义 9-16　对于 $FD\ W \rightarrow A$，若存在 $X \subseteq W$ 有 $X \rightarrow A$ 成立，则称 $W \rightarrow A$ 是局部依赖（A 局部依赖于 W），否则称 $W \rightarrow A$ 是完全依赖。完全依赖也称为"左部不可约依赖"。

定义 9-17　若 A 是关系模式 R 中的候选键属性，则称 A 是 R 的主属性，否则称 A 是 R 的非主属性。

定义 9-18 若关系模式 R 是 1NF，且每个非主属性完全函数依赖于候选键，则称 R 是第二范式（2NF）的模式。若数据库模式中的每个关系模式都是 2NF，则称数据库模式为 2NF 的数据库模式。

将一个 1NF 的关系模式变为 2NF 的方法是，通过模式分解，使任一非主属性完全函数依赖于它的任一候选键，目的是消除非主属性对键的部分函数依赖。下面分析一个不是 2NF 的案例。

【案例 9-16】有关系模式 R（$C\#$，$TYPE$，$ADDR$，$P\#$，$Credit$），其中，R 的属性分别表示客户编号、购物类别、地址、购货编号、积分等含义，且各购物类别的客户放在同一类。

候选键为（$C\#$，$P\#$）。函数依赖为：

（$C\#$，$P\#$）$\rightarrow Credit$

$C\# \rightarrow TYPE$，（$C\#$，$P\#$）$\rightarrow TYPE$

$C\# \rightarrow ADDR$，（$C\#$，$P\#$）$\rightarrow ADDR$

$TYPE \rightarrow ADDR$（因为选购同一类商品的客户存放于一个地方）

可知，此关系模式存在部分函数依赖，不符合 2NF。

若一个关系模式 R 不属于 2NF，则会产生以下几种问题。

1）插入异常。若要插入一个客户 $C\# = 37$，$TYPE = PE$，$ADDR = 213\#BLVD3$，但该客户还未选货物，则此客户还无购货编号 $P\#$，此时的元组就不能插入 R 中。因为插入元组时必须给定键值，而此时键值的一部分为空，所以客户的原有数据信息无法插入。

2）删除异常。假定某个客户只选一种商品，如 S3 选了一种商品 C4，若后来又放弃选 C4，则 C4 这个数据项就要删除。而 C4 是主属性，删除了 C4，整个元组就必须跟着删除，使得 S3 的其他信息也被删除了，从而造成删除异常，即不应删除的信息也删除了。

3）更新复杂。某个客户从服装类（表）转到食品类网页（表），这原本只需修改此客户元组中的商品类别 $TYPE$ 分量，但由于关系模式 R 中还含有商品类的 $ADDR$ 属性，客户转换商品类别时将同时改变地址，因此还必须修改元组中的 $ADDR$ 分量。另外，若此客户选购了 n 件商品，那么 $TYPE$ 和 $ADDR$ 就要重复存储 n 次，造成修改的复杂化。

分析上述案例可以看出，主要问题在于有两种非主属性。一种如 $Credit$，对键完全函数依赖；另一种如 $TYPE$ 和 $ADDR$，对键不完全函数依赖。解决的方法是将关系模式 R 分解为两个关系模式：

R_1（$C\#$，$P\#$，$Credit$）

R_2（$C\#$，$TYPE$，$ADDR$）

关系模式 R_1 的键为（$C\#$，$P\#$），关系模式 R_2 的键为 $C\#$，因此，就使得非主属性对键都是完全依赖。

【案例 9-17】设关系模式 R（$C\#$，$P\#$，$AMOUNT$，$ENAME$，$ADDR$）的属性分别表示客户编号、购买商品的编号、数量、生产企业的名称和企业地址等含义。（$C\#$，$P\#$）是 R 的候选键。请对其进行模式分解。

解:

R 上有两个函数依赖，即（C#，P#）→（ENAME，ADDR）和 P#→（ENAME，AD-DR），所以，前一个 FD 是局部依赖，R 不是 2NF 模式。此时，R 的关系就会出现冗余和异常现象。例如，某一类商品有 200 个客户选购，则在关系中就会存在 200 个元组，因而企业的客户名称和地址就会重复 200 次。

若将 R 分解成 R_1（P#，ENAME，ADDR）和 R_2（C#，P#，AMOUNT），则局部依赖（C#，P#）→（ENAME，ADDR）就消失了。R_1 和 R_2 都是 2NF 模式。

算法 9-4 分解成 2NF 模式集的算法。

设关系模式 $R(U)$，主键是 W，R 上还存在 FD $X \to Z$，并且 Z 是非主属性且 $X \subseteq W$，则 $W \to Z$ 就是一个局部依赖。此时应将 R 分解成以下两个模式。

1）$R_1(XZ)$，主键是 X。

2）$R_2(Y)$，其中 $Y=U-Z$，主键仍是 W，外键是 X（参数，R_1）。

利用外键和主键的连接可以从 R_1 和 R_2 重新得到 R。

若 R_1 和 R_2 还不是 2NF，则重复上述过程，直到数据库模式中的每一个关系模式都成为 2NF 为止。

具体的规范化到 2NF 的分解步骤如下。

1）将主键属性集合的每个子集作为主键来构建关系模式。

2）将非主属性依次放入相应的关系模式。

3）去掉仅由主属性构成的关系模式。

【案例 9-18】请判断【案例 9-2】的关系模式：读者（读者号，姓名，单位，地址，图书号，借书时间，还书时间）是否属于 2NF。若不是，请将其规范化为 2NF。

解:

该关系模式中存在函数依赖：读者号→姓名。而由前述内容可知，该关系模式的 R 的主键是（读者号，图书号），因此有

（读者号，图书号）$\xrightarrow{P}$ 姓名

即存在非主属性对主键的部分函数依赖关系，所以 R 不是 2NF（9.1 节已介绍过这个关系模式中存在操作异常，实际上，这些异常正是由于其存在部分函数依赖造成的）。将 R 转换为 2NF 关系模式的过程如下。

1）将主键属性集合的三个子集作为主键构建关系模式。

R_1（读者号，…）

R_2（图书号，…）

R_3（读者号，图书号，…）

2）将非主属性依次放入相应的关系模式。

R_1（读者号，姓名，单位，地址）

R_2(图书号)

R_3(读者号，图书号，借书时间，还书时间)

去掉仅由主属性构成的关系模式 R_2，剩下的 R_1、R_3 即为所求，重新命名后成为：

读者(读者号，姓名，单位，地址)

借阅(读者号，图书号，借书时间，还书时间)

其中，借阅关系中的读者号为引用读者关系模式的外键。

3. 第三范式（3NF）

定义 9-19 若 $X \to Y$，$Y \to A$，且 $Y \nrightarrow X$ 和 $A \notin Y$，则称 $X \to A$ 是传递依赖（A 传递依赖于 X）。

3NF 的目的是消除非主属性对键的传递函数依赖。

定义 9-20 若关系模式 R 是 1NF，且每个非主属性都不传递依赖于 R 的候选键，则称 R 是第三范式（3NF）的模式。若数据库模式中的每个关系模式都是 3NF，则称其为 3NF 的数据库模式。

【案例 9-19】 在【案例 9-17】中，R_2 是 2NF 模式，而且也是 3NF 模式。但 R_1（P#，ENAME，ADDR）是 2NF 模式，却不一定是 3NF 模式。若 R_1 中存在函数依赖 P# →ENAME 和 ENAME→ADDR，则 P#→ADDR 就是一个传递依赖，即 R_1 不是 3NF 模式。此时，R_1 的关系中也会出现冗余和异常操作。例如，一个企业生产五种产品，则关系中就会出现五个元组，企业的地址就会重复五次。若将 R_1 分解成 R_{11}（ENAME，ADDR）和 R_{12}（P#，ENAME），那么 C#→ADDR 就不会出现在 R_{11} 和 R_{12} 中。这样，R_{11} 和 R_{22} 都是 3NF 模式。

算法 9-5 分解成 3NF 模式集的算法。

设关系模式 $R(U)$，主键是 W，R 上还存在 FD $X \to Z$，并且 Z 是非主属性，$Z \nsubseteq X$，X 不是候选键，这样 $W \to Z$ 就是一个传递依赖。此时应将 R 分解成以下两个模式。

1）$R_1(XZ)$。主键是 X。

2）$R_2(Y)$。其中，$Y = U - Z$，主键仍是 W，外键是 X（参数，R_1）。

利用外键和主键相匹配的机制，R_1 和 R_2 通过连接可以重新得到 R。

若 R_1 和 R_2 还不是 3NF，则重复上述过程，直到数据库模式中的每一个关系模式都是 3NF 为止。

具体的规范化到 3NF 的分解步骤如下。

1）从关系模式中删除非主属性的依赖因子（即删除依赖于非主属性的属性）。

2）新建关系模式，放入步骤 1）中删除的依赖因子及其决定因子。

【案例 9-20】 请判断关系模式：读者（读者号，姓名，单位，地址），借阅（读者号，图书号，借书时间，还书时间）是否属于 3NF。若不属于，请将其规范化为 3NF。

解：

对于"读者"这个关系模式，有函数依赖"读者号→单位"。同时，结合案例，有函数依赖"单位→地址"，可知存在传递函数依赖，故该关系模式不符合 3NF。

对于"借阅"这个关系模式，两个非主属性之间并没有函数依赖关系，故不存在传递函数依赖，所以该关系模式符合 3NF。

对"读者"关系的分解过程如下。

1）删除非主属性"单位"的依赖因子"地址"，得到读者 1（读者号，姓名，单位）。

2）新建关系模式，放入步骤 1）中删除的依赖因子"地址"及其决定因子"单位"，得到单位（单位，地址）。

3）设置主键和外键，得到读者 1（读者号，姓名，单位），单位为引用单位关系模式的外键，单位（单位，地址）。

定理 9-9　若 R 是 3NF 模式，则 R 也是 2NF 模式。

证明：略。

局部依赖和传递依赖是模式产生冗余和异常的两个重要原因。由于 3NF 模式中不存在非主属性对候选键的局部依赖和传递依赖，因此消除了很大一部分存储异常，具有较好的性能。而对于非 3NF 的 1NF 和 2NF 的关系模式，甚至非 1NF 的关系模式，由于其性能上的弱点，因此一般不宜作为数据库模式，通常需要将它们变换成更高级的范式，这种变换过程称为"关系的规范化"。

定理 9-10　设关系模式 R，当 R 上的每一个 FD $X{\rightarrow}A$ 都满足下列三个条件之一时：

1）$A{\subseteq}X$（即 $X{\rightarrow}A$ 是一个平凡的 FD）。

2）X 是 R 的超键。

3）A 是主属性。

关系模式 R 就是 3NF 模式。

算法 9-6　将一个关系模式分解为 3NF，使它既具有无损连接性，又保持函数依赖性。

1）根据算法 9-3 求出保持函数依赖的分解：$\rho=\{R_1,R_2,\cdots,R_k\}$。

2）判定 ρ 是否具有无损连接性，若是，转 4）。

3）令 $\rho=\rho\cup\{X\}=\{R_1,R_2,\cdots,R_k,X\}$，其中 X 是 R 的候选键。

4）输出 ρ。

【案例 9-21】将 $SD(C\#,CNAME,SAge,Dept,Manager)$ 规范化到 3NF。

解：

1）根据算法 9-3 求出保持函数依赖的分解：$\rho=\{S(C\#,CNAME,SAge,Dept),D(Dept,Manager)\}$。

2）判定 ρ 是否具有无损连接性。

SD 分解为 $\rho=\{S(C\#,CNAME,SAge,Dept),D(Dept,Manager)\}$ 时，S、D 都属于 3NF，既具有无损连接性，又保持函数依赖性。

4. BC 范式（Boyce-Codd NF）

定义 9-21 若关系模式 R 是 1NF，且每个属性都不传递依赖于 R 的候选键，则称 R 是 BCNF 的模式。若数据库模式中的每个关系模式都是 BCNF，则称为 BCNF 的数据库模式。

BCNF 的目的是消除主属性对键的部分函数依赖和传递依赖，具有如下性质。

📖 知识拓展
BCNF 和 3NF 的区别

1）若 $R \in BCNF$，则 R 也是 3NF。

2）若 $R \in 3NF$，则 R 不一定是 BCNF。📖

下面用案例说明属于 3NF 的关系模式有的属于 BCNF，有的不属于 BCNF。

> **【案例 9-22】** 先考察关系模式 C（$P\#$, $PNAME$, $PP\#$），其中的属性分别表示商品编号、商品名称和先行商品编号键。它只有一个键 $P\#$，这里没有任何属性对 $P\#$ 部分传递依赖，所以 C 属于 3NF。同时，C 中的 $P\#$ 是唯一的决定因素，所以 C 属于 BCNF。

> **【案例 9-23】** 在关系模式 CFM（C, F, M）中，C 表示客户，F 表示企业，M 表示商品。每一个企业只生产一种商品。生产一种商品有若干个企业，某一个客户选购某种商品，则对于一个固定的企业，具有的函数依赖为
>
> $(C, M) \rightarrow F$ $(C, F) \rightarrow M$ $F \rightarrow M$
>
> 其中，(C, M) 和 (C, F) 都是候选键。
>
> 由于没有任何非主属性对键传递依赖或部分依赖，所以 CFM 属于 3NF。但 CFM 不是 BCNF 关系，因为 F 是决定因素，但 F 不包含键。

对于不是 BCNF 的关系模式，仍然存在不合适的地方。非 BCNF 的关系模式也可以通过分解成为 BCNF。例如，CFM 可以分解为 $CF(C,F)$ 与 $FM(F,M)$，都是 BCNF。

> **【案例 9-24】** 设有关系模式 $SNC(SNo, SN, CNo, Score)$，$SNo \leftrightarrow SN$，存在着主属性对键的部分函数依赖，即 SN 部分依赖于 SNo 和 CNo，SNo 部分依赖于 SN 和 CNo，所以 SNC 不是 BCNF。

算法 9-7 无损分解成 BCNF 模式集。

1）令 $\rho = \{R\}$。

2）若 ρ 中的所有模式都是 BCNF，则转 4）。

3）若 ρ 中有一个关系模式 S 不是 BCNF，则 S 中必能找到一个函数依赖 $X \rightarrow A$ 且 X 不是 S 的候选键，且 A 不属于 X，设 $S1 = XA$，$S2 = S - A$，用分解 $\{S1, S2\}$ 代替 S，转 2）。

4）分解结束，输出 ρ。

> **【案例 9-25】** 将 $SNC(SNo, SN, CNo, Score)$ 规范化到 BCNF，其中候选键为 (SNo, CNo) 和 (SN, CNo)。
>
> 解：
>
> 函数依赖：$F = \{SNo \rightarrow SN, SN \rightarrow SNo, (SNo, CNo) \rightarrow Score, (SN, CNo) \rightarrow Score\}$。

1) 令 $\rho = \{SNC(SNo, SN, CNo, Score)\}$。

2) 经过前面的分析可知，ρ 中的关系模式不属于 BCNF。

3) 用分解 $\{S1(SNo, SN), S2(SNo, CNo, Score)\}$ 代替 SNC。

4) 分解结果为：$S1(SNo, SN)$ 描述客户实体；$S2(SNo, CNo, Score)$ 描述客户与商品的联系。

【案例 9-26】设有关系模式 $TCS(T, C, S)$，候选键为 (S, C) 和 (S, T)，函数依赖是 $F = \{(S, C) \rightarrow T, (S, T) \rightarrow C, T \rightarrow C\}$。

解：

1) 分解 $\{TC(T, C), ST(S, T)\}$ 代替 TCS。

2) 消除了函数依赖 $(S, T) \rightarrow C$，$ST \in BCNF$，$TC \in BCNF$。

9.4.2　关系模式的规范化

在关系数据库中，低级范式的关系模式通常存在数据冗余和操作异常现象，为此需要寻求解决这个问题的方法，从而引出了关系模式的规范化问题。一个低一级范式的关系模式，通过模式分解转换为若干个高一级范式的关系模式的集合，这种分解过程称为关系模式的规范化。📖

1. 规范化的目的和原则

📖 **知识拓展**
关系模式构建

关系模式规范化的目的：使其结构合理，消除数据中的存储异常，使数据冗余尽量小，在操作过程中便于插入、删除和更新，并保持操作数据的正确性和完整性。

关系模式规范化的原则：遵从概念单一化"一事一地"的原则，即一个关系模式描述一个实体或实体间的一种联系。规范的实质就是概念单一化。

2. 规范化的过程

常用的关系模式规范化过程如图 9-2 所示，主要包括以下两个方面。

图 9-2　常用的关系模式规范化的过程

1) 对 1NF 关系进行分解，消除原关系中非主属性对键的部分函数依赖，将 1NF 关系转换为多个 2NF。

2）对 2NF 关系进行分解，消除原关系中非主属性对键的传递函数依赖，将 2NF 关系转换为多个 3NF。

在实际应用中，规范化的过程就是一个不断消除属性依赖关系中某些问题的过程，是从第一范式到第四范式的逐步递进规范的过程，实际上就是通过把范式程度低的关系模式分解为若干个范式程度高的关系模式的过程。

3. 规范化的要求

数据库的规范化问题对于数据库设计很重要，直接关系到数据处理的正确性和准确性。在数据库设计中构建关系模式需要遵循规范化原理解决数据冗余和操作异常问题。规范化的基本思想是逐步消除数据依赖中不合适的依赖关系，通过模式分解的方法使关系模式逐步消除数据冗余和操作异常。

在规范化过程中，分解后的关系模式集合应当与原关系模式"等价"，即经过自然连接可以恢复原关系而不丢失信息，并保持属性间合理的联系。

应保证分解后的关系模式与原关系模式是等价的，等价的三种标准如下。
1）分解要具有无损连接性。
2）分解要具有函数依赖保持性。
3）分解既要具有无损连接性，又要具有函数依赖保持性。
☺ 讨论思考：
1）一个合理的关系数据库一定要满足所有范式吗？
2）如何对关系模式进行规范化？
3）关系模式规范化的目标是追求更高的范式吗？

9.5　本章小结

本章重点介绍了数据库关系模式规范化设计问题。关系模式设计的正确性和完整性直接影响数据冗余度、数据一致性等。设计好的数据库模式必须以模式规范化理论为基础。

数据库的不良关系模式设计会导致数据冗余，并容易引起增、删、改、查的操作异常。通过模式分解的方法将原关系模式转换成若干关系模式，可以消除冗余。关系模式的规范化过程实际上是一个"分解"过程。分解是解决数据冗余的主要方法，也是规范化的一条原则："关系模式有冗余问题就应分解"。

函数依赖 $X \rightarrow Y$ 是数据之间最基本的一种联系，在关系中有两个元组，若 X 值相等，则要求 Y 值也相等。函数依赖有一个完备的推理规则集。

关系模式在分解时应保持"等价"，有数据等价和语义等价两种，分别用无损分解和保持依赖两个特征进行衡量。前者能保证泛关系在投影连接后仍能恢复，而后者能保证数据在投影或连接中其语义不会发生变化，即不会违反函数依赖的语义。但无损分解与保持依赖两者之间没有必然的联系。

范式是衡量模式优劣的标准，表达了模式中数据依赖之间应满足的关系。范式的级别越高，其数据冗余和操作异常现象就越少。分解成 BCNF 模式集的算法能保持无损分解，但不一定能保持函数依赖集。而分解成 3NF 模式集的算法既能保持无损分解，又能保持函数依赖集。

9.6　练习与实践 9

1. 选择题

（1）若有函数依赖 $X{\to}Y$，并且对 X 的某个真子集 X'，有 $X'{\to}Y$ 成立，则称（　　）。

    A. Y 完全函数依赖于 X B. X 完全函数依赖于 Y

    C. Y 部分函数依赖于 X D. X 部分函数依赖于 Y

（2）若 $X{\to}Y$ 和 $Y{\to}Z$ 在关系模式 R 上成立，则 $X{\to}Z$ 在 R 上也成立。该推理规则称为（　　）。

    A. 自反规则   B. 增广规则

    C. 传递规则   D. 伪传递规则

（3）若关系模式 R 中的属性 A 仅出现在函数依赖的左部，则 A 为（　　）。

    A. L 类属性   B. R 类属性

    C. N 类属性   D. LR 类属性

（4）设 F 是某关系模式的极小函数依赖集，下列关于 F 的说法，错误的是（　　）。

    A. F 中每个函数依赖的右部都必须是单个属性

    B. F 中每个函数依赖的左部都必须是单个属性

    C. F 中不能有冗余的函数依赖

    D. F 中每个函数依赖的左部不能有冗余属性

（5）设有关系模式 $R(X, Y, Z)$，其中 $F=\{Y{\to}Z, Y{\to}X, X{\to}YZ\}$，则该关系模式至少属于（　　）。

    A. 第一范式   B. 第二范式

    C. 第三范式   D. BC 范式

（6）关系模式中，满足第二范式的模式（　　）。

    A. 必定是第一范式   B. 可能是第一范式

    C. 必定是第三范式   D. 必定是 BC 范式

（7）有关系模式借书（书号，书名，库存量，读者号，借书日期，还书日期），设一个读者可以多次借阅同一本书，但对一种书（用书号唯一标识）不能同时借多本，则可作为该关系模式主键的是（　　）。

    A.（书号，读者号）   B.（书号，读者号，借书日期）

    C.（书号）   D.（读者号）

2. 填空题

（1）若关系模式 $R\in$2NF，则 R 中一定不存在非主属性对主码的_____函数依赖。

（2）在关系模式 R 中，若有 $X{\to}Y$，且 $Z\subseteq Y$，则 $X{\to}Z$ 在 R 上也成立，该推理规则为 Armstrong 公理系统中的_____。

（3）关系数据库中的关系表至少都满足_____范式要求。

（4）若关系模式 R 的主码只包含一个属性，则 R 至少属于第_____范式。

（5）关系模式在规范化过程中，若要求分解保持函数依赖，则分解后的模式一定可以达到 3NF，但不一定可以达到_____。

（6）如果有函数依赖 $X \to Y$，并且对 X 的任意真子集 X' 都有 $X' \not\to Y$，则称_____。

3. 简答题

（1）关系规范化中的操作异常有哪些？它是由什么引起的？解决的方法是什么？

（2）设有关系模式 $R(A, B, C, D)$，$F = \{D \to A, D \to B\}$，求 D^+ 及 R 的全部候选码。

（3）设有关系模式 $R(W, X, Y, Z)$，$F = \{X \to Z, WX \to Y\}$，则该关系模式属于第几范式？请说明理由。

（4）设工厂里有一个记录职工工资的关系模式 R（工号，姓名，部门，部门主任，日期，工资），假设每个职工只能隶属于一个部门，每个部门只有一个部门主任，每个职工每月有一个工资数。求该关系模式的候选码、极小函数依赖集。该关系模式属于第几范式？若未达到 3NF，请规范化至 3NF。

4. 实践题

设有关系模式 R（客户编号，姓名，年龄，性别，商品编号，数量，供应商，地址），假设每个客户每购买一件商品只有一个数量，每件商品只有一个供应商，企业没有重名，每个企业有一个地址。请对 R 进行分解，使之满足 3NF，并上机实现该数据库模式。

第10章　数据库系统设计

现代信息化社会各领域对业务数据处理的应用非常广泛，在对企事业机构需求分析的基础上构建出相应的数据库及其应用软件极为重要。数据库系统设计是应用系统开发和信息化建设的核心，是数据库技术的综合应用和关键。构建数据库并研发数据处理应用软件，能更有效地综合利用数据库技术、方法和优势来解决业务数据的各种应用问题。

> **🖥 教学目标**
> - 熟悉数据库系统设计的主要任务、步骤和方法
> - 掌握需求分析、概念结构设计、逻辑结构设计、物理结构设计
> - 掌握数据库系统设计方案的实施、使用和维护
> - 掌握数据库系统设计的常用规范和文档撰写方法

> **📖 知识拓展**
> 数据库系统设计极为重要

10.1　数据库系统设计概述

> **【案例10-1】** 数据库系统是业务数据处理的核心和关键。多位著名专家认为利用计算机代替人的脑力劳动的关键是数据库技术，而数据库技术重要的应用主要是依靠数据库应用系统处理各种业务数据，因此数据库系统设计的质量至关重要。如果将企事业数据比作系统运行所必需的血液，那么数据库系统设计就是应用中创造生命最关键的部分。

10.1.1　数据库系统设计的任务和特点

1. 数据库系统设计及任务

数据库系统设计（Database System Design）在部分

> **🎬 微课视频**
> 课程视频 10.1

文献中称为数据库设计，是指根据用户和应用系统业务数据处理的需求分析，研发（构建）具体数据库和应用系统的过程。数据库系统设计的主要任务是通过对用户和系统进行需求分析，构建对应数据库（数据）及其应用系统（处理）。也就是说，将现实世界中的事物及业务数据，根据各种应用处理的要求进行分析设计，利用数据库管理系统（DBMS）实现数据处理的数据库及其应用软件，实现将业务处理转换为数据处理。

2. 数据库系统设计的内容

数据库系统设计的内容主要包括结构设计和行为设计。

1）结构设计。结构设计是指数据库系统框架和数据库结构设计，属于静态设计，其结果反映客观事物（实体）之间的关系，构

> **📖 知识拓展**
> 数据库应用软件的设计

建系统结构和数据结构，减少数据冗余，实现共享。结构设计主要包括数据库系统结构设计、数据库概念设计、逻辑设计和物理设计。

2）行为设计。行为设计又称为动态模式设计，是指用户和系统的操作行为及处理动作的设计。在数据库系统中，用户对数据库的操作需要通过应用程序实现。数据库的行为设计就是处理逻辑设计，即设计应用程序和事务处理等。

3. 数据库系统设计的特点

1）综合性。数据库系统设计时需要设计者掌握数据库技术和相关业务知识。另外，数据库系统设计的研发工作量大，范围广且较复杂，设计者需要熟悉相关的专业知识和业务处理知识。在系统设计过程中，需要设计者熟悉业务知识，深入调研以获取业务处理和数据处理及流程等具体需求，各种功能、性能等指标和要求。此外，研发人员和业务用户之间是一种委托雇佣关系，需要处理好各种关系。

2）探寻性。应用系统设计需要同数据库设计相结合，需要将系统及数据结构设计和行为（处理）设计密切结合起来，需要不断优化、完善，是一种"反复探寻，逐步求精"的过程。

3）重过程。注重数据库和系统研发的各个阶段及过程，包括过程的审查验收及使用的技术方法等。

10.1.2 数据库系统设计的基本方法

数据库系统设计方法是指数据库系统设计的科学有效的指导原则和方法。通常，优秀的数据库设计方法可以"高质量、高效率、低成本"地研发出数据库系统。其实用价值是指满足多用户在功能、性能、安全可靠性、完整性及扩展性等方面的要求，同时又遵从特定的 DBMS 规范，并用简单的数据模型进行描述（表达）。此外，还应当具有较好的灵活性和通用性，可以为不同经验的用户使用，而且不受数据模型和 DBMS 限制。经过不断探索，现在已经形成多种数据库设计方法。

📖 知识拓展
软件工程的敏捷方法

规范设计方法是采用软件工程思想和方法的设计准则。比较完整和权威的一种规范设计法是新奥尔良（New Orleans）法。该方法将数据库（系统）设计分为四个阶段：需求分析（分析用户及系统的需求）、概念设计、逻辑设计和物理设计（物理数据库设计），如图 10-1 所示。

图 10-1 数据库（系统）设计的四个阶段

1985 年，S. B. Yao 等提出了一种系统设计的综合方法，如图 10-2 所示。他们认为系统设计应包括设计系统开发的全过程，在设计过程中应将数据库设计和系统设计紧密结合，将数据库设计分为五个步骤，包括需求分析、建立视图模型、视图汇总、视图的再结构、模式分析和映射。

图 10-2 Yao 等提出的数据库设计步骤

目前，大多数设计方法都源于新奥尔良法，并在设计的每个阶段采用一些辅助方法具体实现。此处概述几种比较有影响力的设计方法。

1）基于 E-R 模型的数据库设计方法。基本步骤是：①确定实体（事务）类型；②确定实体联系；③画出 E-R 图；④确定属性；⑤将 E-R 图转换成逻辑数据模型，即二维表结构；⑥设计记录格式。

*2）基于 3NF 的数据库设计方法。基本思想是在需求分析的基础上确定数据库模式中的全部属性及其之间的依赖关系，将其组织为一个单一的关系模式，然后将其投影分解，消除不符合 3NF 的约束条件，规范成若干个 3NF 关系模式的集合。

3）辅助数据库设计方法。按照规范化的设计方法，结合数据库应用系统开发过程，计算机辅助数据库应用系统开发过程分为六个阶段：需求分析、概念结构设计、逻辑结构设计、物理结构设计、数据库实施、数据库运行与维护。📖

在辅助数据库设计方法中，前两个阶段面向用户及新应用系统需求，属于面向具体问题，中间两个阶段面向 DBMS，最后两个阶段面向具体的实现方法。前四个阶段统称为"分析和设计阶段"，后面两个阶段统称为"实现和运行阶段"。数据库系统开发的六个阶段与辅助数据库应用系统开发的六个阶段是一致的，详细的数据库系统开发设计流程如图 10-3 所示。

10.1.3 数据库系统开发设计的步骤

数据库系统开发设计的步骤主要有六个阶段。📖

1）需求分析阶段。需求分析是指准确分析和确定用户及新系统的需求，确定"系统必须做什么"等各种指标及要求，是最难、最复杂且至关重要的阶段，决定了以后的设计及研发质量和进度。

2）概念结构设计阶段。整个系统设计应完成"怎么做"。概念结构设计是指在需求分析的基础上，经过对业务（事物）综合、归纳与抽象，完成概念模型（E-R 图），是整个设计的核心关键。

3）逻辑结构设计阶段。逻辑结构设计是指将概念模型转换成具体 DBMS 所支持的关系数据模型（表结构），并对其进行优化。

4）物理结构设计阶段。物理结构设计是指为逻辑数据模型选取一个最适合应用环境的物理结构（包括存储结构、路径和存储方式方法）等，如建立排序文件、索引或加密。

5）数据库实施阶段。数据库实施是指完成及调试应用程序并建立数据库，组织数据入库后进行试运行。完成"系统实现"工作，并同需求分析确定的指标对照，之后进行验收。

图 10-3 数据库系统开发设计流程

6）数据库运行与维护阶段。安装系统及运行应用，并及时进行评价、维护修改与调整。

数据库系统开发设计阶段的主要内容如表 10-1 所示。

表 10-1 数据库系统开发设计阶段的主要内容

设 计 阶 段	主要设计内容	
	数 据	处 理
需求分析	业务数据描述，全系统中数据项、数据流、数据存储的描述	业务数据流图核定表、数据字典及处理过程的描述，确定"系统必须做什么"
概念结构设计	概念模型（E-R 图：分图及总图）数据字典（数据结构及特征描述）	系统说明书。包括： ① 新系统要求、方案和概图 ② 反映新系统信息的数据流图
逻辑结构设计	确定数据模型、关系模型对应数据库及数据表结构、视图结构	系统结构图、模块结构图、DB 结构
物理结构设计	存储安排、存取方法选择、存取路径建立	模块设计、IPO（输入/处理/输出）表、建立索引、排序文件
实施	编写模式（建库、表、视图、索引及编程）、装入数据、数据库试运行	程序编写、模块/子模块连接、集成、编译、系统测试及调试等
运行与维护	性能测试，转储/恢复数据库重组和重构	新旧系统转换、运行、维护（修正性、适应性、改善性维护）

　　🔊注意：应从数据库应用系统设计开发的全过程考察设计问题。整个设计无法一蹴而就，需要各阶段不断修改、反复完善。在设计过程中应尽量把数据库设计和系统其他部分的设计紧密结合，将数据和处理的需求收集、分析、抽象、设计和实现在各个阶段同时进行、相互参照与补充，以完善各个方面的设计。数据库各阶段的设计尽量用高技术含量的模型（图表）描述表示。

　　数据库系统设计过程与各级模式如图 10-4 所示。业务处理系统经过综合需求分析，在概念结构设计阶段形成独立于机器和 DBMS 的概念模型（E-R 图）；在逻辑结构设计阶段将 E-R 图转换成具体的逻辑模式（数据模型：关系模型）；然后根据系统及用户应用处理需求、安全性及完整性要求等，在数据表的基础上建立必要的视图（外模式或子模式）；在物理结构设计阶段，根据 DBMS 的特点和处理性能等需要，进行存储路径、建立索引等操作，形成数据库内模式；在实施阶段，开发设计人员基于外模式（应用）进行系统功能模块的编码与调试；实施后进入系统的运行和维护阶段。

图 10-4　数据库系统设计过程与各级模式

😊讨论思考：

1）基于 E-R 模型的设计方法和基于 3NF 的设计方法的特点及区别是什么？

2）内模式对应数据库系统设计的具体哪个阶段？

10.2　数据库应用系统开发

10.2.1　系统需求分析

　　需求分析是对用户要求和系统"必须做什么"的分析确定，是后续研发的重要基础依据和基础，其质量反映了实际需求的真实准确性，将直接影响后续研发的成败和合理实用性。📖

　　1. 需求分析的主要任务

　　需求分析的总体任务是通过深入调研来确定用户及系统需求、业务流程、数据流程和功能等各种指标要求，经规范化和分析形成文档（报告）。需求分析的重点是通过调研来确定用户和系统的数

📖**知识拓展**
数据库系统的需求分析

据要求、处理要求及安全性和完整性要求。

1）数据要求。确定用户需要从数据库中获得信息的具体内容与性质，从而导出各种数据要求。

2）处理要求。明确具体处理要求（如功能、内容、方式、顺序、流程等）及最终要实现的具体处理功能和性能等具体指标。

3）安全性和完整性要求。确定系统中的不同用户对数据库的使用和操作情况，明确数据之间的关联关系及用户对数据的安全性和完整性等具体要求。

需求分析阶段的主要任务包括两大方面。

1）通过调查、收集、分析确定用户及系统具体需求，主要包括以下内容。

① 调查组织机构情况。包括机构的部门组成、各业务流程及职责要求等，便于分析数据流程。

② 调研各部门的业务活动情况，包括各部门输入和使用的具体数据、加工处理数据的方式及方法、输出的数据及输出的部门和输出格式等。

③ 明确业务及对新系统的各种具体要求，如数据、处理、功能及完全性和完整性要求等。

④ 确定系统边界及接口。明确人机分工完成的事务，实现的功能、系统边界和接口等。

2）编写需求分析报告。系统需求分析说明书也称系统需求规范说明书，是需求分析阶段的文档，编写过程中需要规范并不断反复、逐步完善。系统需求分析说明书包括六项内容。

① 系统概况，包括系统的目标、范围、背景、历史和现状等。

② 相关业务系统的运行及处理操作涉及的主要技术和原理。

③ 系统总体结构和子系统的结构描述及主要相关流程说明。

④ 系统总体和子系统的功能、性能、安全可靠性、接口等。

⑤ 系统业务数据处理概述、工程项目体制和设计阶段划分。

⑥ 目标系统设计方案及相关的技术、实施方案等。

系统需求分析说明书提供的附件主要包括以下内容。

① 系统软硬件支持环境的选择和规格要求（DBMS、操作系统、主机型号及其网络环境等）。

② 组织机构图、组织之间的联系图和各机构功能业务一览图（主要业务处理的组织架构）。

③ 数据流图（DFD）、功能结构图和数据字典等图表（描述主要业务处理的数据及功能）。

系统需求分析说明书是设计人员与用户共同确认的重要文档，是后续各阶段设计、实现和测试的关键依据，必须严格遵循其文档要求进行后续工作。

2. 需求分析的方法

结构化分析（Structured Analysis，SA）方法是面向数据流分析和表达用户需求的方法中的一种简单常用方法，从最上层的系统组织开始，采用逐层分解方式。系统最高层数据抽象图如图 10-5 所示。

图 10-5　系统最高层数据抽象图

重要的系统数据和处理过程的关系，常用数据流图和数据字典来具体描述和表示。

1）数据流图。**数据流图**（Data Flow Diagram，DFD）是描述数据与处理流程及其关系的图形表示，以图形方式表示数据和数据流从输入移动到输出的过程中的变换及过程。DFD 在需求分析阶段很重要，有多种画图标准。表 10-2 所示为 DFD 基本元素描述符号。

表 10-2　DFD 基本元素描述符号

名　称	图　例	说　明
起点（或终点）		数据流的起点或终点，表示数据源或数据潭
加工或处理		表示对流到此处的数据进行加工或处理，即对数据进行算法分析与科学计算
输入/输出文件		表示输入/输出文件，说明加工/处理前的输入文件，记录加工/处理后的输出文件，也可用单线
数据流连线		表示数据流的流动方向

【案例 10-2】礼品销售 App 的主要功能是：系统接收用户的订单，并对订单验证，验证过程主要根据礼品目录检查订单的正确性，查看客户信誉信息确定和支付情况。验证通过正确生效的订单存放在订单文件中，并对生成的订单及时进行处理。对于有货的订单，将通过网络等给手机用户发送送货信息；对于缺货的订单，集中发送给供应商。店铺经理还可以随时查看并统计销售情况。该系统的 DFD 如图 10-6 所示。

图 10-6　网上礼品销售 DFD

绘制 DFD 的目的主要是研发人员与用户进行交流和确认，并便于指导设计和实现。对 DFD 的要求简单，用户易于理解。绘制常用逐层分解的方法，直到形成多层次 DFD。

2）数据字典。**数据字典**（Data Dictionary，DD）是系统各类业

📖 **知识拓展**
数据流图绘制的基本原则

务数据及结构特征描述的集合。DD 同 DFD 互补，并贯穿研发全过程，其内容形式和用途在不同阶段会有所差别。在需求分析阶段，数据字典通常包括五部分。

① 数据项。数据项描述=｛数据项名,数据项含义说明,别名,数据类型,长度,取值范围,取值含义,与其他数据项的逻辑关系,数据项之间的联系｝，其中，取值范围、同其他数据项的逻辑关系用于定义数据完整性约束条件。

② 数据结构。数据结构描述=｛数据结构名,含义说明,组成:｛数据项或数据结构｝｝。

③ 数据流。数据流描述=｛数据流名,说明,数据流来源,数据流去向,组成:｛数据结构｝,平均流量,高峰期流量｝。

④ 数据存储。数据存储描述=｛数据存储名,说明,编号,流入的数据流,流出的数据流,组成:｛数据结构｝,数据量,存取方式｝。

⑤ 处理过程。处理过程描述=｛处理过程名,说明,输入:｛数据流｝,输出:｛数据流｝,处理:｛简要说明｝｝。简要说明主要描述该处理过程的功能及处理要求。

- 功能：该处理过程用于具体的实际操作，如查询、插入、修改、删除等。
- 处理要求：处理频度要求（如单位时间处理的事务及数据量）、响应时间要求等，是后续物理设计的输入及性能评价的标准。

最终的数据流图和数据字典是系统需求分析说明书的主要内容，是设计的重要依据。

10.2.2 概念结构设计

1. 概念结构设计的任务及特点

概念结构设计是将需求分析中的具体业务数据处理等实际需求抽象为信息结构（概念模型）的过程，是现实世界（事物）到机器世界（数据及处理）的一个重要阶段，也是整个系统设计的关键。📖

概念结构设计通常将现实世界中的客观事物（实体）抽象为不依赖 DBMS 支持的数据模型（E-R 图）。概念模型是各种数据模型的共同基础。

> 📖 知识拓展
> 数据库系统的概念模型

概念结构设计的优势主要有四个方面。

1）直观且容易理解，利用 E-R 图，便于研发人员和需求用户直接交流确认，用户的积极协助是系统设计成功的关键。

2）便于真实且充分地描述现实世界的具体事物（特征），包括事物及其之间的联系。准确获取用户对数据的处理要求，是对现实世界的真实直观模拟和描述。

3）有利于扩充、修改、完善。当应用环境和业务需求改变时，便于概念模型的扩充、修改、完善。

4）有助于向关系、网状、层次等各种具体数据模型转换。

2. 概念结构的设计方法

1）自顶向下。先构建全局概念结构的框架，然后逐步细化，如图 10-7 所示。

> 📖 知识拓展
> 自顶向下与自底向上的区别

2）自底向上。构建各局部应用概念结构后集成，得到全局概念结构。其设计方法如图 10-8 所示。📖

图 10-7　自顶向下的设计方法　　　　　图 10-8　自底向上的设计方法

3）逐步扩张。先由核心需求构建最重要的核心概念结构，然后以其他需求扩张，以渐增方式完成全局概念结构，如图 10-9 所示。

图 10-9　逐步扩张的设计方法

4）混合策略。将自顶向下和自底向上相结合，用自顶向下策略设计一个全局概念结构的框架，以其为架构集成由自底向上策略中设计的各局部概念结构。

其中，最常用的设计方法是自底向上。先自顶向下地进行需求分析，再自底向上地设计概念模式结构，如图 10-10 所示。

图 10-10　自顶向下需求分析、自底向上概念结构设计

3. 概念结构设计的步骤

自底向上方法的概念结构设计步骤如图 10-11 所示。

1）通过需求分析对数据抽象，设计局部 E-R 图。

2）集成各局部 E-R 模型，形成全局 E-R 模型。

4. 数据抽象与局部 E-R 模型设计

（1）数据抽象及应用案例

抽象是对实际的人、事、物和概念进行分析概括，提取主要共同特性，忽略非本质细节，并将其特性用各种概念精确描述，组成某种模型。常见抽象实体与实体型之间的关系有三种。

1）分类（Classification）。将一组具有某些共同特性和行为的实体抽象为一个实体型。抽象实体与实体型之间是"is member of"的关系。例如，在教学管理中，大学生属于"学生"，具有学生的共同特性和行为，如图 10-12 所示。

图 10-11　自底向上方法的概念结构设计步骤　　　图 10-12　学生分类示意图

2）聚集（Aggregation）。主要定义实体型的组成成分，将实体型的组成成分抽象为实体型特征的属性。属性与实体型之间是"is part of"的关系。例如，学号、姓名、性别、年龄、系别等可以抽象为学生的属性，学号是实体的主键，如图 10-13 所示。

3）概括（Generalization）。定义类型之间的一种子集联系，抽象了类型之间的"is subset of"的语义。概括有一个很重要的性质：继承性。子类继承父类定义的所有抽象，如图 10-14 所示。

图 10-13　聚集示意图　　　　　　　　图 10-14　概括示意图

（2）局部 E-R 模型设计

局部 E-R 图是先选定一个局部应用，然后对其实体（事物）逐一设计分 E-R 图。将各局部应用涉及的数据分别从数据字典中进行抽取，参照数据流图，标定各局部应用中的实体、实体的属性、标识实体的键，确定实体之间的联系及其类型（1:1，1:n，$m:n$）。实际上，实体和属性是相对的，通常要根据实际情况进行必要的调整，在调整时要遵守以下

两条原则。📖

1）属性是原子的、不可再分的数据项，不可再由其他属性组成。

2）属性不可与其他实体（事物）具有联系，联系只发生在实体之间。

📖 知识拓展
数据库局部概念模型

符合两条原则的实体常作为最简化属性。为了简化 E-R 图，现实的实体（事物）应尽量作为属性。例如，"学生"由学号、姓名等属性描述，因此"学生"只能作为实体，而不能作为属性。若侧重学生描述，"系"只表示其所属划分，是不可分数据项，则可作为学生实体的属性。若侧重描述"系"，包括系主任、学生人数、教师人数、办公地点等，则"系"应作一个实体，如图 10-15 所示。

图 10-15　系别作为实体的局部 E-R 图

【案例 10-3】在 Web 教务管理信息系统中，语义约束为：一个学生可以选修多门课程，一门课程可以被多个学生选修，学生和课程是多对多联系。一个教师可以讲授多门课程，一门课程可以由多个教师讲授，教师和课程也是多对多联系。一个系可以有多个教师，一个教师只能属于一个系，因此系和教师是一对多联系。同样，系和学生也是一对多联系。

由此可得图 10-16 所示的学生选课局部 E-R 图和图 10-17 所示的教师任课局部 E-R 图。

图 10-16　学生选课局部 E-R 图

图 10-17 教师任课局部 E-R 图

"职称"作为教师实体的属性，在涉及任务分配时，通常考虑职称情况，即职称与任务实体之间有联系，根据原则 2），此时将职称作为实体处理更合适，如图 10-18 所示。

图 10-18 "职称"作为一个属性或实体处理

5. 全局 E-R 模型设计

各局部 E-R 图构建完成后，还需要进行合并，集成一个整体的概念数据结构，即全局 E-R 图，也称为视图的集成。集成为全局 E-R 图有两种方式。

1）一次集成法。一次集成多个分 E-R 图，用于局部视图较简单的情况，如图 10-19 所示。

图 10-19 局部 E-R 图一次集成法

2）逐步累积式集成法。先集成较关键的两个局部视图，再每次将一个新局部视图集成，如图 10-20 所示。

图 10-20　局部 E-R 图逐步累积式集成法

　　无论采用何种方式，将局部 E-R 图集成为全局 E-R 模型都需要两个步骤，如图 10-21 所示。

图 10-21　局部 E-R 图的集成步骤

　　1）合并。需要解决各局部 E-R 图中的冲突，并合成初步 E-R 图。合并时不能简单地将各分 E-R 图拼凑在一起，而要消除各分 E-R 图中不一致的冲突，以形成可为全系统中所有用户共同理解和接受的统一概念模型。合理消除各分 E-R 图的冲突，是合并分 E-R 图的主要工作和关键。

　　E-R 图合并中的冲突有三种：属性冲突、命名冲突和结构冲突。

📖 知识拓展
E-R 图设计的值域冲突

　　① 属性冲突。属性值的类型、取值范围/单位或值域不一致。
　　② 命名冲突。在实体名、属性名或联系名之间出现命名不一致，通常属性的命名冲突最常见，主要是同名异义（含义）或异名同义。解决命名冲突常用协商调整等方式。
　　③ 结构冲突。结构冲突分三种类型。一是同一对象在不同应用中的抽象不同，常将属性变换为实体或将实体变换为属性。二是同一实体在不同局部 E-R 图中所包含的属性不全部相同，或属性排列次序不全部相同。此时可将该实体的属性取各分 E-R 图中属性的并集，再适当设计属性的次序。三是实体之间的联系在不同局部视图中呈现不同类型，可根据应用语义对实体联系的类型进行综合或调整。

【案例 10-4】 在教务管理信息系统中，消除各分 E-R 图之间的冲突且进行合并，生成初步总 E-R 图。

1）消除两个分 E-R 图中存在的命名冲突，学生选修课程的局部 E-R 图中的实体型"系别"与教师任课局部 E-R 图中的实体型"单位"都指"系"，即所谓的异名同义，合并后统一改为"系"。

2）消除结构冲突，实体型"系"和实体型"课程"在两个不同应用中的属性组成不同，合并后这两个实体的属性组成为原来分 E-R 图中的同名实体属性的并集。解决上述冲突后，合并两个分 E-R 图，生成图 10-22 所示的初步的总 E-R 图。

图 10-22　消除各分 E-R 图冲突并合并的初步的总 E-R 图

2）修改与重构。消除不必要的冗余，设计基本 E-R 图。

冗余数据是由基本数据导出的重复数据，冗余联系是由其他联系导出的重名联系。这些冗余容易破坏数据库的完整性，给数据库维护增加困难。常用分析方法消除数据冗余，可依据数据字典和数据流图，根据数据字典中数据项之间逻辑关系的说明修改消除。📖

📖 知识拓展
数据库中的数据冗余

【案例 10-5】 以在教务管理信息系统中合并 E-R 图为例，消除不必要的冗余，生成基本 E-R 图。在初步合并 E-R 图中，"课程"实体型中的属性"教师号"可由"讲授"相关教师与课程之间的联系导出，而学生的平均成绩可由"选修"联系中的属性"成绩"计算出，所以"课程"实体型中的"教师号"与"学生"实体型中的"平均成绩"均属于冗余数据。

"系"和"课程"之间的联系"开课",可以由"系"和"教师"之间的"属于"联系及"教师"和"课程"之间的"讲授"联系推导出来,所以"开课"属于冗余联系。

初步合并 E-R 图并消除冗余数据和冗余联系后,得到总 E-R 图,如图 10-23 所示。

图 10-23　集成后的总 E-R 图

10.2.3　逻辑结构设计

概念结构设计阶段获取的 E-R 模型面向用户,无关 DBMS。若用计算机处理 E-R 模型中的数据(事物特征),那么还需转换为 DBMS 能处理的数据模型,即逻辑结构设计。

1. 逻辑结构设计的任务和步骤

逻辑结构设计的任务是将概念结构设计得到的概念结构转换成逻辑结构,将 E-R 图转换成与选定的 DBMS 所支持的数据模型相符合的逻辑结构。📖

通常,逻辑结构设计分为三个步骤,如图 10-24 所示。

> 📖 **知识拓展**
> 数据库系统的逻辑结构设计

图 10-24　逻辑结构设计的过程

1）由概念结构（E-R图）转换为关系模型（按需要及规则）。

2）将关系模型向特定DBMS支持下的数据模型转换（数据表）。

3）按照优化方法，对数据模型进行具体的优化和完善。

2. 初始化关系模式设计

关系模型的逻辑结构是一组关系模式（表）集合。E-R模型由实体及其属性和联系组成，将E-R模型转换成关系模型，实际是将实体及其属性和联系转换为关系模式。

（1）转换原则及方式

1）一个实体转换为一个关系模式。将实体的属性设为关系的属性，将实体的键设为关系的键。

2）一个 $m:n$ 联系转换为一个关系模式。同该联系相连的各实体的键和联系本身的属性作为关系的属性，并将各实体的键的组合作为关系的键。

3）一个 $1:n$ 联系有两种转换方式。①与 n 端对应的关系模式合并。在 n 端的关系模式中，加入1端关系模式的键和联系本身的属性。②转换成一个关系模式。

关系的属性：同该联系相连的各实体的键以及联系本身的属性作为关系的属性，各实体的键的组合作为关系的键。

4）一个 $1:1$ 联系有两种转换方式。①与任意一端对应的关系模式合并。此转换需要在合并端的关系模式中加入另一端关系模式的键和联系本身的属性。②转换成一个关系模式。同该联系相连的各实体的键和联系本身的属性作为关系的属性，各实体的键的组合作为关系的键。

5）三个或其以上实体间的一个多元联系转换为一个关系模式。同该多元联系相连的各实体的键和联系本身的属性作为关系的属性，各实体的键的组合作为关系的键。

6）具有相同主键的关系模式可以进行合并。

（2）主要的具体转换方法

1）将一个实体转换为一个关系。先分析该实体的属性，从中确定主键，再将其转换为关系模式。

【案例10-6】以图10-23为例将实体转换为关系模式（带下画线的属性为主键）：

学生(学号,姓名,性别,年龄)

课程(课程号,课程名)

教师(教师号,姓名,性别,职称)

系(系ID,系名,电话)

2）将每个联系转换成关系模式。

【案例10-7】将图10-23中的联系转换成关系模式（带下画线的属性为主键）：

属于(教师号,系名)，教师号为"教师"关系的主键，系ID为"系"关系的主键。

讲授(教师号,课程号)，教师号为上例"教师"（引用/关联）关系模式的主键，课程号为"课程"（引用/关联）关系模式的主键。

> 选修(<u>学号</u>,<u>课程号</u>,成绩)，学号为"学生"（引用/关联）关系模式的主键，课程号为"课程"（引用/关联）关系模式的主键。
>
> 拥有(<u>系 ID</u>,<u>学号</u>)，系 ID 为"系"关系的主键，学号为"学生"关系的主键。

3）多个（≥3）实体间的多元联系在转换为关系模式时，与该多元联系相连的各实体的主键及联系本身的属性均转换为关系的属性，转换后所有关系的主键为各实体键的组合。

> 【案例 10-8】 图 10-25 所示的网站销售中，商品、客户和网站为三个实体之间的多对多联系，已知三个实体的主键分别为"商品 ID""客户 ID"和"网站 ID"，则三者之间的联系"销售"可以转换为关系模式：销售（<u>商品 ID</u>,<u>客户 ID</u>,<u>网站 ID</u>,时间），其中，主键以"下画线"标识，商品 ID 为"商品"关系模式的主键，客户 ID 为"客户"关系模式的主键，网站 ID 为"网站"关系模式的主键。

图 10-25　多个实体之间的联系

*3. 关系模式的规范化

关系模式规范化理论是关系模型优化的基础和重要依据。其规范化方法如下。📖

> 📖 **知识拓展**
> 数据库系统规范化设计

1）确定数据依赖，按需求分析阶段所得到的语义，分别写出每个关系模式内部各属性之间的数据依赖以及不同关系模式属性之间的数据依赖。

2）对各个关系模式之间的数据依赖进行极小化处理，消除冗余的联系。

3）按照数据依赖的理论对关系模式逐一进行分析，考察是否存在部分函数依赖、传递函数依赖、多值依赖等，确定各关系模式分别属于第几范式。

4）利用需求分析阶段获取的各种应用对数据处理的要求，分析这些模式对业务应用环境的合适性，并确定对其合并或分解。

> 📖 **知识拓展**
> 数据表水平分解和垂直分解

5）依据需求分析阶段得到的各种应用对数据处理的要求，对关系模式进行必要的分解或合并，以提高数据操作效率和存储空间的利用率。常用的分解方式有水平分解和垂直分解。📖

> 【案例 10-9】 在 Web 图书管理信息系统中，将全局 E-R 模型（如图 10-26 所示）转换为关系模型。系统的全局 E-R 模型中的四个实体集（关系模型）可表示为：
>
> 　　　出版社(<u>出版社号</u>,社名,地址,电话)
>
> 　　　图书(<u>馆藏号</u>,ISBN,书名,作者,价格,在馆否)
>
> 　　　读者(<u>卡号</u>,姓名,性别,单位,电话,累计借次)
>
> 　　　书库(<u>库号</u>,库名,地点,负责人)

图 10-26　Web 图书管理信息系统全局 E-R 模型

1) 将实体型转换为关系模式。将实体集的属性转换成关系的属性，实体集的键对应关系的键，实体集的名对应关系的名。

2) 将联系转换为关系模式。用关系表示联系，实质上是用关系的属性描述联系，则用该关系的属性确定联系 R。所转换的关系具有三个属性：①联系 R 单独的属性都转换为该关系的属性。②联系 R 涉及的每个实体集的键属性转换为该关系的属性。③信息系统中的联系可表示如下。

　　　出版(出版社号,馆藏号,数量)　　　　　　　1:n 联系
　　　借阅(馆藏号,卡号,借阅时间,还书时间)　　　n:m 联系
　　　存放(馆藏号,库号)　　　　　　　　　　　　1:n 联系

根据联系的类型不同，联系转换为关系后，确定关系的键具有不同的规则。

① 若联系 R 为 1:1 联系，则每个相关实体的键均可作为关系的候选键。

② 若联系 R 为 1:n 联系，则关系的键为 n（多）端实体的键。

③ 若联系 R 为 n:m 联系，则关系的键为相关实体的键的集合。

3) 根据具体情况，将相同键的多个关系模式合并。具有相同键的不同关系模式，所描述的是同一实体的不同侧面（即属性），可以合并。合并过程可将对事物不同侧面的描述转换为对其全方位的描述。合并后的关系包括两个关系的所有属性，可简化系统且节省存储空间。本案例中的图书关系、出版关系和存放关系就可以合并为一个关系：图书（馆藏号，ISBN，书名，作者，价格，在馆否，数量，出版社号，库号），其中，出版社号为引用"出版社"关系的外键，库号为引用"书库"关系的外键。由于外键可以不与被引用的属性同名，只要求语义相同，因此为使图书的属性更清晰，可用不同的名。

当将联系 R 转换为关系模式时，只有当 R 为 $m:n$ 联系时，才建立新关系模式。当 R 为 $1:n$ 联系时，只需对其有关的关系进行修改。当 R 为 $1:1$ 联系时类似，不必建立新关系模式。

4. 关系模式的评价与改进

关系模式的评价有两个方面：设计质量评价和性能评价。对关系模式的改进包括以下两方面。

1）分解。常用的关系模式分解有水平分解和垂直分解。

2）合并。对于相同主键的关系模式，主要是多关系查询操作，可对关系模式按照组合频率进行合并。

在关系模式规范化中，数据库的物理设计与性能关系很密切，逻辑设计质量对其有很大影响。除了性能评价提出的模式修改意见之外，还应改进三个方面：减少连接运算、减小关系及数据量、为各属性选择合适的数据类型。📖

10.2.4　物理结构设计

> 📖 **知识拓展**
> 提高数据库性能的方法

物理结构设计是对逻辑数据模型选取最适合应用要求的物理结构的过程，主要任务是为数据库逻辑模式（结构）选择合适的应用环境的物理结构，即确定有效地实现逻辑结构模式的存储模式，确定在物理设备上所采用的存储结构和存取方法，然后对该存储模式进行性能评价。满足需求时，可继续进行数据库实现，否则需要修改或重新设计物理结构，最后得到一个性能优良的存储模式。

1. 确定物理结构

数据库物理结构设计的内容包括记录存储结构的设计、关系模式的存取方法选择。

（1）记录存储结构的设计

记录存储结构设计是设计存储记录的结构形式，涉及不定长数据项的表示。常用以下三种数据存储方式。

1）顺序存储。可将逻辑相邻的数据存储在连续存储区域的相邻单元，使逻辑相邻的数据是物理位置相邻。此存储方式的平均查找次数为表中记录数的一半，通常用于存储具有线性结构的数据。

2）散列存储。是指以主键值为自变量，通过一定的散列函数计算对应的函数值，并以该值为数据的存储地址存到存储单元中。常用的散列函数构造法包括除余法、直接地址法、平方取中法。不同的散列函数决定了该存储方式的不同的平均查找次数。

3）聚集存储。可将某个或某些属性（聚集码）上具有相同值的数据集中存放在连续的物理块上，以提高相关属性的查询效率。

（2）关系模式的存取方法选择

DBMS 常用的存取方法有以下三种。

1）索引方法。主要包括：确定建立索引或组合索引的属性列，并将指定索引设计为唯一索引。

知识拓展
建立数据库合适的
索引

索引从物理上分为聚簇索引和普通索引。确定索引的顺序如下。

① 指定关系的存储结构，即记录存放顺序，可按属性（组）聚集存放。

② 确定适合建立索引的属性。对关系的主键/外键建立索引。主要数据更新时，系统对主键/外键分别进行唯一性和参照完整性检查，建立索引可以加速操作。

③ 明确不宜建立索引的属性或表：太小的表或经常更新的属性或表、过长的属性、特殊数据类型的属性、不出现或很少出现在查询条件中的属性。

2）聚集索引。采用这种方法可将某个属性（组）上具有相同值的记录集中存放在连续的物理块上，从而极大地提高相关属性的查询效率。

3）散列方法。当关系满足下列两个条件时，可选择 HASH 存取方法。

① 关系的属性主要出现在等值连接条件中或出现在相等比较选择条件中。

② 关系大小可预知且不变或动态改变，但所选 DBMS 可提供动态 HASH 存取方法。

2. 评价物理结构

知识拓展
数据库系统的物理结构设计

数据库物理结构设计完成后，需要评价其结构，重点是时空效率。应权衡系统的时空效率、维护代价和用户需求，对多种设计方案进行具体评价和考虑，可产生多种方案，需要对方案细致地评价，从中选出较优方案。对数据库物理结构的评价依赖于所选用的 DBMS，具体考核指标如下。

1）查询和响应时间。优秀的应用程序设计应较少占用 CPU 时间和 I/O 时间。

2）更新事物的消耗。包括修改索引、重写物理块或文件、写校验等方面的开销。

3）生成报告的耗费。主要包括索引、重组、排序、结果显示等耗费。

4）主存储空间占用。包括程序和数据占用空间。可减小缓冲区个数及大小。

5）辅助存储空间消耗。包括数据或索引块空间。可减小空间大小以进行适度控制。

10.2.5 数据库系统行为设计

数据库系统行为设计包括系统功能分析、系统功能设计、系统事务设计、应用程序设计与实现。同传统应用程序类似，仍可用软件研发的技术、方法和工具，需要注意其特殊性。

1. 系统功能分析

系统功能分析是在需求分析后、功能设计前进行的具体功能分析，侧重系统的具体功能分析及问题，确定改进重点并创新。在需求分析阶段进行的数据流和事务处理的调研分析，前者为数据库的信息结构提供最原始依据，后者是应用业务处理的调查分析，是行为设计的基础。行为特征处理功能包括以下几个。

1）分析所有查询、报表、事务及动态特性，描述对数据的各种处理。

2）明确对各实体（业务应用）的所有操作，包括增加、删除、修改和查询。

3）确定整个应用系统总的处理功能的具体目标和（指标）要求。

4）给出全部操作的语义，包括结构和操作约束，并定义执行操作要求的前提、操作内容及成功后的状态。例如，职工办理退休手续，系统行为操作特征为：该职工任务完成，并将当前"在职职工表"的数据转移到"退休职工表"。

5）确定某个对象的每个操作处理的具体频率等。

6）明确某个应用的每个操作处理的响应时间。

2. 系统功能设计

系统功能设计是在功能和需求分析的基础上，按照新系统功能指标及要求，对研发系统的具体目标功能进行设计的过程。功能设计的任务包括四部分：市场及业务需求调研与产品规划、处理功能及组合设计、功能匹配设计和功能成本规划。这里侧重系统的具体功能分析，找出与功能相关的问题，并绘出功能结构图。学生管理信息系统的功能结构图如图 10-27 所示。

图 10-27　学生管理信息系统功能结构图

3. 系统事务（处理）设计

系统事务设计是计算机模拟人类处理事务（业务数据）的输入和输出设计的过程。

（1）系统输入设计

系统中很多错误产生的原因都是输入不当，优秀的输入设计可减少错误，主要工作如下。

1）原始单据设计格式应简明，便于填写和归档，标准化且简化输入。

2）设计输入表，要求将全部功能所用的数据整理成表。

3）制作输入数据描述文档，包括数据的输入频率、数据的有效范围和出错校验。

（2）系统输出设计

输出设计是衡量一个系统好坏的重要标志，是系统设计中的重要环节。输出报表直接送交给用户，应认真设计。系统输出设计考虑的主要因素如下。

1）确定用途。输出结果是送交客户，还是仅供内部交流或报送上级领导。

2）输出格式。根据具体用途和实际需求，确定指定的输出格式及标准等。

3）输出量。根据具体用途和实际需求，确定指定的输出数量。

4）输出设备及方式。根据需要，选择显示输出、打印或保存。

10.2.6 数据库系统的实施

数据库系统的实施是指在所有需求分析和概念设计、逻辑设计、物理设计的基础上，在计算机上开发数据库应用系统，建立实际数据库结构并装入数据，进行调试和试运行的过程。

1. 编制与调试应用程序

数据库应用程序的编写常同数据库结构设计一同进行。在数据库实施阶段，需要在需求分析的基础上运用概念设计、逻辑设计和物理设计的结果，利用前面的数据库知识、技术、方法和工具来高效完成应用系统各功能模块的编制、集成与调试，及时建立数据库及数据表结构，并输入应用数据以便于应用系统的调用和试运行。在调试应用程序及数据输入尚未完成时，可以先使用模拟数据。对应用程序的调试，需要实际运行数据库应用程序并调用相关数据，执行对数据的各项操作，测试应用程序的功能满足需求分析确定的指标要求情况。对不满足的应用程序，还需要对相关语句进行认真修改和完善。

2. 数据库系统试运行

数据库系统试运行也称为联合调试，其主要工作如下。

1）功能测试：实际运行应用程序，执行对数据库的各种操作，测试应用程序的各种功能。

2）性能测试：测试应用系统的性能指标，查看是否符合具体的实际设计目标和要求。

3）安全可靠性测试：先输入小批量数据进行调试，待试运行基本合格后再输入大批量数据。

在试运行阶段，由于系统不稳定，操作人员对系统还不熟悉，误操作难以避免，随时可能发生故障，应先调试运行 DBMS 的恢复功能，做好数据库的备份和恢复，减少对数据库可能发生的破坏。

3. 建立业务数据库结构

在数据库设计的基础上，确定了数据库的逻辑结构与物理结构后，就可以用所选择的DBMS 提供的数据定义语言（DDL）认真建立相关的具体数据库结构及数据表和视图等。

4. 加载数据方法

数据加载的方法有两种：人工方法与计算机辅助数据入库方法。

> 📖 知识拓展
> 数据库中数据的输入方法

（1）人工方法（适合小型系统）

1）采集筛选数据。通常，需要装入数据库中的数据分散在各个部门的数据文件或原始凭证中，所以首先必须将需要入库的数据进行采集、分类和筛选。

2）转换数据格式。采集筛选需要入库的数据，其格式有时不符合数据库要求，此时需要进行转换，包括一些数据图表等。这种转换有时可能较为复杂多样。

3）输入数据。将转换好的数据输入计算机数据库指定的数据表中。

4）校验数据。认真检查输入的数据是否有误，以免出现问题。

（2）计算机辅助数据入库方法（适合大中型系统）

1）筛选数据。按照原始业务数据类型或具体需求进行整理和筛选。

2）输入数据。将筛选数据直接成批地输入主机，提供界面输入子系统。

3）校验数据。数据输入子系统采用多种方式查验输入数据的正确性。

4）转换数据。以实际要求，从输入数据中按需分类及转换数据格式。

5）综合数据。数据输入子系统对转换的数据根据系统要求综合成最终数据。

5. 撰写整理文档

文档资料是应用系统开发及数据库设计的重要组成部分。在应用程序编制和试运行中，应记录其工作要点及过程、发现的问题、采用的技术和解决方法等，并整理存档供管理、正式运行和改进时使用。全部调试完成后，需要撰写"应用系统技术操作说明书"，便于发给用户。

10.2.7　数据库系统运行与维护

数据库系统试运行达到指标要求后，便可正式投入实际应用，这表明已完成开发任务并开始进行运行与维护工作。对系统设计进行评价、调整、修改等维护是长期任务，也是设计的延续和提升。

数据库系统经常性的维护工作主要由 DBA 完成，包括四个方面：备份和恢复、安全性和完整性控制、性能监督、重组和重构。

（1）数据库的备份和恢复

对系统及数据库根据需要进行备份，便于出现故障时及时地进行恢复，减少损失和影响。

（2）系统安全性和完整性控制

主要根据企事业机构及用户实际需要分配管理操作权限，系统运行中，由于业务及应用环境变化，对安全性等的要求也会改变。如增加或删除注销用户、收回或增加某些用户权限、某些数据的取值范围变化等，都需要根据实际情况修改系统安全性控制。数据库的完整性约束条件也会随着应用环境而改变，也需要不断调整完善，以满足用户需求。📖

> 📖 **知识拓展**
> 数据库系统的安全性

（3）性能监督

在系统运行过程中，必须监控运行情况及数据，并进行分析，找出改进系统性能的方法，主要包括以下几方面。

1）利用监控工具获取系统运行中一系列性能参数的值及变化。

2）通过认真分析相关数据，判断当前系统所处的运行状态。

3）根据实际需要，调整某些参数，进一步改进数据库性能。

（4）数据库的重组和重构

系统运行一段时间后，数据经过增删改等操作，数据库的存取效率将降低，需要重新组织，此时不必改变原设计的逻辑结构和物理结构。而由于业务、技术和应用环境发生变化，增加了新业务、应用或新实体，或取消了某些旧应用，或实体及其之间的联系发生了变化等，使原有设计不能满足新需求，此时必须通过重构来适应新需求。

☺讨论思考

1）举例说明 E-R 模型中实体之间多对多联系转换成关系数据模型的方法。

2）为某超市设计一个数据库，画出 E-R 图并将其转换成关系数据模型。

10.3 数据库系统设计文档

微课视频

课程视频 10.3

数据库系统设计的主要文档是"数据库设计说明书"。数据库是将一组相关数据按照一定结构存储为计算机的文件，并允许用户或计算机程序通过 DBMS 访问其数据。"数据库设计说明书"是对设计中的数据库的所有标识、逻辑结构和物理结构等做出的具体设计规定。根据 GB/T 8567—2006《计算机软件文档编制规范》，数据库设计文档主要包括四个部分。

📖知识拓展

数据库文档的规范化

1. 引言

引言部分包括编写目的、编写背景和术语的定义、参考资料等。

1）编写目的。是指编写"数据库设计说明书"的目的，表明预期读者。

2）编写背景。主要说明待开发的系统名称和系统的支持软件名称，并列出该系统开发项目的任务提出者、用户及拟安装的软件和数据库系统的计算中心。

3）术语的定义。列出本文档中用到的专门术语的定义、外文首字母组词的原词组。

4）参考资料。列出有关参考资料，包括项目经核准的计划任务书或合同、上级机关批文、其他相关文件、文件中各处引用的资料（包括相关软件标准）。列出相关文件的标题、文件编号、发表日期和出版单位，说明文件来源。

2. 外部设计

1）标识符和状态。具体说明用于唯一标识该系统的代码、名称或标识符，附加的描述性信息等。若系统尚在试验或测试中，或是暂时使用，则应说明其特点及有效时间。

2）使用的程序。列出使用或访问系统的所有应用程序，给出各程序的名称和版本号。

3）约定。写明研发人员为了用户能使用此系统而需要了解的建立标号、标识的约定，例如，用于标识系统的不同版本的约定和用于标识数据库内各文件记录、数据项的命名约定等。

4）专门指导。向拟从事系统的开发、测试、维护人员提供专门指导，如加载数据的格式和标准、操作规程和步骤，用于产生、修改、更新或使用数据文件的操作指导。篇幅很长时应列出文献名称和目录。

5）支持软件。概述同此系统直接有关的支持软件，如数据库管理系统、存储定位程序，以及用于装入、生成、修改、更新数据库的程序等。说明这些软件的名称、版本号和主要功能特性，如所用数据模型的类型、允许的数据容量等。列出这些支持软件的技术文件的标题、编号及来源。

3. 结构设计

1）概念结构设计。确定反映业务中的实体、属性及其联系等的原始数据形式，包括各数据项、记录、系、文卷的标识符、定义、类型、度量单位和值域，以及建立数据库的各用户视图等。

2）逻辑结构设计。说明将原始数据分解、合并后重新组织的全局逻辑结构，包括所确定的关键字和属性、重新确定的记录结构和文卷结构、所建立的各个文卷之间的相互关系，形成数据库 DBA 视图。

3）物理结构设计。建立系统程序员视图，包括数据在内存中的安排（对索引区、缓冲区的设计）、所使用的外存设备及外存空间的组织（索引区、数据块的组织与划分）以及访问数据的方式。

4. 运用设计

1）数据字典设计。数据库设计中建立数据字典涉及的各项内容，如数据项、记录、系、文卷、模式、子模式等，说明标识符、同义名及有关信息，以及数据字典设计的基本内容。

2）安全保密设计。说明在数据库的设计中，通过区分不同访问者、访问类型和数据对象而分别采取的数据库安全保密措施等。

☺ 讨论思考：

1）数据库设计文档主要包括哪几部分？

2）结构设计部分主要包括哪几方面的设计？

10.4　数据库应用系统设计案例

微课视频
课程视频 10.4

本节以"Web 图书管理信息系统"数据库系统设计案例详细说明设计过程和方法，按照系统开发步骤进行系统需求分析、概念结构设计、逻辑结构设计、物理结构设计，以便于读者掌握数据库系统的开发方法和流程，以及 SQL 语句和存储过程等的应用。

10.4.1　系统需求分析

随着现代信息化社会的快速发展和信息技术的广泛应用，人们对各种业务数据处理的要求越来越高。大学及城市网上图书馆中各种图书、期刊和报纸等借阅的数据量及工作量很大，必须采用现代信息化处理方式。"Web 图书管理信息系统"借助于计算机网络数据库技术强大的数据处理功能，可以极大地减轻图书管理人员进行图书信息管理和用户查询借阅的工作量，并可提高网上图书借阅各种数据处理的准确性、完整性、共享性和安全可靠性。

"Web 图书管理信息系统"（以下简称"系统"）的开发和运用，不但可以实现现代网络图书管理的信息化和自动化，而且可以极大地提高工作效率，充分实现资源共享，增加利用率及安全可靠性。本系统实现了网上图书信息管理的各种基本功能，可对图书馆库存图书信息进行管理和维护,包括图书信息管理、读者信息管理、图书借阅信息管理和统计等。

系统可以进行图书管理数据库的数据定义、数据操作、数据控制等,联机处理的速度快、时间短且效率高。系统的功能模块包括系统管理员模块、图书管理员模块、读者模块,主要功能包括对读者及馆藏图书的增加、删除、更改、查询,对图书借阅信息的管理、查询和统计,读者对本人借阅信息的查阅,系统管理。Web 图书管理信息系统的功能结构图如图 10-28 所示。

图 10-28 Web 图书管理信息系统功能结构图

10.4.2 概念结构设计

概念结构设计是整个数据库设计的关键,通过对用户需求进行综合、归纳与抽象,形成独立于具体 DBMS 的概念模型。Web 图书管理信息系统的总体 E-R 图如图 10-29 所示。

图 10-29 Web 图书管理信息系统的总体 E-R 图

概念模型是在对用户需求分析之后，画出本系统抽象出的 E-R 图，由概念模型辅助工具 PowerDesigner 进行设计，通过具体的设置和绘图，最后形成了概念模型图。生成的概念结构可以真实、充分地反映现实世界，包括事物（实体）及其之间的联系，可以满足用户对数据的处理要求，是现实世界的一个真实模型。

10.4.3　逻辑结构设计

将概念结构设计阶段设计的基本 E-R 图转换为如下的关系模型。

图书类别(<u>类别编号</u>,可借天数,逾期每天罚款额)

图书(<u>馆藏号</u>,ISBN,书名,作者,出版社,出版时间,单价,图书类别,地点,在馆否)（其中，图书类别为引用"图书类别"关系模式的外键，存放地点为引用"书库"关系模式的外键)

书库(<u>书库编号</u>,书库名,地点,联系电话)

读者(<u>卡号</u>,姓名,性别,院系,专业,电话,累计借次,违章次数)

借阅(<u>馆藏号</u>,<u>卡号</u>,借书时间,还书时间,是否续借)（其中，馆藏号为引用"图书"关系模式的外键，卡号为引用"读者"关系模式的外键)

说明：在上述介绍的关系模型中，标记"下画线"的属性为主键。

10.4.4　物理结构设计

在逻辑结构设计的基础上，物理结构设计主要包括以下内容。

1) 确定数据库的存储结构。本系统数据库不是很大，所以数据存储采用的是一个磁盘的一个分区。

2) 存取方法和优化方法。除了建立合适的索引外，视图的合理建立和使用也可以给数据操作带来好处，为用户提供不同的视角进行数据操作。

3) 功能实现。利用数据库管理系统（DBMS）选取或确定数据库中数据的存储结构、位置、路径、方式和方法及索引等，并完成增、删、改、查等各种处理逻辑功能。

10.4.5　数据库系统实施、运行与维护

完成数据库的物理结构设计之后，设计人员就要用 RDBMS 提供的数据定义语言和其他实用程序对数据库逻辑设计和物理结构设计的结果进行严格描述，成为 DBMS 可以接收的源代码，再经过调试产生目标模式，就可以组织数据入库了，这就是数据库实施阶段。

1. 数据库实施

数据库的实施主要是根据逻辑结构设计和物理结构设计的结果，在计算机系统上建立实际的数据库结构、导入数据并进行程序的调试。该阶段相当于软件开发中的代码编写和程序调试的阶段。

本系统的物理结构设计完成之后，就可将数据库转换为相应的表，生成相关的 SQL 语句，通过运行之后，最终在 SQL Server 中创建数据库和数据表。数据表的生成如图 10-30 所示。

图 10-30　数据表的生成

2. 数据载入

数据库实施阶段包括两项重要的工作，一是数据的载入，二是应用程序的编码和调试。对于 Web 图书管理信息系统的开发和调试，以及数据库构建和数据的载入，此处不再赘述。

3. 数据库系统调试

使用 SQL 语句可以进行简单测试和联合测试数据库系统。通常先进行各功能模块的简单测试，当一部分业务数据输入数据库后，就可以对数据库系统进行多模块联合调试。在这些阶段中需要实际运行数据库应用程序，执行对数据库及数据的各种操作。在没有完整的应用程序时，可以暂时通过 SQL 直接在数据库中执行对数据库及数据的部分操作以进行调试。

在 SQL Server 的新建查询中输入 SQL 语句，可得到运行结果。

1）图书资料查询。例如，查询书名涉及"数据库"的书籍信息的 SQL 语句如下。

```
SELECT *
FROM 图书
WHERE 书名 like '%数据库%'
```

2）借阅信息查询。例如，查询书名为《数据库原理及应用》这本书的借阅信息的 SQL 语句如下。

```
SELECT 图书.馆藏号,卡号,借阅时间,还书时间
FROM 图书,借阅
```

WHERE 图书 . 馆藏号＝借阅 . 馆藏号 and 书名='数据库原理及应用'

3）删除信息。例如，删除书名为《网络安全技术及应用》的书籍信息的 SQL 语句如下。

```
DELETE
FROM 图书
WHERE 书名 = '网络安全技术及应用'
```

4）更新信息。例如，更改某读者联系电话的 SQL 语句如下。

```
UPDATE 读者
SET 电话='13816168080'
WHERE 卡号='2301020'
```

4. 数据库系统运行和维护

数据库正式运行，标志着数据库开发工作的基本完成和维护工作的开始。由于业务和应用环境在不断变化，数据库运行过程中的物理存储等也会不断变化，因此对数据库进行评价、调整、修改等维护工作是一个长期的任务，也是设计工作的继续和提高。

10.5　实验 10　数据库应用系统设计

实验视频

实验视频 10　讲解及演示

10.5.1　实验目的

1）从用户需求出发，遵循数据库设计步骤，建立概念模型、逻辑模型和物理模型，注重规范性、完整性、安全性和运行效率，使用 SQL 实现数据库系统并输入数据。

2）掌握数据库常用的基本知识、技术和方法；掌握 SQL Server 常用操作；掌握软件开发的步骤、方法和工具，从而提高其需求分析能力、软件设计能力、数据库应用能力及团队开发能力。

3）综合应用数据建模工具、SQL Server 等开发工具，完成一个小型数据库应用系统设计。

10.5.2　实验内容及步骤

在本实验中，可选择比较熟悉的行业的应用系统业务应用。要求通过本实验，读者可以较好地巩固数据库的基本知识、基本技术、关系数据库的开发设计方法等，针对实际应用问题进行需求分析，设计概念模型、逻辑模型和物理模型，利用现有的开发工具完成小型数据库系统。

可以参考课程网站资源和配套参考文献，利用数据库技术，设计并创建一个数据库应用系统。用户可以通过 Windows 应用程序向系统数据库中添加、修改、删除和查询数据。系统数据库至少包括基本数据库及部分数据表。基本实验步骤如下。

1）选定项目（选题）。2~3 人为一小组，选定一个应用系统项目（选题）并分工。

2）需求分析。对项目（选题）业务应用系统及用户进行调研和需求分析。

3）数据库设计。进行数据库的概念结构设计、逻辑结构设计、物理结构设计。

4）实施小型数据库应用系统及数据库。要求注重数据库的规范性、完整性、安全性和运行效率，具有查询、增加、更改和删除等功能，完成数据库应用系统及数据库（含数据）的设计。

10.6 本章小结

本章主要介绍了数据库应用系统开发设计过程的六个阶段：需求分析、概念结构设计、逻辑结构设计、物理结构设计、系统实施和运行与维护。

需求分析是确定数据库应用系统和数据库设计"必须做什么"的关键。主要方法包括深入调研、跟班作业、开会调查、专人介绍、用户填表、查阅记录和分析研究等，描述和分析工具主要包括编制组织机构图、业务关系（流程）图、数据流图和数据字典等。

概念结构设计是系统设计的核心和关键，是在需求分析的基础上对现实世界的抽象和模拟，主要利用 E-R 模型。对于小型简单应用，可采用集中模式设计法；对于大型数据库设计，可采用视图集成法。

逻辑结构设计是在概念设计的基础上将概念模型转换成 DBMS 支持的数据模型的逻辑模式，重点介绍了 E-R 图向关系模型的转换，并进行规范化处理和优化。

物理结构设计是从逻辑结构设计出发，设计一个可实现的有效的物理数据库结构。

系统实施主要包括应用程序编写与调试、构建数据库及数据载入、数据库系统试运行等步骤。该阶段的主要目标是对系统的功能和性能进行全面测试。

系统运行与维护的主要工作包括数据库安全和完整性控制、数据库的备份和恢复、数据库性能监控分析与改进、数据库的重组和重构等。

10.7 练习与实践 10

1. 选择题

（1）数据流图是从"数据"和"处理"两方面表达数据处理的一种图形化表示方法，该方法主要用在数据库系统设计的（　　　）。

    A. 需求分析阶段　　　　　　　　　　B. 概念结构设计阶段

    B. 逻辑结构设计阶段　　　　　　　　D. 物理结构设计阶段

（2）在数据库系统设计中，将 E-R 图转换为关系数据模型是在（　　　）阶段完成的。

    A. 需求分析　　　　　　　　　　　　B. 概念结构设计

    C. 逻辑结构设计　　　　　　　　　　D. 物理结构设计

（3）在进行数据库逻辑结构设计时，判断设计是否合理的常用依据是（　　　）。

    A. 数据字典　　　　　　　　　　　　B. 数据流图

    C. 概念数据模型　　　　　　　　　　D. 规范化理论

（4）在数据库系统设计中，进行用户子模式设计是在（　　　）阶段完成的。

    A. 需求分析　　　　　　　　　　　　B. 概念结构设计

    C. 逻辑结构设计　　　　　　　　　　D. 物理结构设计

（5）在将局部 E-R 图合并为全局 E-R 图时，可能会产生一些冲突。下列冲突中不属于合并 E-R 图冲突的是（　　）。

　　A. 语法冲突　　　　　　　　　　B. 结构冲突

　　C. 属性冲突　　　　　　　　　　D. 命名冲突

（6）设实体 A 与实体 B 之间是一对多联系。下列的逻辑结构设计方法中最合理的是（　　）。

　　A. 实体 A 和实体 B 分别对应一个关系模式，且外键放在实体 B 的关系模式中

　　B. 实体 A 和实体 B 分别对应一个关系模式，且外键放在实体 A 的关系模式中

　　C. 为实体 A 和实体 B 设计一个关系模式，该关系模式包含两个实体的全部属性

　　D. 分别为实体 A、B 和它们之间的联系设计一个关系模式，外键在联系对应的关系模式中

（7）设有描述图书出版情况的关系模式，即出版（书号，出版日期，印刷数量），设一本书可以被出版多次，每次出版都有一个出版数量。可作为该关系模式候选键的是（　　）。

　　A. 书号　　　　　　　　　　　　B.（书号，出版日期）

　　C.（书号，印刷数量）　　　　　　D.（书号，出版日期，印刷数量）

（8）对数据库物理结构设计优劣评价的重点是（　　）。

　　A. 时空效率　　　　　　　　　　B. 动态和静态性能

　　C. 用户界面的友好性　　　　　　D. 成本和效益

（9）下述不属于数据库物理结构设计内容的是（　　）。

　　A. 确定数据的存储结构　　　　　B. 确定数据存储位置

　　C. 确定数据的存储分配　　　　　D. 确定数据库表结构

（10）下述不属于数据库实施阶段工作的是（　　）。

　　A. 调试应用程序　　　　　　　　B. 扩充系统功能

　　C. 加载数据　　　　　　　　　　D. 试运行应用程序

2. 填空题

（1）数据库系统设计分为＿＿＿＿、＿＿＿＿、＿＿＿＿、＿＿＿＿＿、＿＿＿＿＿、运行与维护六个阶段。

（2）数据库结构设计包括＿＿＿＿＿＿、＿＿＿＿＿＿和＿＿＿＿＿三个过程。

（3）数据流图表达了数据库应用系统中＿＿＿＿＿＿和＿＿＿＿＿＿的关系。

（4）数据字典中的＿＿＿＿＿＿是不可再分的数据单位。

（5）在数据库设计中，在需求分析阶段用文档来描述数据需求，包括对数据项、数据结构、数据流、数据存储和数据处理过程的描述，通常将这个文档称为＿＿＿＿＿＿。

（6）概念设计的结果是得到一个与＿＿＿＿＿＿无关的模型。

（7）将 E-R 图转换为某个数据库管理系统支持的组织层数据模型是＿＿＿＿设计阶段完成的。

（8）在进行局部 E-R 图的合并时可能存在的冲突有＿＿＿＿＿、＿＿＿＿＿和＿＿＿＿＿。

（9）采用 E-R 方法的概念结构设计通常包括＿＿＿＿＿、＿＿＿＿＿和＿＿＿＿＿三个步骤。

（10）根据应用要求确定在哪些表的哪个或哪些属性上建立索引的工作是在数据库设计的_____阶段完成的。

3. 简答题

（1）数据库系统设计分为哪几个阶段？各阶段的主要工作是什么？
（2）需求分析阶段的任务是什么？其中发现事实的方法有哪些？
（3）概念结构应该具有哪些特点？其设计的策略有哪些？
（4）什么是数据库的逻辑结构设计？简述其设计步骤。
（5）把 E-R 模型转换为关系模式的转换规则是什么？
（6）数据模型的优化包含哪些方法？
（7）简述数据库物理结构设计阶段的主要工作。
（8）简述数据库实施阶段的主要工作。
（9）简述数据库行为设计包含的内容。

4. 实践题

运用关系型数据库管理系统实现高校图书馆管理信息系统。其功能需求分析如下。
（1）图书、资料的登记、注销和查询。
（2）借书证管理，包括申请、注销借书证，查询借书证持有人等。
（3）借还图书、等级资料管理、超期处理、超期拒借。
要求完成以下设计步骤。
（1）绘制系统总的 E-R 图和分 E-R 图。
（2）写出 E-R 图对应的关系模式（若有不符合 3NF 的，则进一步规范化至 3NF）。
（3）进行表结构设计，实施数据完整性。

*第 11 章　数据库新技术

随着信息技术和数据处理新应用需求的快速发展，各种云处理和多媒体技术的广泛利用，促进了数据库技术与网络通信、人工智能、面向对象程序设计、并行计算等技术的相互融合，这种融合已成为数据库技术发展的主要特征，促进了数据库新技术的发展。理解数据库新技术的发展、趋势、概念和特点等内容，拓展数据库新技术、特点和应用，有利于未来就业和业务拓展。📖

> 📁 **教学目标**
> - 了解数据库新技术的主要发展及其趋势
> - 理解各类型新技术产生的背景和基本概念
> - 理解数据库新技术的特点、基本原则和目标
> - 掌握分布式数据库 MongoDB 的主要应用

> 📖 **知识拓展**
> 理解数据库新技术的重要意义

11.1　云数据库及分布式数据库

> 【案例 11-1】农经云数据库。农经云最早是贵州省农村综合经济信息中心建立的大数据服务平台，农经云数据库包括了农村企业、农业产品、市场销售、农业气象水文、农村劳动力等多领域多产业的大数据信息，能够提供海量的农村大数据查询、综合化农村金融服务、乡村旅游大数据、农业园区导航、新技术及新产品等农技服务。

11.1.1　云数据库基本概述

1. 云数据库的概念及优点

云数据库（Cloud Database）是部署和虚拟化在云计算环境中的数据库，是在云计算的大背景下发展起来的一种新兴的共享基础架构的方法，极大地增强了数据库的存储能力，消除了人员、硬件、软件的重复配置，可以使软硬件升级变得更加容易，且能够虚拟化许多后端功能。

在云数据库中，数据库功能都由云端提供，客户端可以通过网络远程使用云数据库提供的服务。客户端不需要了解云数据库的底层细节，所有底层的硬件都已经被虚拟化，对客户端而言是透明的，就像在使用一个运行在单一服务器上的数据库一样，非常方便，同时又可获得理论上近乎无限的存储和处理能力。

云数据库具备了按需付费、按需扩展、高可用性以及存储整合等优势。通常，云数据库具有以下优点。📖

> 📖 **知识拓展**
> 云计算相关概念及内涵

1）用户可按照存储容量和带宽需求付费。通常采用多租户的

形式，这种共享资源的形式对于用户而言可以节省开销。另外，用户采用按需付费的方式使用云计算环境中的各种软硬件资源，不会产生不必要的资源浪费。同时，云数据库底层存储通常采用大量廉价的商业服务器，可大幅降低开销。

2）可以将数据库从一个地方移到另一个地方（云的可移植性）。使用云数据库的用户不必控制运行原始数据库的机器，也不必了解它身在何处。用户只需要一个有效的连接字符串就可以使用云数据库。

3）可实现按需扩展。理论上，云数据库具有无限可扩展性，可以满足不断增加的数据存储需求。在面对不断变化的条件时，云数据库可以表现出很好的弹性。例如，对于一个从事产品零售的电子商务公司，会存在季节性或突发性的产品需求变化；对于类似 Animoto 的网络社区站点，可能会经历一个指数级的增长阶段。这时，就可以分配额外的数据库存储资源来处理增加的需求，这个过程只需要几分钟。一旦需求过去，就可以立即释放这些资源。

4）高可用性（HA）。不存在单点失效问题。如果一个结点失效，剩余的结点就会接管未完成的事务。而且在云数据库中，数据通常是复制的，在地理上也是分布的。例如，Google、Amazon 和 IBM 等大型云计算供应商具有分布在世界范围内的数据中心，通过在不同地理区间内进行数据复制来提供高水平的容错能力。例如，Amazon SimpleDB 会在不同的区间内进行数据复制，因此，即使整个区域内的云设施失效，也能保证数据继续可用。

5）大规模并行处理。支持几乎实时的面向用户的应用、科学应用和新型的商务解决方案。将数据库部署到云可以通过简化可用信息及通过 Web 网络连接的业务进程，支持和确保云中的业务应用程序作为软件即服务（SaaS）部署的一部分。另外，将企业数据库部署到云上还可以实现存储整合。比如，一个有多个部门的大公司会有多个数据库，可以把这些数据库在云环境中整合成一个数据库管理系统（DBMS）。

2. 云数据库的特点

第一，云数据库信息的"留存率"更高，即使本地数据丢失也可以在云端找回；第二，扩展容易，通过数据库服务器的内存、CPU、磁盘容量等的弹性扩容，很容易实现对数据库的升级；第三，数据迁移更为简便，将云数据库所在的操作系统迁移到其他机器十分简单、方便；第四，相比本地数据库，维护成本大大降低，但对网络、硬件等的要求较高。

3. 云数据库供应商

1）传统的数据库厂商：Teradata、Oracle、IBM DB2 和 Microsoft SQL Server。

2）涉足数据库市场的云供应商：Amazon、Google 和 Yahoo。

3）新兴小公司：Vertica、LongJump 和 EnterpriseDB。

目前，虽然一些云数据库产品（如 Google BigTable、SimpleDB 和 HBase）在一定程度上实现了对于海量数据的管理，但是这些系统暂时还不完善，只是云数据库的雏形。让这些系统支持更加丰富的操作以及更加完善的数据管理功能（如复杂查询和事务处理）以满足更加丰富的应用，仍然需要研究人员的不断努力。

4. 云数据库应用产品

1）Amazon 的云数据库产品。Amazon 是云数据库市场的先行者。Amazon 除了提供著名的 S3 存储服务和 EC2 计算服务以外，还提供基于云的数据库服务 Dynamo，采用"键/值"存储，其所存储的数据是非结构化数据，不识别任何结构化数据，需要用户自己完成对值的解析。Dynamo 系统中的键不以字符串的方式进行存储，而采用 md5_key（通过 MD5 算法转换后得到）的方式进行存储，因此，它只能根据 key 去访问，不支持查询。📖

📖 知识拓展
AmazonRDS 基本的应用

2）Google 的云数据库产品。Google BigTable 是一种满足弱一致性要求的大规模数据库系统。Google 设计 BigTable 是为了处理 Google 内部大量的格式化及半格式化数据。

3）Microsoft 的云数据库产品。微软的 Azure 平台提供了一个 Web 服务集合，允许用户通过网络在云中创建、查询和使用 SQL Server 数据库。

4）开源云数据库产品。HBase 和 Hypertable 利用开源 MapReduce 平台 Hadoop，提供了类似于 BigTable 的可伸缩数据库实现。MapReduce 是 Google 开发的、用于大规模并行计算的框架。HBase 已经成为 Apache Hadoop 项目的重要组成部分，并且已经在生产系统中得到应用。

5）其他云数据库产品。Yahoo 的 PNUTS 是一个为网页应用开发的、大规模并行的、地理分布的数据库系统，是 Yahoo 云计算平台重要的一部分。

11. 1. 2　分布式数据库概述

┌───┐
【案例 11-2】电商数据管理系统的分布式数据库。分布式数据库根据分布式平台的特点对电商数据管理加以优化，可以将各个电商平台采集来的数据整理入库，实现电商管理数据同步的效果。
└───┘

1. 分布式数据库相关概念

📖 知识拓展
克服物理中心 DB 组织弱点

分布式数据库（Distributed Database）是指数据分别存储在计算机网络中的各台计算机上的数据库。分布式数据库系统通常使用较小的计算机系统，每台计算机都可单独放在一个地方，每台计算机中都可能有 DBMS 的一份完整复制副本，或者部分复制副本，并具有自己局部的数据库。位于不同地点的很多计算机通过网络互相连接，共同组成一个完整的、全局的、逻辑上集中、物理上分布的大型数据库。📖

分布式数据库的基本思想是将原来集中式数据库中的数据分散存储到多个通过网络连接的数据存储结点上，以获取更大的存储容量和更高的并发访问量。近年来，随着数据量的高速增长，分布式数据库技术得到了快速的发展，传统的关系型数据库开始从集中式模型向分布式架构发展，基于关系型的分布式数据库在保留了传统数据库的数据模型和基本特征的情况下，从集中式存储走向分布式存储，从集中式计算走向分布式计算。

随着数据量越来越大，关系型数据库开始暴露出一些难以克服的缺点，以 NoSQL 为代表的非关系型数据库，其高可扩展性、高并发性等优势出现了快速发展。

分布式软件系统（Distributed Software Systems）是支持分布式处理的软件系统，是在由通信网络互联的多处理机体系结构上执行任务的系统，包括分布式操作系统、分布式程序设计语言及其编译（解释）系统、分布式文件系统和分布式数据库系统等。

分布式操作系统负责管理分布式处理系统资源和控制分布式程序运行。同集中式操作系统的区别在于资源管理、进程通信和系统结构等方面。分布式程序设计语言用于编写运行于分布式计算机系统上的分布式程序。一个分布式程序由若干个可以独立执行的程序模块组成，分布于一个分布式处理系统的多台计算机上并被同时执行。它与集中式的程序设计语言相比有三个特点：分布性、通信性和稳健性。

Hadoop 的分布式文件系统 HDFS 作为开源的分布式平台，为目前流行的很多分布式数据库提供了支持。

2. 分布式数据库的特点

大数据时代，面对海量数据的井喷式增长和巨大的用户需求，分布式数据库特征如下。

1）高可扩展性：分布式数据库必须具有高可扩展性，可动态地增添存储结点以实现存储容量的线性扩展。

2）高并发性：分布式数据库必须及时响应大规模用户的读/写请求，能对海量数据进行随机读/写。

3）高可用性：分布式数据库必须提供容错机制，能实现对数据的冗余备份，保证数据和服务的高度可靠性。

3. 分布式数据库相对于传统集中式数据库的优点

大数据时代，面对日益增长的海量数据，传统的集中式数据库的弊端日益显现，分布式数据库相对于传统的集中式数据库有如下优点。

1）更高的数据访问速度：分布式数据库为了保证数据的高可靠性，往往采用备份的策略实现容错，所以，在读取数据的时候，客户端可以并发地从多个备份服务器同时读取，从而提高了数据访问速度。

2）更强的可扩展性：分布式数据库可以通过增添存储结点来实现存储容量的线性扩展，而集中式数据库的可扩展性十分有限。

3）更高的并发访问量：分布式数据库由于采用多台主机组成存储集群，所以相对于集中式数据库，它可以提供更高的用户并发访问量。

11.1.3 云数据库与传统的分布式数据库

分布式数据库是网络环境中各场地或结点上的数据库的逻辑集合。在逻辑上，它们属于同一系统；而在物理上，它们分散在用计算机网络连接的多个结点中，并统一由一个分布式数据库管理系统管理。

分布式数据库用于管理大量的分布存储的数据，并且通常采用非共享的体系架构。云数据库和传统的分布式数据库具有相似之处，如都把数据存放到不同的结点上。但是，分布式数据库在可扩展性方面是无法与云数据库相比的。由于需要考虑数据同步和分区失败等开销，前者随着结点的增加会导致性能快速下降，而后者则具有很好的可扩展性，因为后者在设计时就已经避免了许多会影响可扩展性的因素。另外，在使用方式上，云数据库也不同于传统的分布式数据库。云数据库常用多租户模式，多个租户共用一个实例，租户的数据既有隔离又有共享，可解决数据存储的问题，降低了使用数据库的成本。

☺ 讨论思考:

1）什么是云数据库的概念？有哪些应用？

2）分布式数据库的主要特点有哪些？

3）云数据库与传统分布式数据库的区别是什么？

11.2　大数据及主动数据库

【案例 11-3】 大数据技术的应用正在给人们的生活带来深远的影响。麦肯锡全球研究所给出的大数据的定义是：一种规模大到在获取、存储、管理、分析方面大大超出了传统数据库软件工具能力范围的数据集合，具有海量的数据规模、快速的数据流转、多样的数据类型和价值密度低四大特征。数据资源和数据库高新技术已经成为世界各国极为重要的优先发展战略。

11.2.1　大数据概述

1. 大数据的概念

大数据（Big Data）是一个体量特别大、数据类别特别大的数据集，并且无法在一定的时间范围内用常规软件工具进行捕捉、管理和处理的数据集合。大数据需要新处理模式才能具有更强的决策力、洞察发现力和流程优化能力，以适应海量、高增长率和多样化的信息资产。📖

📖 知识拓展
大数据主要内容概述

2. 大数据的主要特点

大数据主要有"大"的特点，主要指数据规模。大数据的基本特征可以用四个 V 概括（Volume、Variety、Value 和 Velocity），即体量大、多样性、价值密度低、速度快。

1）数据体量巨大。从 TB 级别跃升到 PB 级别。

2）数据类型繁多。如前文提到的网络日志、视频、图片、地理位置信息等。

3）价值密度低。如视频连续不间断的监控过程中，可能有用的数据仅仅有一两秒。

4）处理速度快。秒速定律，也是同传统数据挖掘技术的本质区别。物联网、云计算、移动互联网、车联网、手机、平板计算机、PC 和遍布世界的各种传感器，具有同样的数据来源或承载方式。

3. 大数据常用技术

大数据常用技术是指从各种各样类型的巨量数据中快速获得有价值信息的技术。解决大数据问题的核心是大数据技术。目前所说的"大数据"不仅指数据本身的规模，也包括采集数据的工具、平台和数据分析系统。大数据研发的目的是发展大数据技术并将其应用到相关领域，通过解决巨量数据处理问题促进其突破性发展。因此，大数据时代带来的挑战不仅体现在如何处理巨量数据以从中获取有价值的信息，也体现在如何加强大数据技术研发，抢占时代发展的前沿。

1）数据采集：用于描述将数据从来源端经过抽取（Extract）、清洗（Cleaning）、转换（Transform）和加载（Load）至目的端的过程。ETL工具负责将分布的、异构数据源中的数据（如关系数据、平面数据文件等）抽取到临时中间层后进行清洗、转换、集成，最后加载到数据仓库或数据集市中，成为联机分析处理、数据挖掘的基础。

2）数据存取：关系数据库、NoSQL、SQL等。

3）基础架构：云存储、分布式文件存储等。

4）数据处理：自然语言处理是研究人与计算机交互的语言问题的一门学科。处理自然语言的关键是要让计算机"理解"自然语言，所以自然语言处理又叫作自然语言理解，也称为计算语言学。一方面，它是语言信息处理的一个分支；另一方面，也是人工智能（AI）的核心课题之一。

5）统计分析：包括假设检验、显著性检验、差异分析、相关分析、T检验、方差分析、卡方分析、偏相关分析、距离分析、回归分析、简单回归分析、多元回归分析、逐步回归、回归预测与残差分析、岭回归、logistic回归分析、曲线估计、因子分析、聚类分析、主成分分析、因子分析、快速聚类法与聚类法、判别分析、对应分析、多元对应分析（最优尺度分析）、bootstrap技术等。

6）数据挖掘：包括分类（Classification）、估计（Estimation）、预测（Prediction）、相关性分组或关联规则（Affinity Grouping or Association Rules）、聚类（Clustering）、描述和可视化、复杂数据类型挖掘（如Text、Web、图形图像、视频、音频）等。

7）模型预测：预测模型、机器学习、建模仿真。

8）结果呈现：云计算、标签云、关系图等。

4. 大数据发展趋势

1）数据的资源化。是指大数据成为企业和社会关注的重要战略资源，并已成为大家争相抢夺的新焦点。因而，企业必须要提前制订大数据营销战略计划，抢占市场先机。

2）与云计算的深度结合。大数据离不开云计算，云计算为大数据提供了弹性可拓展的基础设备，是产生大数据的平台之一。大数据技术已同云计算紧密结合，物联网、移动互联网等新兴计算形态，也将一起助力大数据革命，让大数据发挥出更大的影响力。

3）数据泄露泛滥。未来几年，数据泄露事件的增长率也许会成倍增长，除非数据在其源头就能够得到安全保障。可以说，在未来，所有企业都会面临数据攻击，无论它们是否已经做好安全防范。而所有企业，无论规模大小，都需要重新审视今天的安全定义。大部分企业将会设置首席信息安全官这一职位。企业需要从新的角度来确保自身以及客户数据，所有数据在创建之初便需要获得安全保障，而并非在数据保存的最后一个环节。

4）数据管理成为核心竞争力。数据管理成为核心竞争力，直接影响财务表现。当"数据资产是企业核心资产"的概念深入人心之后，企业对于数据管理便有了更清晰的界定，将数据管理作为企业核心竞争力，持续发展、战略性规划与运用数据资产成为企业数据管理的核心。数据资产管理效率与主营业务收入增长率、销售收入增长率显著正相关。此外，对于具有互联网思维的企业而言，数据资产竞争力所占比重为36.8%，数据资产的管理效果将直接影响企业的财务表现。

5. 大数据的实际应用

1）提高医疗和研发水平。大数据分析应用的计算能力可在几分钟内解码整个 DNA，并可制定出最新的治疗方案，使人们可以更好地去理解和预测疾病。大数据技术已在医院应用于监视早产婴儿和患病婴儿的情况，通过记录和分析婴儿的心跳，医生针对婴儿的身体可能会出现的不适症状做出预测，从而帮助医生更好地进行处置。

2）金融交易。大数据在金融行业主要应用于金融交易。高频交易（HFT）是大数据应用比较多的领域。其中，大数据算法应用于交易决定。现在很多股权的交易都是利用大数据算法进行的，这些算法现在越来越多地考虑了社交媒体和网站新闻，从而决定在未来几秒内是买入还是卖出。

3）大数据正在改善人们的生活。大数据不只是应用于企业和政府，同样也适用于生活当中的每个人。例如，可以利用穿戴的装备（如智能手表或者智能手环）生成最新的数据，可以根据热量的消耗以及睡眠模式来进行追踪。

11.2.2　主动数据库概述

1. 主动数据库概念

传统数据库是"被动"的——只能根据应用程序的要求对数据库进行数据处理操作，不能根据发生的事件或数据库的状态"主动"做些什么。数据库仅作为一种被动的数据存储仓库而存在。

主动数据库（Active Database）是指在没有用户干预的情况下，能够主动地对系统内部或外部所产生的事件做出反应的数据库，是数据库技术和人工智能技术相结合的产物。主要设计思想为：用一种统一而方便的机制实现应用对主动性功能的需求，即系统能把各种主动服务功能与数据库系统集成在一起，以利于软件的模块化和软件重用，同时也增强了数据库系统的自我支持能力。

2. 主动数据库的功能模块

数据模型：在传统数据库中主要指层次模型、网状模型和关系模型等描述和处理实体间联系的方法，而在主动数据库中主要指知识模型。

执行模型：处理和执行主动规则的方式。

条件检测：如何检测规则的条件。

事务调度：如何控制事务执行的次序，使数据库状态满足完整性、一致性等要求。

1）知识模型。指在主动数据库管理系统中描述、存储和管理 ECA（事件-条件-动作，Event-Condition-Action）规则的方法，支持有关时间的约束条件。

2）执行模型。指 ECA 规则的处理、执行方式，提出了立即式、延迟式、隔离式等执行 ECA 规则的方式，克服了 DBMS 中触发器只能顺序执行规则的不足。主动规则执行分为以下五个阶段。

① 信号通知阶段：事件源引起事件发生的现象。

② 规则触发阶段：产生事件（包括复合事件）并触发相应的规则，规则和与之相关的事件形成了规则实例。

③ 评估阶段：对触发规则的条件进行评估，条件评估成功的所有规则实例形成了规则

冲突集。

④ 规则调度阶段：对规则冲突集进行处理，选出下面将要执行的规则。

⑤ 执行阶段：执行所选出的规则实例的动作。执行时可产生其他事务，即规则的级联触发。

主动数据库执行模型如图11-1所示。

图11-1　主动数据库执行模型

3）事务调度。指控制事务的执行次序，使事务满足一定的约束条件。传统DBMS中，并发事务的调度应满足可串行化以保证数据库的一致性。主动数据库中还需满足事务时间方面的要求。

3. 主动数据的一般模型

在功能结构上，一个主动数据库系统（ADBS）由一个传统数据库系统（DBS）和一个事件驱动的知识库（EB）及相应的事件监视器（EM）组成，即ADBS=DBS+EB+EM。

1）DBS：传统数据库系统，用于存储数据，并对数据进行维护、管理和运用。

2）EB：事件驱动知识库，是一组由事件驱动的知识的集合，每一项知识都表示在相应的事件发生时，如何主动地执行其中包含的由用户预先定义的动作。

3）EM：是一个随时监视EB中事件是否发生的监视模块，一旦监视到某事件发生，就主动地触发系统，按照EB中指明的相应知识执行其中预先设定的动作。

主动数据库的主动性主要是通过规则机制实现的，常采用事件驱动的ECA规则模型，即事件—条件—动作规则。每条规则都指明"当什么事件发生时，在什么条件下执行什么动作"。一般形式可以表示如下。

RULE<规则名>[（<参数>,…）]
WHEN（事件表达式）
IF<条件1>THEN<动作1>；
…
IF<条件n>THEN<动作n>；（n≥1）
END-RULE[<规则名>]

上述事件驱动的"事件—条件—动作"规则的语义是：一旦<事件>发生，计算机就主动触发，执行其后的IF…THEN规则，即如果<条件1>为真，则执行其后的<动作1>，并且接着检查下一个IF…THEN规则，直到执行完为止。

4. 主动数据库系统体系结构

结合研究和实际系统开发中的经验，人们提出了用以实现主动数据库系统抽象模型的主动规则体系结构。主动数据库系统的体系结构应具有高度的模块性和灵活性，主要部件如下。

1）事件监测器：确定规则所关心的事件是否发生。原始事件由数据库或外部源提供，复合通报是指原始事件加上从历史记录中获得的已发生事件的信息。

2）条件评估器：评估与被监测事件相关联的规则的条件部分。

3）调度器：比较当前的被触发规则与先前的被触发规则，修改冲突集，触发被调度为立即处理的规则。

4）查询执行器：执行数据库查询或动作。

为了支持监视数据库的演化，要求不但能够访问数据库当前状态，而且也要能够访问数据库历史状态。以上每一部分的功能都极大地依赖主动数据库所支持的知识模型和执行模型，也受主动数据库所在开发环境的影响。目前，可以确定两种主动数据库的范畴。

1）层次型：在被动数据库的顶层部分，将主动功能部分作为它的一层来进行开发。这种方法的优点是无须访问被动数据库的源代码，所产生的主动系统可以轻松地移植到不同的被动系统。但是由于缺乏对底层数据库内核的访问，因此会影响系统的执行，也会限制对耦合模式及优化的支持。

2）集成型：通过改变原有被动数据库的源码来开发主动部分。这种方法解决了在层次型中主动数据库设计者的限制问题，在开发工业系统时是一种比较好的模型。但是，为了支持高效的主动能力，系统要求改变的内分与内核挂钩。

5. 主动数据库管理系统

DBMS 的主动功能依赖于其所能检测的事件的种类。通常，除了完成一般数据库管理系统的各种数据存储和数据管理功能之外，还可完成如下几种主动性功能。

1）各种实时检测和控制功能。

2）数据库状态的动态监视，包括一致性或完整性检查等功能。

3）例外情况处理，错误监测、警报和处理功能。

4）经常用于各种数据处理或推理过程的跟踪功能。

5）分布数据库系统中各子系统间的通信和同步功能。

6）主要检索或推理策略的自动选择和切换功能。

7）广泛的中断处理功能，便于与"外界"的交互。

8）对数据库系统运行情况的各种自动统计和审计功能等。

6. 主动数据库的实现

1）改造的途径。最简单的实现方案就是在原有数据库管理系统的基础上进行改造。为此只需在原有数据库管理系统之外增加一个能经常有机会（如具有较高的运行优先级）运行的事件监视器即可。此时，事件库是一个统一的库，由用户预先设置好，在应用程序运行的同时，由事件监视器来监视事件的发生，并根据事件库中所示，自动执行相应的动作或动作序列。

2）嵌入主动程序设计语言的途径。这种方法把一般程序设计语言改造成一种主动程序设计语言，数据库操作嵌入在其中执行。这种途径已由主动程序设计语言将事件库分成块，使其分布在各个进程或对象（当采用面向对象范式时）中，运行效率可大大提高。

3）重新设计主动数据库程序设计语言的途径。重新设计主动数据库程序设计语言，将数据的定义、操作、维护和管理功能与应用程序融合在一起，彻底解决了"阻抗不匹配"问题。

通常，第一种途径是最简单的途径，但效率较差；第二种途径是一种折中方案，改造的工作量适中，除了在两种语言的接口部分可能损失一定的效率之外，运行效率较好；第三种途径是最彻底的一种方案，运行效率高，但是实现的难度和工作量较大。因此应根据具体情况对上述三种实现途径进行具体的选择。

7. 主动数据库的应用

虽然主动数据库探索还有待深入，但主动数据库在计算机集成制造、网络管理、办公自动化等众多应用领域都有着广泛的应用。例如，在一些商品化的数据库管理系统中，如Oracle 和 Sybase 等数据库系统，在某种意义上都引入了主动处理的功能。另外，主动性概念正在被引入各种与数据库关系密切的领域中，因为人们发现这种主动性机制可方便地用于实现实时数据库、合作数据库、动态数据库和演绎数据库等。另外，在电网监控等工业应用方面，主动数据库也有着广泛的应用。

☺ 讨论思考：

1）什么是大数据？请举例说明其应用。
2）主动数据库的主要特点有哪些？
3）主动数据库具有哪些业务应用方向？

11.3 数据仓库与数据挖掘

【案例 11-4】航运企业港口使费成本管控决策系统的数据仓库。在航运企业港口使费成本管控决策系统的"数据"中，数据仓库对数据进行抽取、清洗和加工等操作，集成了分离的、不同业务场景的系统数据，可快速为业务管理人员提供可靠的决策信息。

11.3.1 数据仓库概述

1. 数据仓库的基本概念

数据仓库（Data Warehouse）是为企业所有级别的决策制定过程提供所有类型数据支持的战略集合。它为需要业务智能的企业，提供指导业务流程改进、监视时间、成本、质量以及控制。数据仓库由数据仓库之父比尔·恩门（Bill Inmon）于 1990 年提出，主要功能仍是将组织透过信息系统的联机交易处理（OLTP）所累积的大量资料，通过数据仓库理论所特有的资料存储架构进行系统分析整理，支持各种分析方法（如线上分析处理（OLAP）、数据挖掘（Data Mining）），并支持决策支持系统（DSS）、主管信息系统（EIS）等的创建，帮助决策者快速有效地从大量资料中分析出有价值的信息，以利于决策拟定及快速回应外在环境变动，帮助建构商业智能（BI）。

2. 数据仓库的主要特点

1）面向主题。仓库是围绕大的企业主题（如顾客、产品、销售量）而组织的。面向主题为特定的数据分析领域提供数据支持。数据仓库关注的是决策者的数据建模与分析，而不针对日常操作和事务的处理。

2）集成。数据仓库通常是结合多个异种数据源构成的，异种数据源可能包括关系数据库、面向对象的数据库、文本数据库、Web 数据库、一般文件等。将所需数据从原来的数据中抽取出后进行加工与集成，统一与综合后进入数据仓库。

3）时变。数据仓库随时间而变化，随时间增加新的数据内容，随时删去旧的数据内容。数据仓库中的数据是经过抽取而形成的分析型数据，不具有原始性，供企业决策分析之用，主要执行查询操作。

4）非易失。数据仓库里的数据通常只有两种操作，即初始化载入和数据访问，因此其数据相对稳定。数据仓库的数据不能被实时修改，而只能由系统定期地进行刷新。

数据库数据与数据仓库数据对比如表 11-1 所示。

表 11-1 数据库数据与数据仓库数据对比

数据库数据	数据仓库数据
原始性数据	加工性数据
分散性数据	集成性数据
当前数据	历史数据
即时数据	快照数据
多种数据访问操作	读操作

3. 数据仓库的结构

数据仓库包括三部分内容：数据层实现对企业操作数据的抽取、转换、清洗和汇总，形成信息，并存储在企业级中心信息数据库中；应用层通过联机分析处理或数据挖掘等应用处理，实现对信息的分析；表现层通过前台分析工具，将查询报表、统计分析、多维联机分析和数据挖掘结论提供给用户。

1）源数据。是数据仓库系统的基础，是整个系统的数据源泉，来自多个数据源、不同格式的数据，通常包括企业内部信息和外部信息。内部信息包括存放于 RDBMS 中的各种业务处理数据和各类文档数据。外部信息包括各类法律法规、市场信息和竞争对手的信息等。

2）前端工具。主要包括各种报表工具、查询工具、数据分析工具、数据挖掘工具，以及各种基于数据仓库或数据集市的应用开发工具。其中，数据分析工具主要针对 OLAP 服务器，报表工具、数据挖掘工具主要针对数据仓库。

3）数据仓库管理器。仓库管理包括安全和特权管理。数据仓库管理器的功能包括：跟踪数据的更新；数据质量检查；管理和更新元数据；审计和报告数据仓库的使用及状态；删除数据；复制、分割和分发数据；备份和恢复；存储管理等。

4）查询管理器。又称为后端部件，可完成所有与用户查询管理有关的操作。这一部分通常由终端用户的存取工具、数据仓库监控工具、数据库的实用程序和用户建立的程序组成。它完成的操作包括解释执行查询和对查询进行调度。

5）详细数据。在仓库这一区域存储所有数据库模式中的详细数据，通常这些数据不能联机存取。

6）轻度和高度汇总的数据。在仓库这一区域存储所有经仓库管理器预先轻度汇总和高度汇总（聚集）的数据。这一区域的数据是变化的，随执行查询的改变而改变。

7）归档/备份数据。此区域存储为归档和备份用的详细的汇总过的数据，数据被转换到磁带或光盘。

8）元数据。元数据是描述数据仓库内数据的结构和建立方法的数据。技术元数据是数据仓库的设计和管理人员用于开发和日常管理数据仓库使用的数据，包括：数据源信息；数据转换的描述；数据仓库内对象和数据结构的定义；数据清理和数据更新时用的规则；源数据到目的数据的映射。商业元数据从商业业务的角度描述了数据仓库中的数据，包括：业务主题的描述所包含的数据、查询、报表。元数据为访问数据仓库提供了一个信息目录，这个目录全面描述了数据仓库中有什么数据、这些数据怎么得到的、怎么访问这些数据。元数据是数据仓库运行和维护的中心，数据仓库服务器利用它来存储和更新数据，用户通过它来了解和访问数据。

9）终端用户访问工具。该工具为用户访问数据仓库提供了手段，包括数据查询和报表工具、应用开发工具、主管信息系统（EIS）工具、联机分析处理（OLAP）及数据挖掘工具。

4. 数据仓库的类型

数据仓库可分为企业数据仓库（EDW）、操作型数据库（ODS）和数据集市（Data Mart）三种类型。企业数据仓库为通用数据仓库，它既含有大量详细的数据，也含有大量累赘的或聚集的数据，这些数据具有不易改变性和面向历史性，被用于制定涵盖多种企业领域上的战略或战术上的决策。操作型数据库既可以用于针对工作数据进行决策支持，也可用作将数据加载到数据仓库时的过渡区域。与 EDW 相比较，ODS 是面向主题和面向综合的，是易变的，仅含有目前的、详细的数据，不含有累计的、历史性的数据。数据集市是数据仓库的一种具体化，它可以包含轻度累计的、历史的部门数据，适合特定企业中某个部门的需要。几组数据集市可以组成一个 EDW。

11.3.2　数据挖掘概述

【案例 11-5】人—事—物自动推荐系统的数据挖掘。在人—事—物自动推荐系统中，依据机构或个人用户的实际需求或搜索信息的挖掘关联规则，确定相似量度，搜索出相近信息，多角度、多方位地向用户推荐多种可能需求的相关信息，提高用户搜索效率。

1. 数据挖掘的概念

数据挖掘（Data Mining）也称为数据库中的知识发现。从技术角度考虑，是从大型数据集中发现可行信息的过程，是通过分析每个数据从大量数据中寻找其规律的技术，主要有数据准备、规律寻找和规律表示三个步骤。数据准备是从相关的数据源中选取所需的数据并整合成用于数据挖掘的数据集；规律寻找是用某种方法将数据集所含的规律找出来；规律表示是尽可能地以用户可理解的方式（如可视化）将找出的规律表示出来。数据挖掘包括三个因素，即数据挖掘的本源（大量完整的数据）、数据挖掘的结果（知识和规则）、结果的隐含性，因而需要一个挖掘的过程。数据挖掘的任务有关联分析、聚类分析、分类分析、异常分析、特异群组分析和演变分析等。

2. 数据挖掘的分类

数据挖掘利用了一些领域的思想：①来自统计学的抽样、估计和假设检验。②人工智能、模式识别和机器学习的搜索算法、建模技术和学习理论。数据挖掘也迅速地接纳了来自其他领域的思想，这些领域包括最优化、进化计算、信息论、信号处理、可视化和信息检索。一些其他领域也起到重要的支撑作用。特别是需要数据库系统提供有效的存储、索引和查询处理支持。源于高性能（并行）计算的技术在处理海量数据集方面常常是重要的。分布式技术也能帮助处理海量数据，并且当数据不能集中到一起处理时更是至关重要的。因此数据挖掘按照不同的分类方式，采用的技术也不尽相同。

按照数据库类型分为：根据数据模型不同，可分为关系型、面向对象型和数据仓库型数据挖掘技术；根据应用类型不同，可分为空间、时间序列，文本、多媒体数据挖掘技术。

按照知识类型分类：根据数据挖掘功能，可分为特征化、区分、关联、聚类、孤立点分析、演变分析等数据挖掘技术。

按照技术分类：根据用户交互程序的不同，如自动系统、交互探察系统、查询驱动系统等，所用的数据分析方法分为面向对象的数据库技术、数据仓库技术、统计学方法和神经网络方法等。

按照应用分类：通常会根据应用系统的需求与特点确定数据挖掘的类型。

3. 数据挖掘的步骤

数据挖掘的步骤将随不同领域的应用而有所变化，每一种数据挖掘技术都会有各自的特性和使用步骤，针对不同的问题和需求所制定的数据挖掘过程也会存在差异。此外，数据的完整程度、专业人员支持的程度等都会对建立数据挖掘过程有所影响。这些因素造成了数据挖掘在各不同领域中的运用、规划，以及流程的差异性，即使同一产业，也会因为分析技术和专业知识的涉入程度不同而不同，因此对于数据挖掘过程的系统化、标准化就显得格外重要。如此一来，不仅可以较容易地跨领域应用，也可以结合不同的专业知识发挥数据挖掘的真正精神。**数据挖掘完整的步骤如下。**

1）理解数据和数据的来源（Understanding）。

2）获取相关知识与技术（Acquisition）。

3）整合与检查数据（Integration and Checking）。

4）去除错误或不一致的数据（Data Cleaning）。

5）建立模型和假设（Model and Hypothesis Development）。

6）实际数据挖掘工作（Data Mining）。

7）测试和验证挖掘结果（Testing and Verification）。

8）解释和应用（Interpretation and Use）。

由上述步骤可看出，数据挖掘牵涉大量的准备工作与规划工作。事实上，许多专家都认为在整套数据挖掘的过程中，有80%的时间和精力花费在数据预处理阶段，其中包括数据的净化、数据格式转换、变量整合，以及数据表的链接。可见，在进行数据挖掘技术的分析之前，还有许多准备工作要完成。

4. 数据挖掘常用方法

在大数据时代，数据挖掘是最关键的工作。大数据的挖掘是从海量的、不完全的、有噪声的、模糊的、随机的大型数据库中发现隐含在其中的、有价值的、潜在有用的信息和知识的过程，也是一种决策支持过程。其主要基于人工智能、机器学习、模式学习、统计学等。通过对大数据高度自动化地分析，做出归纳性的推理，从中挖掘出潜在的模式，可以帮助企业、商家、用户调整市场政策，减少风险，理性面对市场，并做出正确的决策。目前，在很多领域，尤其是在商业领域（如银行、电信、电商等），数据挖掘可以解决很多问题，包括市场营销策略制定、背景分析、企业管理危机等。大数据挖掘常用的方法有分类、回归分析、聚类、关联规则、神经网络方法、Web 数据挖掘等，可以从不同角度对数据进行挖掘。

1）分类。分类指找出数据库中一组数据对象的共同特点，并按照分类模式将其划分为不同的类，其目的是通过分类模型将数据库中的数据项映射到某个给定的类别中。分类可以应用到涉及应用分类、趋势预测的领域中，如淘宝商铺将用户在一段时间内的购买情况划分成不同的类，根据情况向用户推荐关联类的商品，从而增加商铺的销售量。

2）回归分析。回归分析反映了数据库中数据的属性值的特性，通过函数表达数据映射的关系来发现属性值之间的依赖关系。它可以应用到对数据序列的预测及相关关系的研究中去。在市场营销中，回归分析可以被应用到各个方面。例如，通过对本季度销售的回归分析，对下一季度的销售趋势做出预测并做出针对性的营销改变。

3）聚类。聚类类似于分类，但与分类的目的不同，它针对数据的相似性和差异性将一组数据分为几个类别。属于同一类别的数据间的相似性很大，但不同类别之间数据的相似性很小，跨类的数据关联性很低。

4）关联规则。关联规则是隐藏在数据项之间的关联或相互关系，即可以根据一个数据项的出现推导出其他数据项的出现。关联规则的挖掘过程主要包括两个阶段：第一阶段为从海量原始数据中找出所有的高频项目组；第二阶段为根据这些高频项目组产生关联规则。关联规则挖掘技术已经广泛应用于金融行业用来预测客户的需求，例如，各银行在手机银行 App 上通过关联客户感兴趣的信息改善自身营销。

5）神经网络方法。神经网络作为一种先进的人工智能技术，由于其具有自行处理、分布存储和高度容错等特性，因此非常适合处理非线性的以及那些以模糊、不完整、不严密的知识或数据为特征的问题，它的这一特点十分适合解决数据挖掘的问题。典型的神经网络模型主要分为三大类：第一类是用于分类预测和模式识别的前馈式神经网络模型，其主要代表为函数型网络、感知机；第二类是用于联想记忆和优化算法的反馈式神经网络模型，以 Hopfield 的离散模型和连续模型为代表；第三类是用于聚类的自组织映射方法，以 ART 模型为代表。虽然神经网络有多种模型及算法，但在特定领域的数据挖掘中使用何种模型及算法并没有统一的规则，而且人们很难理解网络的学习及决策过程。

6）Web 数据挖掘。Web 数据挖掘是一项综合性技术，指 Web 从文档结构和使用的集合 C 中发现隐含的模式 P，如果将 C 看作输入，将 P 看作输出，那么 Web 挖掘过程就可以看作是从输入到输出的一个映射过程。

当前越来越多的 Web 数据都是以数据流的形式出现的，因此对 Web 数据流挖掘就具有很重要的意义。目前常用的 Web 数据挖掘算法有 PageRank 算法、HITS 算法以及 LOGSOM 算法。这三种算法提到的用户都是笼统的用户，并没有区分用户的个体。目前，Web 数据挖掘面临着一些问题，包括用户的分类问题、网站内容时效性问题、用户在页面停留的时间问题、页面的链入与链出数问题等。在 Web 技术高速发展的今天，这些问题仍值得研究并加以解决。

5. 数据挖掘的关联规则

数据关联是数据库中存在的一类重要的可被发现的知识。若两个或多个变量的取值之间存在某种规律性，就称为关联。关联可分为简单关联、时序关联、因果关联。关联分析的**目的**是找出数据库中隐藏的关联网。有时并不知道数据库中数据的关联函数，即使知道也是不确定的，因此关联分析生成的规则带有可信度。关联规则挖掘可发现大量数据中项集之间有趣的关联或相关联系。**关联规则挖掘**过程主要包含两个阶段：第一阶段，必须先从资料集合中找出所有的高频项目组（Frequent Itemsets）；第二阶段，再从这些高频项目组中产生关联规则（Association Rule）。

数据挖掘利用了人工智能（AI）和统计分析的进步所带来的好处。这两门学科都致力于模式发现和预测。

数据挖掘的出现不是为了替代传统的统计分析技术。相反，它是统计分析方法学的延伸和扩展。大多数的统计分析技术都基于完善的数学理论和高超的技巧，预测的准确度还是令人满意的，但对使用者的要求很高。而随着计算机的计算能力不断增强，我们有可能利用计算机强大的计算能力只通过相对简单和固定的方法完成同样的功能。

数据挖掘就利用了统计和人工智能技术的应用程序，把这些高深复杂的技术封装起来，使人们不用自己掌握这些技术也能完成同样的功能，并且更专注于自己所要解决的问题。

11.3.3　数据仓库与数据挖掘的区别

数据挖掘是数据仓库的一种重要运用，用于将资料中隐藏的信息挖掘出来。所以，数据挖掘其实是知识挖掘（Knowledge Discovery）的一部分，数据挖掘使用了许多统计分析与建模的方法到资料中寻找有用的特征（Patterns）以及关联性（Relationships）。知识挖掘的过程对数据挖掘的应用成功与否有重要的影响，只有它才能确保数据挖掘获得有意义的结果。

数据挖掘和 OLAP 同为分析工具，其差别在于：OLAP 可为用户提供便利的多维度观点和方法，以有效率地对数据进行复杂的查询动作，其预设查询条件由用户预先设定；而数据挖掘，则能由信息系统主动发掘资料来源中未曾被察觉的隐藏信息，通过用户的认知来产生信息。

数据挖掘是计算机科学的一个分支，涉及从大型数据集中进行提取数据。该过程会结合使用统计方法和人工智能。数据挖掘在现代企业中把原始数据转换为人工智能的来源。对数据进行操作，因此能够提供可靠的信息，可以用于决策。这给企业的竞争带来很大的优势，可以依靠它们的数据集提供情报。数据挖掘也被组织在分析实践（包括营销、监测科学和检测欺诈行为）等各个方面。

因此，数据挖掘就是从大量数据中提取数据的过程。数据仓库是汇集所有相关数据的一个过程。数据挖掘和数据仓库都是商业智能工具的集合。数据挖掘是特定的数据收集。数据仓库是一个工具，可节省时间和提高效率，将数据从不同的位置组织在一起。

☺ 讨论思考：

1）什么是数据仓库？其特点、结构和类型有哪些？

2）什么是数据挖掘？数据挖掘技术分为几个步骤？

3）数据挖掘具体有哪些常用的方法？

4）数据仓库和数据挖掘的主要区别有哪些？

11.4　数据库其他新技术

【案例 11-6】计算机领域中其他新兴技术的发展对数据库技术产生了重大影响。在传统数据库系统基础上，结合各个应用领域的特点，研究适合该应用领域的数据库技术，如数据仓库、工程数据库、统计数据库、科学数据库、空间数据库、地理数据库等，这是当前数据库技术发展的又一重要特征。传统的数据库技术和其他计算机技术，如网络通信技术、人工智能技术、面向对象程序设计技术、并行计算技术、移动计算技术等的互相结合、互相渗透，使数据库中新的技术内容层出不穷。

11.4.1　数据库其他新技术概述

随着计算机应用领域的不断扩展和多媒体技术的发展，数据库已经是计算机科学技术中发展最快、应用最广泛的重要分支之一。目前，数据库技术已经相当成熟，被广泛应用于各行各业中，成为现代信息技术的主要组成部分，是现代计算机信息系统和计算机应用的基础及核心。另外，各种学科与数据库技术的有机结合，使数据库领域中的新内容、新应用、新技术层出不穷，形成了各种各样的数据库系统：如面向对象数据库系统、多媒体数据库系统、并行数据库系统、移动数据库系统、分布式数据库系统。数据库系统被应用到特定的领域后，又出现了空间数据库、工程数据库、时态数据库、科学数据库、文献数据库等。它们继承了传统数据库的成果和技术，加以发展优化，从而形成了新的数据库，视为"进化"的数据库。可以说，新一代数据库技术的研究与发展呈现出百花齐放的局面。

11.4.2　空间数据库

空间数据是用于表示空间物体的位置、大小、形状和分布特征等诸方面信息的数据，是适用于描述所有二维、三维和多维分布的关于区域的数据。它的特点既包括物体本身的空间位置及状态信息，又包括表示物体的空间关系（即拓扑关系）的信息。

空间数据库（Spatial Database）是随着地理信息系统的开发和应用而发展起来的数据库新技术。它的研究始于 20 世纪 70 年代的地图制图与遥感图像处理领域。传统数据库在空间数据的表示、存储和检索上存在许多缺陷，由此形成了空间数据库这一新的数据库研究领域。它涉及计算机科学、地理学、地图制图学、摄影测量与遥感、图像处理等多个学科。因此，空间数据库系统尚不是独立存在的系统，而与其他应用紧密结合，大多数以地理信息系统的基础和核心的形式出现。

1. 空间数据结构

空间数据模型是描述空间实体之间关系的数据模型，一般可以对传统的数据模型加以扩充和修改来实现，也可以用面向对象的数据模型来实现。

空间数据库常用的空间数据结构有两种：矢量数据结构和栅格数据结构。

矢量数据结构中，一个区域或地图划分为若干个多边形，每个多边形都由若干条线段或弧组成。每条线或弧包括两个结点，结点的位置用 x、y 坐标表示。空间关系用点和边、边和面、面和面之间的关系隐含或显式地表示。矢量数据结构的数据存储量小，图形精度高，容易定义单个空间对象，但是处理空间关系比较费时，常用于描述图形数据。

栅格数据结构中，地理实体将网格单元的行和列作为位置标识，栅格数据的每个元素（灰度）都与地理实体的特征相对应。行和列的数目取决于栅格的分辨率（大小）。栅格数据简单，容易处理空间位置关系，数据存储量大，图形精度低，常用于描述图像和影像数据。

空间数据结构如图 11-2 所示。

a) 矢量数据结构　　　　　b) 栅格数据结构

图 11-2　空间数据结构

2. 空间数据查询

空间数据查询包括位置查询、空间关系查询和属性查询等。前两种查询是空间数据库特有的，基本方式有面—面查询、线—线查询、点—点查询、线—面查询、点—线查询、点—面查询等。

3. 空间数据库管理系统功能

1）提供对空间数据和空间关系的定义及描述。

2）提供空间数据查询语言，实现对空间数据的高效查询和操作。

3）提供对空间数据的存储和组织。

4）提供对空间数据的直观显示等。

空间数据库管理系统比传统的数据库管理系统在数据的查询、操作、存储和显示等方面要复杂得多。

4. 空间数据库的应用

用于存储设计信息的空间数据库，即计算机辅助设计数据库。其存储的对象通常是几何对象，其中，简单二维几何对象包括点、线、三角形、矩形和一般多边形等，复杂二维对象可由简单二维对象通过并、交、差操作得到；简单三维对象包括球、圆柱等，复杂三维对象由简单三维对象通过并、交、差操作得到。

与此同时，以空间数据库为核心的地理信息系统的应用已经从解决道路、输电线路等基础设施的规划和管理发展到更加复杂的领域。地理信息系统已经广泛应用于环境和资源管理、土地利用、城市规划、森林保护、人口调查、交通、地下管网、输油管道、商业网络等各个方面。例如，人们开发了国土资源管理信息系统、洪水灾情预报分析系统以及地理信息系统（GIS）等软件产品。

11.4.3 多媒体数据库

多媒体数据库（Multimedia Database）是数据库技术与多媒体技术结合的产物。从本质上来说，多媒体数据库要解决三个难题。第一是信息媒体的多样化，不仅是数值数据和字符数据，而且要扩大到多媒体数据的存储、组织、使用和管理。第二要解决多媒体数据集成或表现集成，实现多媒体数据之间的交叉调用和融合，集成粒度越细，多媒体一体化表现越强，应用的价值也越大。第三是多媒体数据与人之间的交互性。多媒体数据库系统就是把组织在不同媒体上的数据一体化的系统，能直接管理数据、文本、图形、图像、视频、音频等多媒体数据的数据，可实现对格式化和非格式化的多媒体数据的存储、管理及查询。

1. 多媒体数据库特征

多媒体数据库的主要特征如下。

1）多媒体数据库应能够表示多种媒体的数据。非格式化数据表示起来比较复杂，需要根据多媒体系统的特点来决定表示方法。

2）多媒体数据库应能够支持大对象。视频等多媒体数据可能会占几个 GB 的空间，所以要提供二进制大对象，这样存储上也需要进行特殊处理，如数据压缩与解压缩等。

3）多媒体数据库应能够协调处理各种媒体数据，正确识别各种媒体数据在空间或时间上的关联。

4）多媒体数据库应提供比传统数据管理系统更强大的、适合非格式化数据查询的搜索功能。

2. 多媒体数据模型

多媒体数据模型有三种：扩充关系模型、语义数据模型、面向对象模型。

根据多媒体特征的特点，面向对象模型最适合表示对象及其内在结构和联系，但是它缺乏坚实的理论基础，目前也没有统一的标准，实现技术也不成熟；语义数据模型侧重于语义，不便于描述结构非常复杂的对象，在理论和实现上都存在许多难关；而扩充关系模型以集合论、关系代数作为理论基础，实现上也很成熟，因此，采用扩充关系模型是目前比较经济而有效的途径。

11.4.4 面向对象数据库

面向对象数据库是面向对象的程序设计技术与数据库技术相结合的产物，是为了满足新的数据库应用需要而产生的新一代数据库系统。

面向对象数据库的主要特点是具有面向对象技术的封装性和继承性，提高了软件的可重用性。把面向对象的方法和数据库技术结合起来可以使数据库系统的分析、设计最大限度地与人们对客观世界的认识相一致。

1. 面向对象数据库的特点

1）易维护。采用面向对象思想设计的结构，可读性高。由于继承的存在，即使改变需求，也只是在局部模块维护，所以维护起来是非常方便和成本较低的。

2）质量高。在设计时，可重用现有的或在以前的项目领域中已被测试过的无误的，能满足业务需求并具有较高的质量的类。

3）效率高。在软件开发时，根据设计的需要对现实世界的事物进行抽象，产生类。使用这样的方法解决问题，接近于日常生活和自然的思考方式，势必提高软件开发的效率和质量。

4）易扩展。由于继承、封装、多态的特性，自然能设计出高内聚、低耦合的系统结构，使得系统更灵活、更容易扩展，而且成本较低。

2. 面向对象数据库与传统数据库的区别

1）面向对象模型是一种层次式的结构模型。

2）面向对象数据模型是将数据与操作封装于一体的结构方式。

3）面向对象数据模型具有构造多种复杂抽象数据类型的能力。

4）面向对象数据模型具有不断更新结构的模式演化能力。

11.4.5　移动数据库

移动数据库（Mobile Database）是指移动计算环境中的分布式数据库，其数据在物理上分散而在逻辑上集中，主要涉及数据库技术、分布式计算技术、移动通信技术等多个学科领域。移动数据库结构图如图 11-3 所示。

图 11-3　移动数据库结构图

移动数据库的特点如下。

1）具有移动性及位置相关性。

2）具有频繁的断接性。

3）具有网络条件的多样性。

4）常用系统规模庞大。

5）系统的安全性及可靠性较差。

6）各种数据资源具有有限性。

7）网络通信具有非对称性。

11.4.6 并行数据库

并行数据库（Parallel Database）是利用并行计算机技术使数个、数十个甚至成百上千个廉价的计算机协同工作，实现并行数据管理和并行查询功能，提供一个高性能、高可靠性、高扩展性的数据库管理系统，能够快速进行大数据量查询并处理大数量的事务。

并行数据库系统的目标是通过多个处理结点并行执行数据库任务，提高整个数据库系统的性能和可用性。

随着对并行计算技术研究的深入和 SMP、MPP 等处理机技术的发展，并行数据库的研究也进入了一个新的领域，集群已经成为并行数据库系统中最受关注的热点。

并行数据库系统的结构如下。

1）共享内存（Shared_Memory，SM）结构。

2）共享磁盘（Shared_Disk，SD）结构。

3）无共享（Shared_Nothing，SN）结构。

11.4.7 工程数据库

工程数据库（Engineering Database）是一种能管理各种工程图形，并进行工程设计，将工程设计方法、人工智能技术与数据库技术相结合而发展起来的智能化集成系统，适合于 CAD/CAM、计算机集成制造（CIM）等工程应用领域。

1. 工程数据库管理系统应具有的功能

1）支持复杂对象（如图形数据、工程设计文档）的表示和处理。

2）可扩展的数据类型。

3）支持复杂多样的工程数据的存储和集成管理。

4）支持变长结构数据实体的处理。

5）支持工程长事务和嵌套事务的并发控制及恢复。

6）支持设计过程中多个不同数据版本的存储和管理。

7）支持模式的动态修改和扩展。

8）支持多种工程应用程序等。

2. 工程数据库体系结构

工程数据库体系结构如图 11-4 所示。

图 11-4 工程数据库体系结构

11.4.8 其他数据库

实时数据库（Real-Time Database）是数据库技术结合实时处理技术产生的。它适用于处理不断更新的快速变化的数据及具有时间限制的事务。实时数据库的一个重要特性就是实时性，包括数据实时性和事务实时性。针对不同行业中不同类型的企业，实时数据库的数据来源也各不相同。总的来说，数据的主要来源有分布式控制系统（DCS）、由组态软件与 PLC 建立的控制系统、数据采集系统（SCADA）、关系数据库系统、直接连接硬件设备和通过人机界面人工输入的数据。根据采集的方法可以分为支持 OPC 协议的标准 OPC 方式、支持 DDE 协议的标准 DDE 通信方式、支持 MODBUS 协议的标准 MODBUS 通信方式、支持 ODBC 协议的 ODBC 通信方式、通过 API 编写的专有通信方式、支持编写设备的专有协议驱动方式等。

时态和历史数据库系统是将数据的时间属性引入数据模型，从而支持有效时间和事务时间，支持时态查询处理的数据库系统。历史数据库就是一种时态数据库，支持历史数据的查找和操作。时态数据库的研究主要集中在时态数据模型和查询语言及时态查询处理和支持时间属性处理的索引方法上。

☺ 讨论思考：

1）什么是空间数据？常用数据结构有哪些？特点是什么？

2）多媒体数据库要解决什么难题？其数据库特征是什么？

3）面向对象数据库与传统数据库的主要区别有哪些？

4）指出移动数据库的特点，画出移动数据库结构图。

5）举例说明你所知道的其他数据库及其特点和应用。

11.5　数据库新技术应用发展趋势

【案例 11-7】目前，国内外大部分研究者对数据库技术的研究集中于以下几方面：当前数据库技术发展的主流问题；未来数据库技术发展的主流问题；数据库技术与学科技术结合发展的问题；数据库技术在专业应用领域中的发展问题；数据库技术发展的新趋势问题；数据仓库技术与数据挖掘技术等。本节从信息集成、数据流管理、传感器数据库技术、半结构化数据与 XML 数据管理、网格数据管理、DBMS 自适应管理、移动数据管理、微小型数据库、数据库用户界面等方面分别讨论目前数据库领域的未来发展趋势。

11.5.1　数据库新技术发展的主流趋势

1. 非结构化数据库

非结构化数据库是针对关系数据库模型过于简单，不便表达复杂嵌套需要，以及支持的数据类型有限等局限，从数据模型入手而提出的全面基于因特网应用的新型数据库理论。这种数据库最大的特点在于它突破了关系数据库结构定义不易改变和数据定长的限制，支持重复字段、子字段以及变长字段，并且在处理连

> 📖 **知识拓展**
> 非结构化数据结构与类型

续信息（包括全文信息）和非结构信息（重复数据和变长数据）中有着传统关系型数据库所无法比拟的优势。但这种数据库技术并不会完全取代现在流行的关系数据库，而是其有益补充。📖

【案例 11-8】 国信贝斯（iBASE）是国内非结构化数据库的代表，具有的主要特征为：在数据模型上，采用子字段、重复字段（多值字段）以及变长字段的机制，允许创建许多不同类型的非结构化或者任意格式的字段，从而解决了关系数据库模型过于简单，不便表达一篇文章多作者、多主题词等文献领域中的复杂嵌套问题，可管理各种类型的数据。

2. 数据库技术与多学科技术的有机结合

数据库技术与学科技术的结合将会建立一系列新数据库，如分布式数据库、并行数据库、知识数据库、多媒体数据库等，这将是数据库技术重要的发展方向。其中，多媒体数据库是当下研究的重点之一。将多媒体技术和可视化技术引入数据库将是未来数据库技术发展的热点和难点。📖

> 📖 **知识拓展**
> 未来数据库技术发展热点

3. 数据库技术及市场发展的有机结合

近年来，许多行业（如电信、金融、税务等行业）逐步认识到数据仓库技术对于企业宏观发展所带来的巨大经济效益，纷纷建立起数据仓库系统。目前，数据库技术及市场正在向数据仓库和电子商务两个方向不断发展。国内外学者对数据仓库的研究正在继续深入。与此同时，一些学者将数据库技术及市场发展的视角瞄准电子商务领域，他们认为现在的信息系统逐渐要求按照以客户为中心的方式建立应用框架，因此势必要求数据库应用更加广泛地接触客户，而 Internet 为人们提供了一个非常便捷的连接途径。通过 Internet，人们可以实现所谓的一对一营销（One-One Marketing）和一对一业务（One-One Business），进而实现 E-Business。因此，电子商务将成为未来数据库技术发展的另一方向。

4. 面向专门应用领域的数据库技术

许多研究者从实践的角度对数据库技术进行研究，提出了适合于不同应用领域的数据库技术，如工程数据库、统计数据库、科学数据库、空间数据库、地理数据库等。这类数据库在原理上没有多大的变化，但是它们却与一定的应用相结合，从而加强了系统对有关应用的支撑能力，尤其表现在数据模型、语言、查询方面。随着研究工作的继续深入和数据库技术在实践工作中的应用，数据库技术将更多地朝着专门应用领域发展。

在实际应用中，数据库技术的发展还有以下几点重要发展态势。

1）在互联网领域，应用成为主流。在互联网应用领域，特别是 Web 2.0 网站的一些常见需求，比如数据库高并发读写、海量数据的高效存取、高可用性及高扩展性架构等，传统 RDBMS 应对这些需求时异常艰难，或者实现成本极为高昂。

2）"云计算"正步入实质性阶段。随着互联网业务的迅猛发展，数据规模急剧地膨胀，与之对应的 IT 硬件更新速度完全无法与之相比，存储和管理海量数据已越来越成为亟待解决的问题，云计算的概念也是由此应运而生。在这方面，NoSQL 所具有的高性能、高可用性、高扩展能力非常适合"云"的需求，也是目前"云数据"应用的主力。

3）数据仓库领域大有可为。数据仓库是在数据库已经大量存在的情况下，为了进一步挖掘数据资源及决策需要而产生的，它并不是所谓的"大型数据库"。数据仓库建设的目的是作为前端查询和分析的基础，由于有较大的冗余，所以需要的存储也较大。📖

> 📖**知识拓展**
> 数据仓库的历史背景

【案例 11-9】目前，由于相关领域的技术发展及相互协同，数据仓库已成为一项可能的实用技术。例如，支持并行处理的分布式数据库管理系统（DBMS）；为 DSS 准备数据的转换及加载工具；支持异构环境下分布式数据处理的客户机/服务器技术，以及实现桌面信息系统集成的方案和工具等。

11.5.2 数据库新技术发展的特征 📖

> 📖**知识拓展**
> 数据库新技术发展的特征

纵观数据库发展，数据库市场竞争日益加剧。从对数据库发展的技术趋势不难看出，整个数据库发展呈现出了以下几个特征。

1. 支持 XML 数据格式

目前大量的 XML 数据以文本文档的方式存储，难以支持复杂高效的查询。用传统数据库存储 XML 数据的问题在于模式映射带来的效率下降和语义丢失。一些 NativeXML 数据库的原型系统已经出现。XML 数据是半结构化的，不像关系数据那样是严格的结构化数据，这就给 NativeXML 数据库中的存储系统带来了更大的灵活性，同时，也带来了更大的挑战。恰当的记录划分和簇聚，能够减少 I/O 次数，提高查询效率；反之，不恰当的记录划分和簇聚，则会降低查询效率。研究不同存储粒度对查询的支持也是 XML 存储面临的一个关键性问题。

2. 传感器数据库技术

传感器数据库系统必须利用系统中的所有传感器，而且可以像传统数据库那样方便、简捷地管理传感器数据库中的数据；建立可以获得和分配源数据的机制；建立可以根据传感器网络调整数据流的机制；可以方便地配置、安装和重新启动传感器数据库中的各个组件等。传感器网络越来越多地应用于对新应用的监测和监控。在这些新的应用中，用户可以查询已经存储的数据或者传感器数据，但是，这些应用大部分建立在集中的系统上以收集传感器数据。因为在这样的系统中数据是以预定义的方式抽取的，所以缺乏灵活性。

3. 微小型数据库技术

数据库技术一直随着计算的发展而不断进步，随着移动计算时代的到来，嵌入式操作系统对微小型数据库系统的需求为数据库技术开辟了新的发展空间。微小型数据库技术目前已经从研究领域逐步走向应用领域。随着智能移动终端的普及，人们对移动数据实时处理和管理的要求也不断提高，嵌入式移动数据库越来越体现出其优越性，从而被学界和业界所重视。

4. 信息集成

信息系统集成技术已经历了 20 多年的发展过程，研究者已提出了很多信息集成的体系结构和实现方案，然而这些方法所研究的主要集成对象是传统的异构数据库系统。随着 Internet 的飞速发展，网络迅速成为一种重要的信息传播和交换的手段，尤其是在 Web 上，有着极其丰富的数据来源。如何获取 Web 上的有用数据并加以综合利用，即构建 Web 信息集成系统，成为一个引起人们广泛关注的研究领域。

5. 网格数据管理

网格是把整个网络整合成一个虚拟的巨大的超级计算环境，实现计算资源、存储资源、数据资源、信息资源、知识资源和专家资源的全面共享，目的是解决多机构虚拟组织中的资源共享和协同工作问题。按照应用层次的不同，可以把网格分为三种：计算网格，提供高性能计算机系统的共享存取；数据网格，提供数据库和文件系统的共享存取；信息服务网格，支持应用软件和信息资源的共享存取。

高性能计算的应用需求使计算能力不可能在单一计算机上获得，因此，必须通过构建"网络虚拟超级计算机"或"元计算机"获得超强的计算能力，这种计算方式称为网格计算。它通过网络连接地理上分布的各类计算机（包括机群）、数据库、各类设备和存储设备等，形成对用户相对透明的虚拟的高性能计算环境，应用包括了分布式计算、高吞吐量计算、协同工程和数据查询等。

数据网格确保用户在存取数据时无须知道数据的存储类型（数据库、文档、XML）和位置。涉及的问题包括：如何联合不同的物理数据源抽取源数据来构成逻辑数据源集合；如何制定统一的异构数据访问的接口标准；如何虚拟化分布的数据源等。

信息服务网格是利用现有的网络基础设施、协议规范、Web 和数据库技术，为用户提供一体化的智能信息平台，其目标是创建一种架构在 OS 和 Web 之上的基于 Internet 的新一代信息平台与软件基础设施。

6. 移动数据管理

越来越多的人拥有笔记本计算机，或者个人数字助理（PDA）甚至智能手机，这些移动计算机都将装配无线联网设备，用户不再需要固定地连接在某一个网络中不变，而是可以携带移动计算机自由地移动，这样的计算环境称为移动计算（Mobile Computing）。研究移动计算环境中的数据管理技术，已成为目前分布式数据库研究的一个新方向，即移动数据库技术。

移动计算以及它所具有的独特特点，对分布式数据库技术和客户机/服务器数据库技术提出了新的要求和挑战。移动数据库系统要求支持移动用户在多种网络条件下都能够有效地访问所需数据，完成数据查询和事务处理。通过移动数据库的复制/缓存技术或者数据广播技术，移动用户即使在断接的情况下也可以继续访问所需的数据，从而继续自己的工作，这使得移动数据库系统具有高度的可用性。此外，移动数据库系统能够尽可能地提高无线网络中数据访问的效率和性能。而且，它还可以充分利用无线通信网络固有的广播能力，以较低的代价同时支持大规模的移动用户对热点数据的访问，从而实现高度的可伸缩性，这是传统的客户机/服务器或分布式数据库系统很难比拟的。目前，移动数据管理的研究主要集中在以下几个方面：首先是数据同步与发布的管理，其次是移动对象管理技术。

在众多新技术应用中，对数据库研究最具影响力、推动数据库研究进入新纪元的无疑是 Internet 的发展。Internet 中的数据管理问题从深度和广度两方面对数据库技术都提出了挑战。从深度上讲，在 Internet 环境中，一些数据管理的基本假设不再成立，数据库研究者需要重新考虑在新情况下对传统技术的改进。从广度上讲，新问题的出现需要人们开拓思路，寻求创新性的技术突破。相信将来数据库的发展趋向于智能化、网络化，与多媒体、软件工程的结合更加完善。

☺ 讨论思考：
1）数据库技术发展的主流趋势有哪些？对其进行简要说明。
2）近年来，数据库发展过程中的重要发展潮流是什么？简要说明。
3）数据库新技术发展的特征有哪些？对其进行简要说明。

11.6　本章小结

数据库技术与多学科有机结合，从而使数据库领域中的新内容、新应用、新技术层出不穷，形成了各种新型的数据库系统。新型计算机体系结构和增强的计算能力也在促进数据库技术的发展。新型数据库应用对 DBMS 提出了新的要求，结合其他学科技术，出现了知识库、演绎数据库、时态数据库、统计数据库、科学数据库、文献数据库、图像数据库、文档数据库、XML 数据库等。大数据时代的到来及物联网技术的不断发展和成熟，对传统数据库产生了巨大冲击。因此，传统数据库厂商不断调整产品策略，使之符合大数据时代的要求，如支持 Hadoop、NoSQL 及大数据一体机等。立足于新的应用需求和计算机未来的发展，研究全新的数据库系统势在必行。

11.7　实验 11　分布式数据库应用

MongoDB 是一个基于分布式文件存储的数据库，由 C++ 语言编写，旨在为 Web 应用提供可扩展的高性能数据存储解决方案。MongoDB 是一个介于关系型数据库和非关系型数据库之间的产品，是非关系型数据库中功能最丰富、最像关系型数据库的。本节以 MongoDB 来介绍分布式数据库的应用。

11.7.1　MongoDB 的概述

数据被分组存储在数据集中，被称为一个集合（Collection）。每个集合在数据库中都有一个唯一的标识名，并且可以包含无限数目的文档。集合的概念类似于关系型数据库（RDB）里的表（Table），不同的是它不需要定义任何模式（Schema）。利用闪存高速缓存算法，能够快速识别数据库内大数据集中的热数据，提供一致的性能改进。📖

📖 知识拓展
MongoDB 安装和主要界面

模式自由（Schema-Free）意味着对于存储在 MongoDB 数据库中的文件，不需要知道它的任何结构定义。如果需要知道文件的结构定义，则完全可以把不同结构的文件存储在同一个数据库里。

MongoDB 已经在多个站点部署，其主要场景如下。

1）网站实时数据处理。它非常适合实时地插入、更新与查询，并具备网站实时数据存储所需的复制及高度伸缩性。

2）缓存。由于性能很高，因此它适合作为信息基础设施的缓存层。在系统重启之后，由它搭建的持久化缓存层可以避免下层的数据源过载。

3）高伸缩性的场景。非常适合由数十台或数百台服务器组成的数据库，它的路线图中已经包含对 MapReduce 引擎的内置支持。

不适用的场景主要如下。

1）要求高度事务性的系统。

2）传统的商业智能应用。

3）复杂的跨文档（表）级联查询。

11.7.2　关系型数据库与 MongoDB 的对比

在传统的关系型数据库中，存储方式是表；而在 MongoDB 中，则以文档的形式存储。关系数据库与 MongoDB 的对比如图 11-5 所示。

图 11-5　关系数据库与 MongoDB 的对比

SQL 与 MongoDB 的结构对比如表 11-2 所示。

表 11-2　SQL 与 MongoDB 的结构对比

SQL Terms/Concepts	MongoDB Terms/Concepts
database	database
table	collection

（续）

SQL Terms/Concepts	MongoDB Terms/Concepts
row	document or BSON document
column	field
index	index
table joins	embedded documents and linking
primary key Specify any unique column orcolumn combination asprimary key.	primary key In MongoDB, the primary key isautomatically set to the _id field.
aggregation（e. g. group by）	aggregation pipeline See the SQL to Aggregation MappingChart.

11. 7. 3　MongoDB 数据存储格式

　　BSON 是由 10gen 开发的一个数据格式，目前主要用于 MongoDB 中，是 MongoDB 的数据存储格式。BSON 基于 JSON 格式，选择 JSON 进行改造的原因主要是 JSON 的通用性及 schemaless 的特性。存储在集合中的文档，被存储为键/值对的形式。键用于唯一标识一个文档，为字符串类型，而值则可以是各种复杂的文件类型。📖

```
┌┄┄┄┄┄┄┄┄┄┄┄┄┄┄┄┐
┊ 📖 知识拓展      ┊
┊ MongoDB 常用的主 ┊
┊ 要命令            ┊
└┄┄┄┄┄┄┄┄┄┄┄┄┄┄┄┘
```

　　举例说明如下。

```
{
    title:"MongoDB",
    last_editor:"192. 168. 1. 122",
    last_modified:new Date("27/06/2011"),
    body:"MongoDB introduction",
    categories:["Database","NoSQL","BSON"],
    reviewed:false
}
{
    name:"lemo",
    age:"12",
    address:{
        city:"suzhou",
        country:"china",
        code:215000
    },
    scores:[
        {"name":"english","grade:3. 0},
        {"name":"chinese","grade:2. 0}
    ]
}
```

MongoDB 支持很多数据类型，部分数据类型如下。

字符串：这是用于存储数据的最常用的数据类型。MongoDB 中的字符串必须为 UTF-8。

整型：此类型用于存储数值。整数可以是 32 位或 64 位的，具体取决于服务器。

布尔类型：此类型用于存储布尔值（True/False）。

双精度浮点数：此类型用于存储浮点值。

最小/最大键：此类型用于将值与最小和最大 BSON 元素进行比较。

数组：此类型用于将数组、列表或多个值存储到一个键中。

时间戳：当文档被修改或添加时，可以方便地进行录制。

对象：此数据类型用于嵌入式文档。

Null：此类型用于存储 Null 值。

符号：该数据类型与字符串相同，但是通常保留用于使用特定符号类型的语言。

日期：此数据类型用于以 UNIX 时间格式存储当前日期或时间。用户可以通过创建日期对象并将日、月、年的日期指定为自己需要的日期及时间。

对象 ID：此数据类型用于存储文档的 ID。

二进制数据：此数据类型用于存储二进制数据。

代码：此数据类型用于将 JavaScript 代码存储到文档中。

正则表达式：此数据类型用于存储正则表达式。

11.7.4 MongoDB 设计目标

MongoDB 的设计目标是高性能、可扩展、易部署、易使用、存储数据方便。其主要功能特性如下。

1）面向集合存储，容易存储对象类型的数据。在 MongoDB 中，数据被分组存储在集合中，集合类似于 RDBMS 中的表，一个集合中可以存储无限多个文档。

2）模式自由，采用无模式结构存储。在 MongoDB 中，集合中存储的数据是无模式的文档，采用无模式存储数据是集合区别于 RDBMS 中的表的一个重要特征。

3）支持完全索引，可以在任意属性上建立索引，包含内部对象。MongoDB 的索引和 RDBMS 的索引基本一样，可以在指定属性、内部对象上创建索引以提高查询的速度。除此之外，MongoDB 还提供创建基于地理空间的索引能力。

4）支持查询。MongoDB 支持丰富的查询操作，MongoDB 几乎支持 SQL 中的大部分查询。

5）强大的聚合工具。MongoDB 除了提供丰富的查询功能外，还提供强大的聚合工具，如 count、group 等，并支持使用 MapReduce 完成复杂的聚合任务。

6）支持复制和数据恢复。MongoDB 支持主从复制机制，可以实现数据备份、故障恢复、读扩展等功能。而基于副本集的复制机制提供了自动故障恢复的功能，确保了集群数据不会丢失。

7）使用高效的二进制数据存储，包括大型对象（如视频）。使用二进制格式存储，可以保存任何类型的数据对象。

8）自动处理分片，以支持云计算层次的扩展。MongoDB 支持集群自动切分数据，对数据进行分片可以使集群存储更多的数据，实现更大的负载，也能保证存储的负载均衡。

9）支持 Perl、PHP、Java、C#、JavaScript、Ruby、C 和 C++语言的驱动程序。MongoDB 提供了当前所有主流开发语言的数据库驱动包，开发人员使用任何一种主流开发语言都可以轻松编程，实现访问 MongoDB 数据库。

10）文件存储格式为 BSON（JSON 的一种扩展）。BSON 是对二进制格式的 JSON 的简称，BSON 支持文档和数组的嵌套。

11）可以通过网络访问。可以通过网络远程访问 MongoDB 数据库。

附录 练习与实践部分习题参考答案

第1章 练习与实践1部分答案

1. 选择题

(1) A　(2) B　(3) C　(4) D　(5) C
(6) C

2. 填空题

(1) 采集、存储、检索、加工、变换和传输
(2) 系统建立与维护程序
(3) 层次模型
(4) 二维表
(5) 继承性和多态性
(6) 客户端/服务器结构
其他答案略

第2章 练习与实践2部分答案

1. 选择题

(1) D　(2) B　(3) B　(4) C　(5) D
(6) C　(7) A　(8) D　(9) C　(10) D
(11) A　(12) C

2. 填空题

(1) 关系名（属性名1，属性名2，…，属性名 n）
(2) 关系名、属性名、属性类型、属性长度、关键字
(3) 笛卡儿积、并、交、差
(4) 并、差、笛卡儿积、投影、选择
(5) 选择、投影、连接
(6) 关系代数、关系演算
(7) 系编号、无、学号、系编号
(8) 列、元组、关系
(9) 谓词表达、元组关系、域关系
(10) 属性个数、相对应的属性值
(11) 能唯一标识实体的属性或属性组
其他答案略

第 3 章　练习与实践 3 部分答案

1. 选择题

（1）A　（2）B　（3）D　（4）C　（5）D

2. 填空题

（1）master、model、msdb、tempdb、resource

（2）系统、用户、示例

（3）T–SQL、SQL

（4）必选

（5）自含式、嵌入式

（6）程序（块）、＊／

其他答案略

第 4 章　练习与实践 4 部分答案

1. 选择题

（1）D　（2）C　（3）A　（4）D　（5）D　（6）C

（7）C

2. 填空题

（1）结构化查询语言

（2）CREATE DATABASE

（3）CREATE TABLE

（4）ALTER TABLE

（5）WHERE、GROUP BY、ORDER BY

（6）DROP、DELETE

（7）插入元组、插入查询结果

其他答案略

第 5 章　练习与实践 5 部分答案

1. 选择题

（1）A　（2）C　（3）D　（4）D　（5）C　（6）C

2. 填空题

（1）索引关键字值、相应的指向表中包含这些值的各行数据所在的物理存储位置的指针

（2）CREATE　［UNIQUE］［CLUSTERED｜NONCLUSTERED］INDEX　＜索引名＞ ON＜表名＞（＜列名＞［＜次序＞］［，＜列名＞［＜次序＞］］）

（3）EXEC　SP_HELPINDEX　Books

（4）基本表、表

（5）索引视图、分区视图

（6）删除、更新

其他答案略

* 第 6 章　练习与实践 6 部分答案

1. 选择题

（1）A　（2）A　（3）C　（4）B

2. 填空题

（1）存储过程、EXEC 或 EXECUTE

（2）INSERT、UPDATE

（3）PROCEDURE 或 PROC、OUTPUT、SET、SUM（销售数量）、s. 汽车型号 = c. 汽车型号或 c. 汽车型号 = s. 汽车型号、@model

（4）销售表、INSERT、UPDATE、SET、商品表 . 销售总量、INSERTED

其他答案略

第 7 章　练习与实践 7 部分答案

1. 选择题

（1）A　（2）D　（3）B　（4）D　（5）B

2. 填空题

（1）数据定义语言、数据操纵语言、数据控制语言、事务管理语言、附加的语言元素

（2）GO

（3）顺序、选择、循环

（4）IF…ELSE 语句、CASE 语句

（5）BREAK、CONTINUE

（6）GOTO

其他答案略

第 8 章　练习与实践 8 部分答案

1. 选择题

（1）C　（2）D　（3）B　（4）B　（5）D　（6）D　（7）A　（8）A

（9）B　（10）B　（11）D

2. 填空题

（1）数据安全

（2）操作系统级、SQL Server 服务器级、数据库级

（3）完整备份、完整差异备份、部分备份、部分差异备份、文件（组）备份、文件差异备份、事务日志备份

（4）事务故障、系统故障、介质故障

（5）全盘恢复、个别文件恢复、重定向恢复

（6）GRANT、REVOKE

（7）系统自动、DBA 执行恢复操作

（8）服务器权限、数据库对象权限、数据库权限

（9）封锁、共享锁、排他锁

（10）UPDATE、EXECUTE

（11）完整差异备份

3. 简答题

（1）主要包括：

1）数据库应用系统的研发、管理和维护等人为因素的疏忽。

2）用户对数据库系统安全的忽视，安全设置和管理失当。

3）一些数据库系统安全机制制约并威胁网络低层安全。

4）数据库系统安全的极个别特性自身存在的不足和缺陷。

5）数据库系统用户常用的账号、密码容易泄露和破译等。

6）网络操作系统平台常见的一些主要漏洞隐患及后门等。

7）网络系统相关协议、配置、病毒及运行环境威胁等。

（2）用户主要涉及三种权限：服务器权限、数据库对象权限和数据库权限。服务器权限允许 DBA 执行管理任务，该权限定义在固定服务器角色中，这些角色可以分配给登录用户，但不能修改；数据库对象权限是授予用户以允许其访问数据库中对象的一类权限，对象权限对于使用 SQL 语句访问表或视图是必须的；数据库权限用于控制对象访问和语句执行，SQL 数据库权限除了授权用户可以创建数据库对象和进行数据库备份外，还增加了一些更改数据库对象的权限。

（3）常用的数据库安全关键技术包括三大类：预防保护类、检测跟踪类、响应恢复类。

（4）数据库备份常用的两类方法是完全备份和差异备份。完全备份每次都备份到整个数据库或事务日志，差异备份只备份自上次备份以来发生变化的数据库数据。差异备份也称为增量备份。数据备份的范围可以是完整的数据库、部分数据库、一组文件或文件组。

（5）数据库系统在运行中发生故障后，有些事务尚未完成就被迫中断，这些未完成事务对数据库所做的修改有一部分已写入物理数据库。这时数据库就处于一种不正确的状态，或说是不一致的状态，这时可利用日志文件和数据库备份的后备副本将数据库恢复到故障前的某个一致性状态。

（6）丢失更新、读"脏"数据（脏读）、不可重复读、幻读。

其他答案略

*第 9 章　练习与实践 9 部分答案

1. 选择题

（1）C　（2）C　（3）A　（4）B　（5）D　（6）A　（7）B

2. 填空题

（1）部分

（2）分解规则

（3）第一

（4）二

（5）BCNF

（6）Y 对 X 完全函数依赖

其他答案略

第 10 章　练习与实践 10 部分答案

1. 选择题

（1）A　　（2）C　　（3）D　　（4）B　　（5）A

（6）A　　（7）B　　（8）A　　（9）D　　（10）B

2. 填空题

（1）需求分析、概念结构设计、逻辑结构设计、物理结构设计、数据库系统实施

（2）概念结构设计、逻辑结构设计、物理结构设计

（3）数据、处理

（4）属性

（5）数据字典

（6）任何 DBMS

（7）逻辑结构

（8）属性冲突、命名冲突、结构冲突

（9）设计局部 E-R 图、设计全局 E-R 图、优化全局 E-R 图

（10）物理结构设计

其他答案略

参 考 文 献

[1] 贾铁军, 曹锐, 刘建准, 等. 数据库原理及应用与实践: 基于 SQL Server 2019 [M]. 4 版. 北京: 清华大学出版社, 2021.

[2] 贾铁军, 曹锐. 数据库原理及应用: SQL Server 2019 [M]. 2 版. 北京: 机械工业出版社, 2020.

[3] 微软. SQL Server 2022 [EB/OL]. [2023-07-20]. https://www.microsoft.com/en-us/sql-server/sql-server-2022.

[4] SILBERSCHATZ A, KORTH H F, SUDARSHAN S. 数据库系统概念: 英文精编版 第 6 版 [M]. 北京: 机械工业出版社, 2019.

[5] SILBERSCHATZ A, KORTH H F, SUDARSHAN S. 数据库系统概念: 第 7 版 影印版 [M]. 北京: 高等教育出版社, 2021.

[6] 教育部考试中心. 全国计算机等级考试四级教程: 数据库原理 2020 年版 [M]. 北京: 高等教育出版社, 2020.

[7] 艾小伟. 数据库原理与开发技术 [M]. 北京: 机械工业出版社, 2023.

[8] 王凤军. 数据结构与数据库技术 [M]. 北京: 机械工业出版社, 2022.

[9] 王珊, 萨师煊. 数据库系统概论 [M]. 5 版. 北京: 高等教育出版社, 2018.

[10] 王宇春, 李雪梅, 李媛媛, 等. 数据库原理与应用: SQL Server 2019 微课视频版 [M]. 北京: 清华大学出版社, 2022.

[11] 黄俊联, 李飞鹏. 数据库原理与应用实验教程 [M]. 3 版. 北京: 清华大学出版社, 2020.

[12] 宋亚伟, 吴晓光. 数据库安全应用基础 [M]. 北京: 高等教育出版社, 2021.

[13] 刘瑞新. 数据库系统原理与应用教程 [M]. 4 版. 北京: 机械工业出版社, 2019.

[14] 毋建宏, 李鹏飞. SQL Server 数据库原理及实验教程 [M]. 北京: 电子工业出版社, 2020.

[15] 黄成良, 秦其虹, 郑定超, 等. 数据库管理与开发项目教程: SQL Server 2016 [M]. 北京: 清华大学出版社, 2023.

[16] 仝春灵, 刘丽. 数据库原理与应用: SQL Server 2019 [M]. 北京: 清华大学出版社, 2023.

[17] 赵强. 数据库应用技术实用教程 [M]. 北京: 电子工业出版社, 2023.

[18] 迟丽娟, 余宁, 张继旺. 数据库基础 [M]. 北京: 电子工业出版社, 2023.

[19] 赵明渊, 唐明伟. SQL Server 数据库基础教程 [M]. 北京: 电子工业出版社, 2022.

[20] 贾铁军. 数据库原理及应用学习与实践指导: 基于 SQL Server 2014 [M]. 2 版. 北京: 科学出版社, 2016.

[21] 贾铁军, 陶卫东. 网络安全技术及应用 [M]. 3 版. 北京: 机械工业出版社, 2020.

[22] 贾铁军, 何道敬. 网络安全技术及应用实践教程 [M]. 4 版. 北京: 机械工业出版社, 2022.

[23] 贾铁军, 李学相, 贾银山, 等. 软件工程与实践 [M]. 4 版. 北京: 清华大学出版社, 2022.